新工科建设之路·计算机学科规划教材

算法设计与问题求解

——计算思维培养

第  版

李清勇　编著

電子工業出版社
Publishing House of Electronics Industry
北京·BEIJING

内 容 简 介

在信息时代，计算思维是解决复杂工程问题的重要思维方式，计算机则是求解问题的重要工具。本书以计算机经典问题求解为导向，通用算法思维和编程能力培养为目标，引入 ACM 国际大学生程序设计竞赛的有益元素，组织教材的理论教学和编程实践两方面的内容。

本书主要内容包括计算机问题求解的经典算法模型和设计范式，包括计算机问题求解中常用的数据结构、枚举算法、递归与分治策略、动态规划、贪心算法和搜索技术。除了强调经典的问题原型和算法原理，本书兼顾编程实践能力，力图使得学生面对复杂问题时既能“想到”还能“做到”。

图书在版编目（CIP）数据

算法设计与问题求解：计算思维培养 / 李清勇编著. —2 版. —北京：电子工业出版社，2020.5
ISBN 978-7-121-29515-7

Ⅰ. ① 算… Ⅱ. ① 李… Ⅲ. ① 电子计算机－算法设计－高等学校－教材 Ⅳ. ① TP301.6

中国版本图书馆 CIP 数据核字（2019）第 063276 号

责任编辑：章海涛　　特约编辑：穆丽丽
印　　刷：北京虎彩文化传播有限公司
装　　订：北京虎彩文化传播有限公司
出版发行：电子工业出版社
　　　　　北京市海淀区万寿路 173 信箱　　邮编：100036
开　　本：787×1092　1/16　　印张：16　　字数：408 千字
版　　次：2013 年 6 月第 1 版
　　　　　2020 年 5 月第 2 版
印　　次：2024 年 3 月第 6 次印刷
定　　价：56.00 元

凡所购买电子工业出版社图书有缺损问题，请向购买书店调换。若书店售缺，请与本社发行部联系，联系及邮购电话：（010）88254888，88258888。

质量投诉请发邮件至 zlts@phei.com.cn，盗版侵权举报请发邮件至 dbqq@phei.com.cn。

本书咨询联系方式：192910558（QQ 群）。

前　言

2006 年 3 月，美国卡内基·梅隆大学计算机科学系主任周以真（Jeannette M. Wing）教授在美国计算机权威期刊《Communications of the ACM》上首先提出了“计算思维”（Computational Thinking）的概念。周教授认为：计算思维是运用计算机科学的基础概念进行问题求解、系统设计以及人类行为理解等涵盖计算机科学之广度的一系列思维活动。她还认为，计算思维是每个人的基本技能，不仅属于计算机科学家。我们应当使每个学生在培养解析能力时不仅掌握阅读、写作和算术（Reading, wRiting and aRithmetic，3R），还要学会计算思维。正如印刷出版促进了 3R 的普及，计算机也以类似的正反馈促进了计算思维的传播，计算机逐渐成为了当今问题求解的最重要工具。

1．计算机与问题求解

在 20 世纪 40 年代，为了求解军事领域复杂的炮弹弹道计算问题，科学家发明了第一台电子计算机 ENIAC（Electronic Numerical Integrator And Computer）。随着计算机计算能力的增强，计算机被广泛应用到了社会生活的各个领域。大到宇宙探测、基因图谱绘制，小到日常工作、生活娱乐，无不需要计算机的支持。

作为“问题求解的一个有力工具”，计算机尽管没有思维，只能机械地执行指令，但它运算速度快、存储容量大、计算精度高。如果能够设计有效的算法和程序，充分利用这些优点，计算机就能成为问题求解的一个利器。

（1）运算速度快是计算机最重要的特点之一

很多问题尽管比较复杂，但仍然存在求解的方法，只是这些方法往往计算量比较大，计算过程较为繁杂，人们难以在可以接受的时间内手工求解。

如用 1, 2, 3, 4, 5, 6, 7, 8, 9 九个数字拼成一个九位数，每个数字使用一次且仅用一次，要求得到的九位数的前 3 位、中间 3 位和最后 3 位构成的三位数的比值为 1∶2∶3。192384576 就是一个符合该要求的数，因为 192∶384∶576＝1∶2∶3。

对于这样的问题，很容易想到的一个求解方案是：列举所有可能的九位数 123456789……987654321，并逐个验证是否符合比值要求。理论上，这是一个可行的办法，可是几乎没有人愿意这样做。因为这样的九位数总共有 9!＝362880 个，即使每秒验证一个数（对于人工验证，这已经是很快的速度了！），也需要 100 多个小时。

但是，计算机实现同样的“笨方法”效果就大不一样。考虑用一个数组 d 保存九位数的各位数字，x, y, z 分别代表前三位数、中间三位数和最后三位数，用 STL（Standard Template Library）中的函数 next_permutation 计算九个数字的下一个排列。当某个排列（也即是一个九位数）满足比例要求 $x:y:z=1:2:3$ 时，则输出该九位数。下面是解决此问题的 C++代码，在普通的计算机上运行该程序，需要的时间还不到 0.1 秒。

```
void NineNumber() {
    int x , y , z;
    int d[9]={1 , 2 , 3 , 4 , 5 , 6 , 7 , 8 , 9};
```

```
        do{
            x=d [0] * 100+d [1] * 10+d [2];
            y=d [3] * 100+d [4] * 10+d [5];
            z=d [6] * 100+d [7] * 10+d [8];
            if(y==x * 2 && z==x * 3)
                cout<<x<<y<<z<<endl;
        } while (next_permutation(d , d+9)); // STL 中的函数，得到下一个排列
    }
```

（2）存储容量大是计算机的另一个重要特点

人们很容易记住 10 以内两个数的乘积，也就是小学数学中的“九九乘法表”。如果要求人们记住 100 以内的任意两个数的乘积，普通人可能会觉得“记忆”不够。但对于计算机来说，这就是“小菜一碟”，一个 100×100 的二维数组就可以把“百百乘法表”保存下来。

人们常说的内存、硬盘、光盘、U 盘等都是存储器，可以通俗地理解为计算机的记忆部件。容量的基本单位是字节（Byte，简称 B），其他单位有 KB（1KB＝1024B）、MB（1MB＝1024KB）、GB（1GB＝1024MB）等。容量越大，可以存储的数据就越多，其记忆力就越强。“百百乘法表”如果用一个 100×100 的二维 int 型（假设一个 int 型整数占 2 字节）数组保存，它仅需要占用 20 000 字节（少于 20KB）的空间。相比现在计算机动辄数 GB 的内存容量来说，“百百乘法表”的存储开销有点微不足道。

需要特别指出的是，运算速度快、存储容量大仅仅是计算机硬件系统的两个突出特点。在实际问题求解过程中，只有硬件平台远远不够，人们需要针对问题设计不同的算法，并把算法转化为计算机可以运行的程序。

2．计算机问题求解的知识体系

计算机问题求解的本质是把特定领域中特定问题的求解过程转换为一个计算机可以执行的程序。在这个转换过程中，除了必要的领域专业知识，问题求解者还需要掌握计算机算法设计方面的知识，主要包括：高级程序设计语言、数据结构和算法。这些知识构成了计算机问题求解的核心知识体系。

在计算机教学体系中，“高级程序设计语言”“数据结构”和“算法”是相互承接的课程。从计算机问题求解的角度看，这三门课程的知识相互交叉、相互支撑。高级程序设计语言和数据结构是算法设计的基础，高效的算法和数据结构需要用某种高级程序设计语言去实现；一个好程序不仅需要“编程技巧”，更需要合理的数据结构和高效的算法。

程序设计语言是问题求解的基本工具。随着计算机技术的发展，程序设计语言经历了一个从低级程序设计语言到高级程序设计语言的发展历程。机器语言和汇编语言等面向特定的体系结构和指令系统，在计算机发展的早期应用较多。随着形式语言理论、编译技术的发展，与目标机器无关的高级程序设计语言（如 C/C++、Java 等）逐渐成为程序设计的主流。本书约定的程序设计语言是 C/C++。需要注意的是，程序设计语言并不等于程序设计，程序设计的目的是表达程序设计者的思想，按照计算机能理解的方式描述需要让计算机完成的工作，而程序设计语言只是表达这种思想的工具。程序设计的关键之处在于明确数据在计算机中的表达形式，以及确定如何将输入转化为输出的一系列计算步骤，而这些都需要数据结构和算法理论的指导。

数据结构是问题求解的基础要素。数据是信息的载体，无论是待求解问题的输入/输出，还是问题求解过程中产生的中间量；无论是简单的量（如单个数值），还是复杂的对象，它们在计算机中都是以数据的形式存储的。在问题求解时，为满足数据存储的结构化要求并提高程序执行效率，人们首先面临的问题是怎样合理地组织、存储和加工这些数据。常用的数据结构有线性表、栈、队列、树、图、哈希表等。数据结构的设计和应用不是一个教条化的过程，同一个问题也许可以运用不同的数据结构求解，而且它们求解的效率往往不一定相同。另外，有些问题可能没有现成的数据结构直接套用，需要人们综合运用基本数据结构组合成新的数据结构。无论是已有数据结构的选择还是新数据结构的设计，人们都需要应用算法设计方面的知识。

算法设计是问题求解的关键要素。简单地说，算法可以理解为将问题输入转化为问题答案的一系列计算步骤。算法必须满足正确性和复杂性要求。首先，算法执行结果必须正确，它能正确无误地把每一个问题实例的正确答案求解出来。其次，算法的复杂度要适中。计算机系统的资源（包括运行时间和存储空间）是有限的，因此算法必须在有限的资源条件下正确地求解问题。同样的问题，某些算法执行结果可能不正确，某些算法执行结果正确无误。即使执行结果都正确的不同算法，它们的执行效率可能也不尽相同，如有些算法需要几个小时，甚至几天，有些算法仅仅需要几秒或几分钟。算法设计是一个灵活的、创造性的过程，甚至可以认为是一个艺术创造过程。有些算法是现实生活中人们解决问题时所用办法的升华和抽象，有些算法是数学理论和数学模型的体现及具体化。人们需要掌握经典的算法思想及其应用技巧，也要学会怎样针对特定问题设计和创造新算法。

3. 本书的内容和结构

本书是一本介绍怎样综合运用算法设计理论和技术进行问题求解的实用性教材，主要介绍算法设计原理和方法，同时对运用算法求解问题时涉及的 C/C++程序设计细节，尤其是影响算法准确性和复杂性的编程要点和技巧也进行了详细阐述。数据结构往往是算法设计和实现的基础，特别是一些高级数据结构本身就体现了很强的算法思维，因此本书不仅单独设立了“程序设计语言与数据结构”一章介绍数据结构，在介绍具体算法时也会交叉讨论相应的数据结构知识。本书包括 7 章，组织如下。

第 1 章介绍计算机问题求解和算法的基本概念，然后着重阐述算法复杂度分析的基本理论和方法。

第 2 章介绍程序设计与数据结构相关内容。程序设计和数据结构是算法设计的重要支撑，本章重点介绍程序设计的三个盲点，以及常用的基本数据结构及其用法。

第 3 章介绍枚举算法。“大道至简”，枚举算法是一种最朴素、最简单的算法思想，但在具有卓越运算速度的计算机系统中，它却是常常被忽视的问题求解利器。本章重点阐述怎样直接和间接运用枚举算法求解问题。

第 4 章介绍递归和分治。“凡治众如治寡，分数是也”，分治策略是分析和解决复杂问题最常用的策略之一。本章根据分治算法的求解步骤把分治策略归纳为三类，并结合具体实例阐述每类策略的设计思想、适用范围及实现要点。

第 5 章介绍动态规划。动态规划是最具有创造性的一种算法，归约、分治等思维方法都在动态规划算法框架中得到了很好的体现。本章重点讨论基于“划分”和“约简”

策略的动态规划的原理和运用技巧。

第 6 章介绍贪心算法。这种类似“瞎子爬山”的策略如果运用适当，能够快速地产生最优解。本章将给出一些典型的贪心算法问题，并探讨贪心算法的正确性证明。

第 7 章介绍搜索技术。搜索是求解一些难解问题的常用策略，它把问题求解转换为状态空间图中的路径探索过程，究其本质，搜索是一种枚举和优化策略的综合算法。“运用之妙，存乎一心”，本章以典型问题为例介绍 5 种经典搜索策略的原理、适用范围及实现要点。

为便于教学和读者自学，本书提供有适用于理论教学的课件以及实践学习的配套平台——“北京交通大学在线程序评测系统”（http://algo.bjtu.edu.cn，简称 BOJ）。BOJ 是一个公益性质的计算机问题求解实践平台，也是本书的配套网站。本书的例题和习题都以专题的形式加入 BOJ 题库中，读者在学习本书时，可登录该系统进行编程求解和自我评测。

作　者

目　录

第 1 章　计算机问题求解概述

学习要点

- 理解问题和问题实例的概念
- 了解问题求解的基本步骤
- 了解算法空间复杂性分析方法
- 掌握算法时间复杂性分析方法

从第一台电子计算机 ENIAC 诞生，计算机就成为了复杂问题求解的最重要工具。但是计算机没有思维，不能自主解决问题，只能机械地执行程序。程序是算法用某种程序设计语言的实现，怎样设计正确和高效的算法是计算机问题求解的核心。例如，计算机问题求解周期包括哪些重要的步骤？如果给定的问题存在多个算法，我们怎样评价这些算法的性能？另外，IT 公司的工程师们日常讨论算法性能的语言或者“行话”是什么？

1.1　问题与问题实例

问题是需要人们回答的一般性提问，通常包含若干参数，由问题描述、输入条件、输出要求等要素组成。

问题实例定义为确定问题描述参数后的一个对象。

一个问题的问题描述和输入条件通常包含若干参数，当给定这些参数一组赋值后，则可以得到一个问题实例。一个问题可以包含若干问题实例，问题和问题实例的关系类似面向对象程序设计语言中类和对象的关系。

【例 1-1】　正整数求和问题

问题描述：计算正整数 a 与 b 的和 c 。

输入：正整数 a 、b （$1\leqslant a,b\leqslant 10000$ ）。

输出：和 c。

在正整数求和问题中，指定 $a=1$，$b=1$，则构成了一个问题实例“1+1”；如果令 $a=1000, b=1000$，则构成了另一个问题实例“1000+1000”。

虽然对于正整数求和问题，两个问题实例之间的差别不大。但是，对于有些问题，不同问题实例无论是其描述还是求解的难度差别都非常大。

【例 1-2】　迷宫问题

问题描述：在一个 $N\times N$ 的棋盘迷宫中，有些格子能通行（用 1 表示），有些格子不能通行（用 0 表示），假定棋盘位置(1, 1)为入口，(N,N) 为出口，且在棋盘中只能横向或者竖向移动。任意给定一棋盘，试问是否存在从入口到出口的路径。

输入： 正整数 N 表示棋盘的大小，$N\times N$ 的 0–1 矩阵表示每个棋盘格子的状态。

输出： 1，表示存在路径；0，表示不存在。

在迷宫问题中，当 $N=2$ 时，棋盘布局如图 1-1(a)所示（黑色格子表示 0，白色格子表示 1），得到一个问题实例 a。当 $N=10000$，棋盘布局如图 1-1(b)所示，得到另一个问题实例 b。显然，求解问题实例 b 比求解问题实例 a 更困难。在棋盘大小（$N=10000$）相同布局不相同的情况下，求解消耗时间也可能不一样。比如在实例 b、c、d 中，采用从入口到出口的广度优先搜索算法（搜索技术参阅第 7 章），实例 b 所需要的时间比实例 c 的多，实例 d 所需要的时间也比实例 c 的多。如果采用从出口到入口的广度优先搜索算法，实例 d 所需要的时间比实例 b 和实例 c 的要少得多。

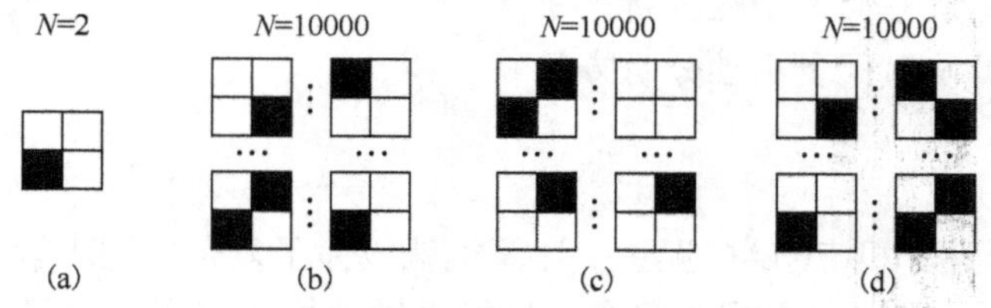

图 1-1　迷宫问题的不同问题实例

值得注意的是，在问题求解时，一个算法能正确而有效地求解某一个问题，严格意义上是指该算法对于该问题的所有问题实例都能正确而有效地得到答案，而不是指该算法能正确而有效地求解某一个或者某几个问题实例。

1.2　计算机问题求解周期

在具体讨论问题求解之前，先看看数学家 G. 波利亚在 1944 年提出的“怎样解题表”：

……

你以前见过它吗？你是否见过相同的问题而形式稍有不同？

你是否知道与此有关的问题？你是否知道一个可能用得上的定理？

看看未知数！试想出一个具有相同未知数的或相似未知数的熟悉的问题。

这里有一个与你现在的问题有关，且早已解决的问题。

你能不能利用它？你能利用它的结果吗？你能利用它的方法吗？为了能利用它，你是否应该引入某些辅助元素？

你能不能重新叙述这个问题？你能不能用不同的方法重新叙述它？

回到定义去。

如果你不能解决所提出的问题，可先解决一个与此有关的问题。你能不能想出一个更容易着手的有关问题？一个更普遍的问题？一个更特殊的问题？一个类比的问题？你能否解决这个问题的一部分？……如果需要的话，你能不能改变未知数或数据，或者二者都改变，以使新未知数和新数据彼此更接近？

……

尽管这张表是为解决数学问题而设计的，但是它对计算机问题求解具有深刻的启迪意义，在问题求解时离不开类似的分析问题的思维方法。

在设计算法求解特定问题时，算法的准确性和复杂性往往是人们关注的重点。首先，算法执行的结果必须正确。严格意义上，算法正确是指对于问题界定的所有问题实例，算法执行后都能得到正确的结果。其次，算法的复杂性要适中。计算机的资源（包括时间和内存）是有限的，所以算法必须在有限的资源条件下正确地求解问题，有关算法复杂性分析的更多讨论见1.4节。可见，用计算机算法求解问题不是一个容易的过程。

实际上，从一个问题的提出，到计算机可执行的、满足准确性和复杂性要求的程序实现，可以看作计算机问题求解的一个周期。**问题求解周期**包括问题简化、模型构建、算法设计、程序设计与调试等过程。

（1）问题简化

大多数实际问题涉及的因素很多，在求解之前必须经过简化，得到问题的原型（Prototype）。这个原型应当是没有歧义的，可以用1.1节介绍的“问题描述–输入–输出”标准方法加以定义（本书所讨论的问题都是以原型的形式出现的）。

（2）模型构建

问题的原型简洁地叙述了问题的条件、限制和求解目标，但是没有表明问题的本质。很多表面上看起来完全不同的问题具有相同的本质。模型构建是一个非常灵活的过程，同一个问题可以构建不同的模型，模型求解的难度也有差异。

构建模型后，只要不是简单到可以直接求解或者套用经典模型的程度，一般需要进行模型分析，得到初步结论。很多经典模型前人已经做过详细而透彻的研究，学习算法时应当尽量多地积累这样的经典模型及其求解算法。另一方面，如果是新模型，需要继续进行算法设计，这一步往往比构建模型更有挑战性。

（3）算法设计

由于问题答案最终需要由计算机执行得到，因此模型构建和分析后要进行算法设计。这是本书探讨的重点，也是计算机问题求解的核心要素。

（4）程序设计与调试

这是用特定程序设计语言实现算法的过程，属于程序设计的范畴。

例1-3展示了一个实际问题的求解过程。

【例1-3】 补丁与Bug问题

错误就是人们所说的Bug。用户在使用软件时总是希望其错误越少越好，最好是没有错误的。但是一个没有错误的软件几乎是不可能的，所以很多软件公司都在疯狂地发放补丁（有时这种补丁甚至是收费的）。T公司就是其中之一。上个月，T公司推出了一个新的字处理软件，随后发放了一批补丁。最近T公司发现其发放的补丁有致命的问题，那就是一个补丁在排除某些错误的同时，往往会新增一些错误。假设此软件中只可能出现n个特定的错误，这n个错误是由软件本身决定的。T公司目前共发放了m个补丁，对于每个补丁都有特定的适用环境，某个补丁只有在当前软件中包含某些错误同时不包含另一些错误时才可以使用；而且，补丁修复某些错误的同时会加入其他错误。另外，每个补丁都要消耗一定的时间（即补丁程序的运行时间）。

现在T公司的问题很简单，其软件的初始版本不幸地包含了全部n个错误，有没有可能通过使用这m个补丁（任意顺序地使用，一个补丁可使用多次），让软件成为一个没有错误的软件。如果可能，希望找到总耗时最少的方案。

显然，这是一个比较复杂的实际问题，在求解之前，我们需要对该问题进行适当简化和形式化的定义，得到如下问题原型。

问题描述：T 公司的字处理软件中可能出现的 n 个错误记为集合 $B=\{b_1,b_2,\cdots,b_n\}$，目前发放的 m 个补丁记为集合 $P=\{p_1,p_2,\cdots,p_m\}$。对于每个补丁 p_i，假设存在错误集合 B_{i+} 和 B_{i-}：当软件包含了 B_{i+} 中的所有错误而没有包含 B_{i-} 中的任何错误时，补丁 p_i 才可以被使用，否则不能使用。显然，B_{i+} 与 B_{i-} 的交集为空。补丁 p_i 将修复某些错误而同时加入某些错误，设错误集合有 F_{i+} 和 F_{i-}，使用过补丁 p_i 后，F_{i-} 中的任何错误都不会在软件中出现，而软件将包含 F_{i+} 中的所有错误。同样，F_{i+} 与 F_{i-} 交集为空。另外，每个补丁都要耗费一定的时间 T_i。

现在 T 公司的字处理软件的初始版本不幸地包含了全部 n 个错误，试编写程序来求解这个问题。

输入格式：第一行有两个正整数 n 和 m，n 表示 Bug 总数，m 表示补丁总数，$1\leqslant n\leqslant 15$，$1\leqslant m\leqslant 100$。接下来的 m 行给出了 m 个补丁的信息。每行包括一个正整数 T_i（表示此补丁程序 p_i 的运行耗时）和两个长度为 n 的字符串，中间用一个空格符隔开。

第一个字符串，若第 k 个字符为“+”，则表示 b_k 属于 B_{i+}；若为“-”，则表示 b_k 属于 B_{i-}；若为“0”，则表示 b_k 既不属于 B_{i+} 也不属于 B_{i-}，即软件中是否包含 b_k 不影响补丁 p_i 是否可用。

第二个字符串，若第 k 个字符为“+”，则表示 b_k 属于 F_{i+}；若为“-”，则表示 b_k 属于 F_{i-}；若为“0”，则表示 b_k 既不属于 F_{i+} 也不属于 F_{i-}，即软件中是否包含 b_k 不会因使用补丁 p_i 而改变。

输出格式：输出一个整数，如果问题有解，输出总耗时，否则输出 null。

获得问题原型后，下一步就是对该问题进行分析，构建相应的模型。客观世界是纷繁复杂的，当人们面对一个新问题时，通常的想法是通过分析、变形和转换，得到本质相同且熟悉的问题，这就是归化思想。如果把初始的问题或对象称为**原型**，则把归化后的相对定型的模拟化或理想化的对象称为**模型**。模型化的方向主要有图论模型、数学模型和规划（动态规划）模型。

因为补丁与 Bug 问题涉及耗时“最少”的要求，自然可以联想到图论中的最短路径问题。如果把 n 个 Bug 的状态（存在和不存在）的组合用一个 0-1 字符串表示（称为模式串），显然，所有 n 个 Bug 构成的模式串的数目最多是 2^n 个；同时，运行一个补丁就会导致从一个模式串转换到另一个模式串。如果把模式串组成一个图模型的顶点，那么特定的补丁就构成该图的有向边，该补丁运行的时间则是该边的权重，如图 1-2 所示。当构建完了补丁和 Bug 问题的图模型后，原问题的解就对应了从起点模式串（11…11）到终点模式串（00…00）的一条最短路径。

下一步就是针对补丁与 Bug 的图模型设计求解算法。学过图论的读者应该容易想到，此问题可以直接应用 Dijkstra 最短路径算法求解。鉴于 Dijkstra 最短路径算法的典型性，Dijkstra 算法的程序设计和调试的过程请读者自己完成。

另外，补丁与 Bug 问题也可以应用有限状态自动机模型，但是基于该模型的求解过程会复杂些，学有余力的读者可以自己设计和实现。

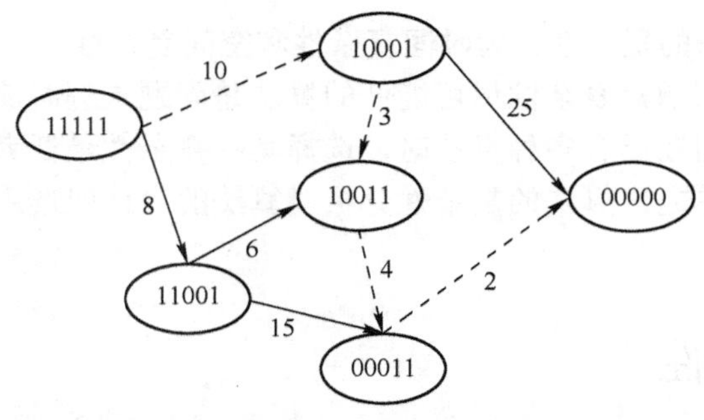

图 1-2　补丁与 Bug 问题的图论模型示例。其中，每个顶点表示软件的状态，0-1 字符串中的 1 表示对应 Bug 存在，0 表示对应 Bug 不存在；每条边表示一个补丁，边的权重表示执行补丁所需要的时间，虚线所示路径则是该示例的最优解

1.3　算法与程序

算法（Algorithm）是计算机问题求解的核心和关键。虽然人们对“算法”一词非常熟悉，可到目前为止，对于“算法”尚没有统一而精确的定义。有人说：算法就是一组有穷的规则，它们规定了解决某一特定问题的一系列运算。Thomas H. Cormen 等人在 *Introduction to Algorithms* 一书中将算法描述为：算法是任何定义好了的计算程式，它取某些值或值的集合作为输入，并产生某些值或值的集合作为输出。因此，算法是将输入转化为输出的一系列计算步骤。概括起来，算法有以下 5 个特性：

① **确定性**。算法的每种运算（包括判断）必须有确切的定义，即每种运算应该执行何种动作必须是清楚的、无二义性的。

② **可实现性**。算法中有待实现的运算都是相当基本的，每种运算至少在原理上能通过人工用纸和笔在有限的时间内完成。

③ **具有数据输入**。一个算法有零个或多个数据输入，它们是在算法开始之前对算法最初赋予的量，这些输入取自特定的对象集合。

④ **具有数据输出**。一个算法产生一个或多个输出，它们是同输入有某种特定关系的量。

⑤ **有穷性**。一个算法必须在执行有穷步之后终止。

程序（Program）是算法用某种程序设计语言的实现。程序可以不满足算法的第 5 个特性。例如，操作系统是一个无限循环执行的程序，因而不是一个算法。当然，如果把操作系统按照任务分解成一些独立的问题，每个问题则由操作系统中的一个子程序通过特定的算法来实现。

1.4　算法复杂性分析

算法的复杂性是算法效率的度量，是评价算法优劣的重要依据。算法复杂性体现了运行该算法所需要的计算机资源的多少。算法执行所需的资源越多，则它的复杂性越高；反之，算法所需的资源越少，则其复杂性越低。**时间和空间**（即内存）是计算机最重要的两种资源，因而算法的复杂性分为**时间复杂性**和**空间复杂性**。

对于任意给定的问题，复杂性尽可能低的算法是问题求解时追求的一个重要目标；另一方面，当给定的问题已有多种算法时，选择其中复杂性最低者，是选用算法时应遵循的一个重要准则。总之，算法的复杂性分析对算法的设计或选用有着重要的指导意义和实用价值。

1.4.1 空间复杂性

算法的空间复杂性是指计算机执行一个算法所需占用的存储空间，它是算法优劣的重要度量指标。一般地，空间复杂性程度越低，算法越好。算法执行需要的空间包括指令空间、数据空间和系统栈空间三大类。

指令空间用来存储经过编译之后的程序指令。程序所需的指令空间的大小取决于如下因素：① 把程序编译成机器代码的编译器；② 编译时实际采用的编译器选项；③ 目标计算机。程序编译时使用的编译器不同，产生的机器代码的长度就会有差异。另外，有些编译器带有选项，如优化模式、覆盖模式等，如果设置的编译选项不同，产生的机器代码也会不同。当然，目标计算机的配置也会影响代码的规模。例如，如果计算机具有浮点处理的硬件部件，那么每个浮点操作可以转化为一条机器指令；否则，必须生成仿真的浮点计算代码，使整个机器代码加长。一般情况下，指令空间对于所解决的特定问题不够敏感，以至于可以忽略不计。

数据空间用来存储所有常量和变量的值，分成两部分：① 存储常量和简单变量；② 存储复合变量。前者所需的空间取决于所使用的计算机和编译器，以及变量与常量的数目。因为人们往往是计算所需内存的字节数，而每字节所占的位（bit）依赖于具体的机器环境（16 位字长计算机中 C/C++各数据类型及取值范围参见表 2-1）。后者包括数据结构所需的空间及动态分配的空间。结构变量所占空间等于各成员所占空间的累加，数组变量所占空间等于数组大小乘以单个数组元素所占的空间。

系统栈空间保存函数调用返回时恢复运行所需要的信息。当一个函数被调用时，下面数据将被保存在系统栈中：① 返回地址；② 所有局部变量的值、递归函数的传递的形式参数的值；③ 所有引用参数以及常量引用参数的定义。对于递归程序调用，系统栈空间大小还依赖于递归调用的深度，而且这往往是决定系统栈空间大小的主要因素。

程序 1-1 为数组求和程序（本书采用 C/C++编程，下同）。

程序 1-1 数组求和程序

```
int sum1 (int iArray[], int iLen) {
    int i = 0;
    int iSum = 0;
    for (i=0; i<iLen; i++)
        iSum += iArray[i];
    return iSum;
}
int sum2 (int iArray[], int iLen) {
    int iSum = 0;
    if (iLen > 0)
```

```
        iSum = sum2 (iArray, iLen-1) + iArray[iLen-1];
    return iSum;
}
```

在程序 1-1 中，函数 sum1 采用循环累加的办法，而函数 sum2 采用递归的办法。在 sum1 中，int 型变量 i、iSum、iLen 各自需要分配 4 字节（在 16 位字长计算机为 2 字节）的内存空间，指针型参数 iArray 需要分配 4 字节的内存空间。在 sum2 中，递归栈空间包括参数 iArray、iLen 所需的 8 字节，以及保存返回地址所需的 2 字节（假定是 near 指针）。每次调用 sum2 就需要 10 字节空间，假定某个实例的递归深度是 n，则共需 $10\times(n+1)$ 字节的内存空间。

随着半导体技术的飞跃式发展，存储器资源的成本越来越低，人们对于算法空间复杂性的关注度也越来越低。因此，本书后续章节分析算法的复杂性时，也忽略了空间复杂性分析。

1.4.2 时间复杂性

1. 时间复杂性的表示

算法的时间复杂性是指算法运行所需的时间资源的量，从运行该算法的实际计算机中抽象出来。换句话说，这个量应该是只依赖于算法要求解的问题的规模（N）、算法的输入（I）和算法本身（A）的函数。比如，例 1-2 的迷宫问题中，棋盘的大小 N 反映了迷宫问题的求解规模，某个特定的棋盘布局则表示了迷宫问题的输入。显然，用某个特定算法 A 求解该问题时，求解图 1-1(a)所示问题实例和图 1-1(b)所示问题实例所需的时间不一样。一般地，问题规模 N 越大，所需要的时间就越多。即使在问题规模 N 相同的情况下，求解不同输入所对应的问题实例所需要的时间也不一样。比如，应用普通广度优先搜索算法求解图 1-1(b)和图 1-1(c)所需要的时间也不尽相同。

不失一般性，如果分别用 N、I 和 A 表示算法要求解问题的规模、算法的输入和算法本身，用 T 表示算法的时间复杂性，那么

$$T=T(N,I,A) \tag{1-1}$$

其中，$T(N,I,A)$ 是 N、I 和 A 的一个确定的三元函数。通常，人们让 A 隐含在复杂性函数名当中，于是式(1-1)可以简写为

$$T=T(N,I) \tag{1-2}$$

运行于特定计算机的算法程序由该计算机系统的若干操作和运算指令组成。显然，运行算法所需要的时间等价于执行这些指令所需要的时间之和。不同的计算机，其指令和执行指令所需要的时间不一定相同，不失一般性，假定算法运行在一台抽象的计算机上，该机提供 k 种元运算，分别记为 $O_1,O_2,\cdots,O_k$，这些元运算每执行一次所需要的时间分别为 $t_1,t_2,\cdots,t_k$。给定算法 A，经过统计，用到元运算 O_i 的次数为 $e_i(i=1,2,\cdots,k)$，显然对于每个 $i(1\leqslant i\leqslant k)$，$e_i$ 是 N 和 I 的函数，即 $e_i=e_i(N,I)$。那么，算法执行时间的表达式为

$$T(N,I)=\sum_{i=1}^{k}t_ie_i(N,I) \tag{1-3}$$

其中，$t_1,t_2,\cdots,t_k$ 是与 N 和 I 无关的常量。

对于任何一个问题，特定规模 N 的问题实例通常比较多，甚至大得无法计量。比如，迷宫问题的规模 $N=1000$ 时，其对应的问题实例有 $2^{1000\times1000}$ 个。显然，不可能对规模 N 的每种合法输入 I 都统计 $e_i(N,I)$（$i=1,2,\cdots,k$）。因此 $T(N,I)$ 的表达式还需简化，或者说，只在规模为 N 的某些或某类有代表性的合法输入中统计相应的 $e_i(N,I)$（$i=1,2,\cdots,k$），才能评价其时间复杂性。

下面只考虑三种情况的时间复杂性，即最坏情况、最好情况和平均情况下的时间复杂性，并分别记为 $T_{\max}(N)$、$T_{\min}(N)$ 和 $T_{\text{avg}}(N)$。在数学上有

$$T_{\max}(N)=\max_{I\in D_N}T(N,I)=\max_{I\in D_N}\sum_{i=1}^{k}t_ie_i(N,I)=\sum_{i=1}^{k}t_ie_i(N,I^*)=T(N,I^*) \tag{1-4}$$

$$T_{\min}(N)=\min_{I\in D_N}T(N,I)=\min_{I\in D_N}\sum_{i=1}^{k}t_ie_i(N,I)=\sum_{i=1}^{k}t_ie_i(N,\tilde{I})=T(N,\tilde{I}) \tag{1-5}$$

$$T_{\text{avg}}(N)=\sum_{I\in D_N}P(I)T(N,I)=\sum_{I\in D_N}P(I)\sum_{i=1}^{k}t_ie_i(N,I) \tag{1-6}$$

其中，D_N 是规模为 N 的合法输入的集合；I^* 是 D_N 中一个使 $T(N,I^*)$ 达到 $T_{\max}(N)$ 的合法输入；$\tilde{I}$ 是 D_N 中一个使 $T(N,\tilde{I})$ 达到 $T_{\min}(N)$ 的合法输入；而 $P(I)$ 是在规模为 N 的问题实例集合中出现输入 I 的概率。

以上三种情况下的时间复杂性各从某个角度反映了算法的效率，各有各的用处，也各有各的局限性。实践表明，可操作性最好的、最有实际价值的是最坏情况下的时间复杂性。最好情况和平均情况下的时间复杂性分析一般应用于理论研究。本书对算法时间复杂性的分析主要放在最坏情形上。

渐近复杂性

2. 渐进时间复杂性及其阶

虽然式(1-4)严格定义了算法在最坏情况下的时间复杂性，但是在问题求解过程中，按照式(1-4)去分析和计算算法的时间复杂性是不可行的。

首先，随着社会的进步、科学研究的深入，要求用计算机解决的问题越来越复杂，规模越来越大，导致严格定义的最坏情况的时间复杂性 $T_{\max}(N)$ 形式会非常复杂。

其次，问题的复杂性导致算法和程序结构的复杂性，如果把算法中所有的运算都考虑进去，那么式(1-4)的求解可能会比原问题的求解更困难。本质上，时间复杂性并不是表示一个程序解决某个问题需要花多少时间，而是当问题规模扩大后，程序需要的时间量增长得有多快。也就是说，对于高速处理数据的计算机来说，处理某特定问题实例的效率不能衡量一个程序的好坏，而应该看当这个问题的规模变大若干倍后，程序运行时间是否还是一样，或者增加了若干倍甚至更多倍。因此，对于规模充分大、结构十分复杂的问题的求解算法，其复杂性分析需要进行合理的简化。

首先，引入复杂性渐近态的概念。设 $T(N)$ 是前面定义的关于算法 A 的复杂性函数，一般说来，当 N 单调增加且趋于 ∞ 时，$T(N)$ 也将单调增加趋于 ∞。对于 $T(N)$，如果存在 $T'(N)$，使得当 $N\to\infty$ 时有

$$(T(N)-T'(N))/T(N)\to 0 \tag{1-7}$$

那么，我们就说 $T'(N)$ 是 $T(N)$ 当 $N\to\infty$ 时的渐近态，或叫 $T'(N)$ 为算法 A 当 $N\to\infty$ 时的**渐近复杂性**。在数学上，$T'(N)$ 是 $T(N)$ 当 $N\to\infty$ 时的渐近表达式。而且，$T'(N)$ 是 $T(N)$ 中略去低阶项所留下的主项，所以它无疑比 $T(N)$ 简单。比如，当 $T(N)=5N^2+$

$6N\log N+3N+\sqrt{N}+2$ 时，$T'(N)$ 的一个答案是 $5N^2$，因为这时

$$\frac{T(N)-T'(N)}{T(N)}=\frac{6N\log N+3N+\sqrt{N}+2}{5N^2+6N\log N+3N+\sqrt{N}+2}\xrightarrow{N\to\infty}0$$

显然，$5N^2$ 比 $5N^2+6N\log N+3N+\sqrt{N}+2$ 简单得多。

由于当 $N\to\infty$ 时 $T'(N)$ 渐近于 $T(N)$，我们有理由用 $T'(N)$ 来替代 $T(N)$ 作为算法 A 在 $N\to\infty$ 时复杂性的度量。而且，由于 $T'(N)$ 比 $T(N)$ 简单，这种替代明显是对复杂性分析的一种简化。

进一步，考虑到分析算法复杂性的目的在于比较求解同一问题的两个不同算法的效率，而当要比较的两个算法的渐近复杂性的阶不相同时，只要能确定出各自的阶，就可以判定哪一个算法的效率高。换句话说，这时的渐近复杂性分析只要关心 $T'(N)$ 的阶就够了，不必关心包含在 $T'(N)$ 中的常数因子和低阶项。所以，人们常常对 $T'(N)$ 的分析进一步简化，把计算机中的所有元运算做无差别处理，即假设算法中用到的所有元运算各执行一次，所需要的时间都是一个单位时间。而且，在实际算法复杂性分析时，并不是每个元运算的执行次数都需要统计，往往只需要计算“主要运算”，忽略主运算之外其他运算的开销。

这样，式(1-4)可以简化为

$$T_{\max}(N)=e_p(N,I^*)=T(N,I^*) \tag{1-8}$$

其中，e_p 是算法的“主要运算”，I^* 是输入实例集合中一个使 $T(N,I^*)$ 达到 $T_{\max}(N)$ 的合法输入。

通过上面的两个步骤，算法复杂性分析得到了极大的简化。实际上，算法复杂性分析只要考察当问题的规模充分大时，算法复杂性在渐进意义下的阶。与此简化的复杂性分析相配套，需要引入以下渐进意义下的记号：O，Ω，Θ。

以下设 $f(N)$ 和 $g(N)$ 是定义在正数集上的正函数。

（1）渐进符号 O 的定义

如果存在正的常数 C 和自然数 N_0，使得当 $N\geqslant N_0$ 时有 $f(N)\leqslant Cg(N)$，则称函数 $f(N)$ 当 N 充分大时有上界，且 $g(N)$ 是它的一个上界，记为 $f(N)=O(g(N))$，或者说 $f(N)$ 的阶不高于 $g(N)$ 的阶。例如：

① 存在 $C=5$，$N_0=1$，对所有 $N\geqslant N_0$ 有 $4N\leqslant CN$，则 $4N=O(N)$。

② 存在 $C=14$，$N_0=1$，对所有 $N\geqslant N_0$ 有 $2N+12\leqslant CN$，则 $2N+12=O(N)$。

③ 存在 $C=17$，$N_0=20$，对所有 $N\geqslant N_0$ 有 $16N^2+19N+5\leqslant CN^2$，则 $16N^2+19N+5=O(N^2)$。

④ 存在 $C=4$，$N_0=5$，对所有 $N\geqslant N_0$ 有 $16N^2+19N+5\leqslant CN^3$，则 $16N^2+19N+5=O(N^3)$。

⑤ 作为一个反例，$N^3\neq O(N^2)$。假设等号成立，则存在正的常数 C 和自然数 N_0，使得当 $N\geqslant N_0$ 时有 $N^3\leqslant CN^2$，即 $N\leqslant C$。显然，当 $N=\max\{N_0,C+1\}$ 时，这个式子不成立，所以 $N^3\neq O(N^2)$。

大 O 表示

除了根据符号 O 的定义来计算一个函数的 O 表达式，大 O 比率定理提供了另一种判定规则。

【大 O 比率定理】 对于函数 $f(N)$ 和 $g(N)$，如果极限 $\lim\limits_{N\to\infty}(f(N)/g(N))$ 存在，则

$f(N)=O(g(N))$ 当且仅当存在正的常数 C，使得 $\lim_{N\to\infty}(f(N)/g(N))\leqslant C$。

证明：略。

例子：

① 因为 $\lim_{n\to\infty}\frac{3n+2}{n}=3$，所以 $3n+2=O(n)$。

② 因为 $\lim_{n\to\infty}\frac{10n^2+4n+2}{n^2}=10$，所以 $10n^2+4n+2=O(n^2)$。

③ 因为 $\lim_{n\to\infty}\frac{6\times 2^n+n^2}{2^n}=6$，所以 $6\times 2^n+n^2=O(2^n)$。

④ 因为 $\lim_{n\to\infty}\frac{n^{16}+3\times n^2}{2^n}=0$，所以 $n^{16}+3\times n^2=O(2^n)$。

符号 O 是为了简化算法复杂性分析而采用的一种记号，有两点需要特别注意：

① 符号 O 定义的是一个算法当其问题规模充分大时算法复杂性的一个上界。根据符号 O 的定义不难推导，这个上界并不是唯一的。比如，在（1）中的例子③和例子④中，N^2 和 N^3 都是 $16N^2+19N+5$ 符合 O 定义的上界。显然，这个上界的阶越低，则越接近算法复杂性的真实值，评估就越精确，结果就越有价值。

② $f(N)=O(g(N))$ 不一定能推导出 $g(N)=O(f(N))$，因为两者并不等价。实际上，这里的等号并不是通常相等的含义。

按照符号 O 的定义，容易证明它有如下运算规则：

$$O(f)+O(g)=O(f+g)$$
$$O(f)+O(g)=O(\max(f,g))$$
$$O(f)O(g)=O(f\times g)$$

下面按照符号 O 的定义，证明第一条运算规则。

设 $F(N)=O(f)$，根据符号 O 的定义，存在正常数 C_1 和自然数 N_1，使得对所有的 $N\geqslant N_1$，有 $F(N)\leqslant C_1 f(N)$。

类似地，设 $G(N)=O(g)$，则存在正的常数 C_2 和自然数 N_2，使得对所有的 $N\geqslant N_2$ 有 $G(N)\leqslant C_2 g(N)$。

令 $C_3=\max(C_1,C_2)$，$N_3=\max(N_1,N_2)$，对于任意自然数 $N\geqslant N_3$，有

$$\begin{aligned}O(f)+O(g)&=F(N)+G(N)\\&\leqslant C_1 f(N)+C_2 g(N)\\&\leqslant C_3(f(N)+g(N))\\&=O(f+g)\end{aligned}$$

其余规则的证明类似，请读者自行证明。

（2）渐进符号 Ω 的定义

如果存在正的常数 C 和自然数 N_0，使得当 $N\geqslant N_0$ 时有 $f(N)\geqslant Cg(N)$，则称函数 $f(N)$ 当 N 充分大时下有界，且 $g(N)$ 是它的一个下界，记为 $f(N)=\Omega(g(N))$，或者说 $f(N)$ 的阶不低于 $g(N)$ 的阶。

类似符号 O，符号 Ω 也存在如下判定规则。

【大 Ω 比率定理】 对于函数 $f(N)$ 和 $g(N)$，如果极限 $\lim_{N\to\infty}(g(N)/f(N))$ 存在，则

$f(N)=\Omega(g(N))$ 当且仅当存在正的常数 C，使得 $\lim_{N\to\infty}(g(N)/f(N))\leqslant C$。

证明：略。

同样，用 Ω 评估算法的复杂性得到的只是该复杂性的一个下界。这个下界的阶越高，则评估就越精确，结果就越有价值。这里的 Ω 只对问题的一个算法而言。如果它是对一个问题的所有算法或某类算法而言，即对于一个问题和任意给定的充分大的规模 N，下界在该问题的所有算法或某类算法的复杂性中取值，那么它将更有意义。这时得到的相应下界被称为问题的下界或某类算法的下界。它常常与 O 配合，以证明某问题的一个特定算法是该问题的最优算法，或者该问题在某算法类中的最优算法。

（3）渐进符号 Θ 的定义

$f(N)=\Theta(g(N))$ 当且仅当 $f(N)=O(g(N))$ 且 $f(N)=\Omega(g(N))$，这时称 $f(N)$ 与 $g(N)$ 同阶。

同时，$f(N)=\Theta(g(N))$ 等价于存在正的常数 c_1、c_2 和 N_0，使得对于所有的 $N\geqslant N_0$，有 $c_1(g(N))\leqslant f(N)\leqslant c_2(g(N))$。即函数 f 介于函数 g 的 c_1 和 c_2 倍之间，当 N 充分大时，g 既是 f 的下界，又是 f 的上界。同样，符号 Θ 也存在如下判定定理。

【大 Θ 比率定理】 对于函数 $f(N)$ 和 $g(N)$，如果极限 $\lim_{N\to\infty}(g(N)/f(N))$ 与 $\lim_{N\to\infty}(f(N)/g(N))$ 都存在，则 $f(N)=\Theta(g(N))$ 当且仅当存在正的常数 c_1,c_2，使得 $\lim_{N\to\infty}(g(N)/f(N))\leqslant c_1,\lim_{n\to\infty}(f(N)/g(N))\leqslant c_2$。

比较大 O 比率定理和大 Ω 比率定理可知，大 Θ 比率定理实际是那两种情况的综合。对于多项式情形的复杂性函数，其阶函数可取该多项式的最高项，即有如下定理。

【定理 1-1】 对于多项式函数 $f(N)=a_mN^m+a_{m-1}N^{m-1}+\cdots+a_1N+a_0$，若 $a_m>0$，则

$$f(N)=O(N^m)$$
$$f(N)=\Omega(N^m)$$
$$f(N)=\Theta(N^m)$$

3．时间复杂性渐进阶的意义

计算机的设计和制造技术在突飞猛进，一代又一代计算机的计算速度和存储容量在直线增长。有人因此认为没有必要去追求高效率的算法，从而不必无谓地进行复杂性的分析；低效的算法可以由高速的计算机弥补，在可接受的时间内用低效的算法完不成的任务，只要移植到高速的计算机上就能完成。这是一种错觉！造成这种错觉的原因是他们没看到：随着经济的发展、社会的进步、科学研究的深入，计算机求解的问题越来越复杂、数据规模越来越大。对低效算法来说，问题复杂程度和规模的线性增长导致的时耗的增长和空间的增长都会是超线性的。下面对效率上有代表性的几个档次的算法进行简单对比。

假设求解某一个问题有 5 个不同算法，其时间复杂性分别为 N、N^2、N^3、2^N、3^N，这 5 个算法在同一台计算机上运行，并且求解不同规模的问题实例（假定运行实例都是在该问题规模下需要时间最多的问题实例）。这 5 个不同阶时间复杂性的算法在该台计算机上求解不同规模问题实例所需时间如表 1-1 所示。从表 1-1 可以看出，对于复杂性阶为

N的算法，当问题实例规模扩大 6 倍时，它所需时间也只增长了 6 倍，是一个线性增长的过程；但是对于复杂性阶为 3^N 的算法，当问题实例规模扩大 6 倍时，其所需时间的增长速度是一个指数增长过程，它所需的时间高达 1.3×10^{13} 世纪，这是一个几乎不可能完成的计算任务。总之，对于低效的算法（指数级复杂性算法），虽然它能求解规模比较小的问题实例，但是当求解的问题实例规模扩大若干倍时，它求解该问题实例所需的时间会爆炸式地增长，在现实意义上其求解过程变得不可能。

表 1-1　不同阶时间复杂性的算法求解不同规模问题实例所需时间

时间复杂性	问题规模					
	10	20	30	40	50	60
N	10^{-5}	2×10^{-5}	3×10^{-5}	4×10^{-5}	5×10^{-5}	6×10^{-5}
N^2	10^{-4}	4×10^{-4}	9×10^{-4}	16×10^{-4}	25×10^{-4}	36×10^{-4}
N^3	10^{-3}	8×10^{-3}	27×10^{-3}	64×10^{-3}	125×10^{-3}	216×10^{-3}
2^N	0.001 秒	1.0 秒	17.9 分	12.7 天	35.7 年	366 世纪
3^N	0.059 秒	58 分	6.5 年	3855 世纪	2×10^8 世纪	1.3×10^{13} 世纪

同样，假设求解某一个问题有 5 个不同算法，其时间复杂性阶分别为 N、N^2、N^3、2^N、3^N，这 5 个算法在不同运算性能的计算机上运行。它们在不同运行速度的计算机上能求解的问题实例规模如表 1-2 所示。从表 1-2 可以看出，对于复杂性阶为 N 的算法，在 1 倍速计算机上能求解最大规模为 N_1 的问题实例，在运行速度提高 1000 倍的计算机上能求解的问题实例最大规模为 $1000N_1$，是一个线性增长的过程；但是对于复杂性阶为 3^N 的算法，在 1 倍速计算机上能求解最大规模为 N_5 的问题实例，在运行速度提高 1000 倍的计算机上能求解的问题实例最大规模并没有增长 1000 倍，相反，它能求解的问题实例最大规模仅仅增加了 6.29（几乎微不足道）。总之，对于低效的算法（如指数级复杂性算法），计算机的计算速度成倍乃至数千倍地增长基本上不会带来求解规模的较大增益。因此对于低效算法，问题求解规模的增大不能寄希望于移植算法到高速的计算机上，而应该把着眼点放在算法的改进上。

表 1-2　不同阶时间复杂性的算法在不同运行速度的计算机上能求解的问题实例规模

时间复杂性函数	1 小时可求解的问题实例的最大规模		
	1 倍速计算机	100 倍速计算机	1000 倍速计算机
N	N_1	$100N_1$	$1000N_1$
N^2	N_2	$10N_2$	$31.6N_2$
N^3	N_3	$4.6\ N_3$	$10\ N_3$
2^N	N_4	$N_4+6.64$	$N_4+9.97$
3^N	N_5	$N_5+4.19$	$N_5+6.29$

从表 1-1 和表 1-2 可以看出，限制求解问题规模的关键因素是算法渐近复杂性的阶。对于表中的前三种算法，其渐近时间复杂性与规模 N 的幂同阶。相应地，求解问题规模的增大带来所需时间倍数增长，增长幅度随着幂次的提高而增大。另一方面，计算机计算速度增长带来求解问题规模的倍数增长，只是随着幂次的提高，规模增长的倍数在降低。人们把渐近复杂性与规模 N 的幂同阶的这类算法称为**多项式算法**。

对于表中的后两种算法，其渐近的时间复杂性与规模 N 的一个指数函数同阶。相应地，求解问题规模的线性增大带来的是所需时间的爆炸式增长，计算机计算速度的线性增长只带来求解问题规模的加法增长。人们把渐近复杂性与规模 N 的指数同阶的这类算法称为**指数型算法**。

多项式算法和指数型算法在效率上有质的区别。多项式算法是有效的算法，绝大多数问题存在多项式算法。但有些问题还未找到多项式算法，只找到指数型算法。这两类算法的区别本质上是算法渐近复杂性阶的区别。可见，算法渐近复杂性的阶对于算法的效率有着决定性的意义，所以在讨论算法的复杂性时人们基本上只关心它的渐近阶。

在讨论算法复杂性的渐近阶的重要性的同时，有两条要记住：

①“复杂性渐近阶比较低的算法比复杂性渐近阶比较高的算法有效”，这个结论只是在问题的求解规模充分大时才成立。比如，复杂性阶分别为 N^{100} 和 2^N 的两种算法，前者比后者有效只是在 $N^{100} < 2^N$ 即 $N \geqslant C$ 时才成立，其中 C 是方程 $N^{100} = 2^N$ 的解。当 $N < C$ 时，后者反而比前者有效。所以对于规模小的问题，不要盲目地选用复杂性阶比较低的算法。其原因包括两方面：首先，复杂性阶比较低的算法在规模小时不一定比复杂性阶比较高的算法更有效；其次，在规模小时，决定工作效率的可能不是算法的复杂性而是代码的效率，哪一种算法简单，实现起来简洁，就选用该算法。

② 当两个算法的渐近复杂性的阶相同时，必须进一步比较渐近复杂性表达式中的常数因子。显然，常数因子小的优于常数因子大的算法。比如，渐近复杂性为 $N\log N/100$ 的算法显然比渐近复杂性为 $100N\log N$ 的算法有效。

4．算法时间复杂性分析

如果一个算法中存在递归调用，则被称为**递归算法**，否则为**非递归算法**。下面分别讨论非递归算法和递归算法的复杂性分析方法。

（1）非递归算法的复杂性分析

非递归算法一般由串行语句段和循环语句构成，其中循环语句是时间复杂性分析的关键。非递归算法的复杂性分析包括以下三个步骤。

① 确定关键操作。关键操作一般位于循环体内，它可以是赋值、比较、算术运算和逻辑运算等操作（一般被看作基本操作，并约定所用的时间都是一个单位）；另外，关键操作还可以是由多个基本操作构成的程序块。

② 计算关键操作的执行步数 $T(n)$。$T(n)$ 一般可以表示为数列和的形式。

③ 求解 $T(n)$ 渐进阶，并用 O 记号表示。

应该指出的是：非循环体内的串行程序块执行时间是常数时间；函数调用语句则需要根据该函数的输入规模，按照上述方法分析其时间复杂性，然后把该复杂性与原函数其他部分的复杂性相加，得到整个算法的总复杂性。

程序 1-2 寻找最大元素如下。

程序 1-2　寻找最大元素

```
int Max (int a[], int n)  { //寻找 a[0:n-1]中的最大元素
    int pos=0;
    for  (int i=1; i<n; i++)
      if  (a[pos]<a[i])
        pos=i;
```

```
        return pos;
    }
```

程序 1-2 中的关键操作是比较运算。for 循环中共进行了 $n-1$ 次比较，所以程序 1-2 的时间复杂性为 $O(N)$。

程序 1-3　冒泡排序

```
BubbleSort (int a[], int n) {
  for (int i=n; i>1; i--)
    for (int j=0; j<i-1; j++)
        if (a[j]>a[j+1])
          Swap (a[j],a[j+1]) ;
}
```

在程序 1-3 中，主要操作是比较和子函数 Swap()中的移位操作。因此冒泡排序算法的时间复杂性的评估只要统计 Swap()操作的执行次数即可。该操作在最坏情况下的总执行次数为 $\sum_{i=n-1}^{2} i = O(n^2)$，所以冒泡排序算法的时间复杂性为 $O(N^2)$。

（2）递归算法的复杂性分析

过程调用和函数调用语句需要的时间包括两部分，一部分用于实现控制转移，另一部分用于执行过程（或函数）本身。后者可以根据过程（或函数）调用的层次，由里向外运用上述方法进行分析，直到计算出最外层的运行时间。如果过程（或函数）出现**直接或间接的递归调用**，则上述由里向外逐层分析的方法不再可行。这时需要递归分析的技术。也就是说，先假定递归过程（或函数）所需要的时间为一个待定函数（函数的自变量为递归程序的输入规模），再根据递归调用建立时间复杂性函数的递推方程，最后求解递推方程得到时间复杂性。其复杂性分析过程包括以下三个步骤：

① 分析递归程序的结构，确定每个逻辑块的时间复杂度。非递归的程序块（或者子函数）用非递归方法分析其复杂性，递归函数的复杂性则根据其输入规模递归地表示，这两部分之和则是整个算法的时间复杂性。

② 构造复杂性函数的递归方程。

③ 求解递归方程和渐进阶，并用 O 记号表示。

递归方程的种类很多，求它们解的渐近阶的方法也很多，这些方法超出了本书的范畴，读者请参阅相关文献。本节以 Hanoi 塔问题算法为例说明如何建立相应的递归方程，同时不加推导地给出它们在最坏情况下的时间复杂性的渐近阶。

程序 1-4　Hanoi 塔问题算法

```
int Hanoi(int n, int a, int b, int c) {
    if (n <= 0)
        return 0;
    Hanoi(n-1, a, c, b);
    Move(n, a, c);
    Hanoi(n-1, b, a, c);
    return 1;
}
```

在程序 1-4 中，算法包括两次 Hanoi 程序递归调用，且每次递归调用的输入规模为 $N-1$，假定原 Hanoi 塔问题算法的执行时间为 $T(N)$，则每次递归调用的执行时间为 $T(N-1)$；还包括一次 Move 函数调用，Move 函数的时间复杂性为常数时间，记为 c，可以得到如下递归方程，即

$$T(N)=2T(N-1)+c$$

求解上述递归方程，可以得到 Hanoi 塔问题算法的时间复杂性为 $O(2^N)$。

在上述算法复杂性分析过程中，我们默认数据已经读入内存，并且所有的运算都在单台计算机执行。但是，在大数据时代，算法可能要处理 TB 级别规模的数据，显然这些数据无法一次性全部读入内存；另外，算法可能运行在分布式环境中，算法的不同模块在网络中的不同运算节点执行。因此，算法时间复杂性的影响因素除了关键操作的开销，还包括数据读入/导出时文件读写的时间开销，以及分布式环境下数据在网络中传输的时间开销。

习题 1

1-1　写出下列函数的 O 渐进表达式：

$$3n^3+10n^2+20$$
$$n^2+2^n$$
$$n\log(n)+\log(n^2)$$
$$n!+10^n$$
$$\sin(n^2)+\log(n)$$

1-2　按照渐进阶从低到高的顺序排列以下表达式：$5n^2$，$\log(n)$，$n\log(n)$，$n!$，2^n。

1-3　证明符号 O 的如下运算规则：

$$O(f)+O(g)=O(\max(f,g))$$
$$O(f)O(g)=O(fg)$$
$$f=O(f)$$

第 2 章 程序设计语言与数据结构

学习要点

- 理解 C 语言中数值范围和数值精度的限制
- 掌握基本数据结构的原理和应用
- 了解标准模板库中的主要容器和算法的用法

高级程序设计语言是算法设计和实现的载体，用于正确实现高效的算法。“程序设计”课程强调语法较多，对于影响算法正确性和效率的细节阐述不够，如变量的数值范围、浮点型数据的精度等，即程序设计语言的“盲点”。

数据是信息的载体，是算法设计和实现的基础。无论是待求解问题的输入和输出，还是问题求解过程中产生的中间量；无论是简单的量（如单个数值）还是复杂的对象，它们在计算机中都是以数据的形式存储的。在问题求解时，为满足数据存储的结构化要求并提高程序执行效率，人们首先面临的问题是怎样合理地组织、存储和加工这些数据。“数据结构”是计算机专业最重要的必修课程之一，其内容博大精深，完整论述数据结构超出了本书的范围。本章概要介绍基本数据结构的原理和使用方法，为后续算法设计与实现奠定必要的基础。

很多基本的数据结构已经非常成熟，标准模板库（Standard Template Library，STL）中封装了大部分常用的数据结构和算法。STL 的可重用性和效率都非常高，开发者如果熟练掌握了 STL，就可以站在巨人的肩膀上考虑算法设计与实现。

2.1 程序设计语言的“盲点”

程序设计语言是算法设计与实践的基础工具，在问题求解时不限定使用的程序设计语言，如 C、C++和 Java。鉴于 C/C++的普及性，本书约定算法的描述和实现语言为 C/C++。显然，掌握好高级程序设计语言 C/C++是算法设计和实践的前提和基础。一个算法的正确性和复杂性（或者说效率），除了受制于算法本身，还受程序设计语言实现的影响。一个算法即使思路和方法正确，如果没有正确使用程序设计语言实现，算法程序也会执行结果不正确，或者执行效率低下。

在问题求解时，程序设计者除了犯一些语法和语义错误，如指针错误、数组下标越界、运算符优先级混乱等，常常出现一些与问题领域和算法相关的错误，如忽视变量的取值范围，不正确理解浮点数的精度限制，无原则地使用递归调用。这些问题在高级程序设计语言学习中往往得不到重视，本书称之为程序设计语言的“盲点”，下面通过具体实例详细阐述 C/C++

中的三个“盲点”，以引起读者在计算机问题求解时的高度重视。

2.1.1 long 不够长

数据是计算机加工处理的对象，为了存储和处理的需要，将数据分为不同的类型，编译程序为不同的类型分配不同大小的存储空间（存储单元的字节数），并且对各种数据类型规定了该类型能进行的运算（运算符集合），任何类型数据的值均被限制在一定的范围内，称为数据类型的值域（取值范围）。当一个变量的数据类型确定后，该变量的取值范围随之确定了。在程序运行时，如果该变量的实际值超出了其数据类型的取值范围时，则会“溢出”。数据“溢出”虽然不会导致编译错误，但是其运算结果不再正确。

先来看一个简单的例子。假设程序 2-1 是针对例 1-1 的求解算法，可以验证，对于问题实例“1+1”，程序 2-1 能运行出正确结果。但是对于实例“1000+1000”，程序 2-1 则不能得到正确结果。如果把程序 2-1 中的数据类型 char 换为 int，该程序对例 1-1 中的所有问题实例能得到正确的解。

程序 2-1　正整数求和问题程序-char

```
char add(char a, char b) {
    char c=a+b;
    return c;
}
```

如果把例 1-1 稍作修改，就是把加数 a 与 b 的取值范围放宽至 $1 \leqslant a,b \leqslant 10^{200}$，即 a 和 b 可能是非常非常大的正整数，得到如下新问题。

【例 2-1】 超大正整数求和问题

问题描述：计算正整数 a 与 b 的和 c。

输入：正整数 a 和 b（$1 \leqslant a,b \leqslant 10^{200}$）。

输出：和 c。

众所周知，long 是 C/C++中长整型数据类型，那么，如果把程序 2-1 中变量的数据类型由 char 型改为 long 型，是否就可以了？答案是否定的。因为 long 数据类型也不足够表达那么大的整数。

1．数据类型的值域

C/C++有 4 种基本数据类型：字符、整型、单精度实型、双精度实型。尽管这几种数据类型的长度和范围随处理器的类型与 C/C++编译程序的实现而存在差异。一般地，整数与 CPU 的字长相等，一个字符通常占用 1 字节，浮点数据类型的确切格式则根据实现而定。基本数据类型除了可以独立使用，它们的前面可以有各种修饰符。修饰符用来改变基本类型的意义，以便更准确地适应各种情况的需求。修饰符如下：signed，有符号；unsigned，无符号；long，长型符；short，短型符。

对于多数微机，表 2-1 给出了 C/C++ ANSI 标准中常用数据类型的长度和取值范围。为了表达更大的整数，很多系统中还定义了 64 位的 long long 类型。

注：表中的长度和范围的取值是假定 CPU 的字长为 16 位。因为整数的默认定义是有符号数，所以 signed 是多余的，但仍允许使用。某些实现允许将 unsigned 用于浮点型，

表 2-1　ANSI 标准中的数据类型及其取值范围

数据类型	长度（位）	取 值 范 围
char（字符型）	8	ASCII 字符
unsigned char （无符号字符型）	8	0～255
signed char（有符号字符型）	8	-128～127
int（整数）	16	-32768～32767
unsigned int（无符号整型）	16	0～65535
signed int（有符号整型）	16	-32768～32767
short int（短整型）	8	-128～127
unsigned short int（无符号短整型）	8	0～255
signed short int（有符号短整型）	8	-128～127
long int（长整型）	32	-2147483648～2147483647
signed long int（有符号长整型）	32	-2147483648～2147483647
unsigned long int（无符号长整型）	32	0～4294967296
float（单精度型）	32	-3.4e-38～3.4e+38
double（双精度型）	64	1.7e-308～1.7e+308

如 unsigned double。但这种用法降低了程序的可移植性，故一般建议不采用。

为了使用方便，C 编译程序允许使用整型的简写形式：short int 简写为 short；long int 简写为 long；unsigned short int 简写为 unsigned short；unsigned int 简写为 unsigned；unsigned long int 简写为 unsigned long。

2．大整数相加算法

从 C/C++的数据类型规范可知，unsigned long 型整数变量的取值范围为[0, 4294967296]。显然，它还不够长，不足以表达例 2-1 中的加数以及它们之和，因此需要设计自己的数据结构和算法求解大整数的加法。

首先，用一个 200 位的 unsigned char 数组保存最长为 200 位的正整数。因为任何 C/C++固有类型的变量无法保存一个 200 位十进制整数，最直观的想法是把十进制整数按照数位保存在一个字符数组（记为 cArray）中，让 cArray[0]保存个位数，cArray[1]保存十位数，cArray[2]保存百位数，以此类推，直到最高位。

其次，实现按位的大整数加法。方法很简单，就是模拟小学生列竖式做加法，从个位数开始逐位相加，如果两个加数的相应数位之和小于 10，则把该值置于和数的相应数位上；如果两个加数的相应数位之和大于等于 10，则把该值与 10 之差置于和数的相应数位上，同时高位进 1。注意，两个加数的和有可能超过 200 位而变成 201 位，所以存储和数的数组必须至少为 201 位。实际编程实现时，可以把表示大整数的数组稍微开大一点，避免产生越界错误。

按照上面的方法，可以得到程序 2-2 所示的大整数相加算法。

程序 2-2　大整数相加

```
void addBigInt(unsigned char aNum1[],unsigned char aNum2[], unsigned char aRst[],int iLen) {
    memset(aRst,0,iLen+1);                  // 将 aRst 的每位初始化为 0
    for(int i=0; i < iLen; i++) {
```

```
            aRst[i]+=aNum1[i];                  // 逐位相加
            aRst[i]+=aNum2[i];
            if (aRst[i]>=10) {
                aRst[i]-=10;
                aRst[i+1]++;                    // 进位
            }
        } // end of for
    }
```

总之，在问题求解过程中，每个变量的取值范围都是编程者需要认真考虑的问题，一旦在程序执行过程中变量的实际值超出了其类型的取值范围，就会产生不正确的结果。

2.1.2 double 不够准

C/C++有两种浮点数据类型：float 型和 double 型，它们是进行浮点运算的基础。每个程序设计员在学习 C/C++时都被告知：float 型变量的取值范围是-3.4e-38～3.4e+38，有效数字包含小数点后 6 位；double 型变量的取值范围是 1.7e-308～1.7e+308，有效数字包含小数点后 15 位。但是，在算法设计和问题求解时，往往会忘记浮点数据类型在有效数字方面的限制，导致错误的结果，如下面的两段程序。

程序 2-3 double 类型的有效数字输出演示程序

```
void testDouble1() {
    double  a, b;
    cout.precision(17);                     //  设置输出浮点数保持 17 位有效数字
    a = 1.234;
    cout<<a<<endl;
    a = 1.2345;
    cout<<a<<endl;
    a = 1.123456789123456;
    b = 1.000000000000000;
    cout<<a+b<<endl;
}
```

程序 2-3 运行后得到如下结果：

```
    1.234
    1.2344999999999999
    2.1234567891234559
```

程序 2-4 float 类型的数值比较演示程序

```
void testDouble2() {
    if (1.234f+1.2345f == 2.4685f)
        cout<<"It is true: 1.234f+1.2345f==2.4685f \r\n";
    else
        cout<<"It is false: 1.234f+1.2345f==2.4685f \r\n";
    if (1.234f+1.234f == 2.468f)
        cout<<"It is true:  1.234f+1.234f==2.468f \r\n";
    else
```

```
        cout<<"It is false: 1.234f+1.234f==2.468f \r\n";
    }
```

程序 2-4 运行后得到如下结果：

```
It is false: 1.234f+1.2345f==2.4685f
It is true:  1.234f+1.234f==2.468f
```

为什么输出 1.2345 却得到结果 1.2344999999999999？为什么 $1.234f + 1.2345f \neq 2.4685f$？计算机浮点数的表示精度是产生上述现象的本质原因。运用 float 和 double 进行浮点运算，大家应该记住："精确是偶然的、误差是必然的"。在计算机中，float 型和 double 型数据都是通过二进制数字序列进行编码和表示，其中 float 型是 32 位，double 型是 64 位。从组合数学角度分析，float 型最多能构成 2^{32} 个离散的实数（对应 32 位 0-1 序列的个数），但是实数是连续的，任意两个不相等的实数之间存在无穷多个实数。显然，从 float 型和 double 型的表示能力来说，它们不能精确表示所有实数，只能近似表示相应的实数。下面详细阐述 C/C++中浮点数的表示方法。

1．浮点数的存储格式

在计算机系统的发展过程中，曾经提出过多种表示实数的方法，但是到目前为止使用最广泛的是浮点表示法。相对于定点数而言，浮点数利用指数使小数点的位置可以根据需要而上下浮动，从而可以灵活地表示更大范围的实数。

浮点数表示法利用科学计数法来表达实数。通常，将浮点数表示为 $\pm d.dd \cdots d \times \beta^e$，其中 $d.dd \cdots d$ 称为有效数字（Significant），它具有 p 个数字（称 p 位有效数字精度），β 为基数（Base），e 为指数（Exponent），±表示实数的正负。更精确地，$\pm d_0.d_1 d_2 \cdots d_{p-1} \times \beta^e$ 表示以下数字，即

$$\pm(d_0 + d_1\beta^{-1} + d_2\beta^{-2} + \cdots + d_{p-1}\beta^{-(p-1)}) \times \beta^e \quad (0 \leqslant d_i \leqslant \beta)$$

显然，对实数的浮点表示仅作如上规定是不够的，因为同一实数的浮点表示还不是唯一的。例如，1.0×10^2、0.1×10^3 和 0.01×10^4 都可以表示 100.0。为了达到表示单一性的目的，有必要对其进一步规范。规定有效数字的最高位（即前导有效位）必须非零，即 $0 < d_0 < \beta$。符合该标准的数称为**规格化数**（Normalized Numbers），否则称为**非规格化数**（Denormalized Numbers）。

电子电气工程师协会（Institute of Electrical and Electronics Engineers，IEEE）1985 年制定了 IEEE 754 二进制浮点运算规范，它是浮点运算部件事实上的工业标准。一个实数 R 在 IEEE 754 标准中可以用 $R = (-1)^s \times M \times 2^E$ 的形式表示，说明如下：

- ❖ 符号 s（Sign）决定实数是正数还是负数，s 为 0 表示该实数是正数，为 1 则表示负数。注意，数值 0 的符号位属于特殊情况，有特定的表示方法。
- ❖ 有效数字 M（Significant）是二进制小数，M 的取值范围为 $1 \leqslant M \leqslant 2$ 或 $0 \leqslant M < 1$。
- ❖ 指数 E（Exponent）是 2 的幂，它的作用是对浮点数加权。

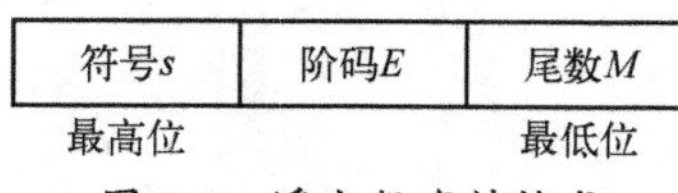

图 2-1　浮点数存储格式

C/C++中的浮点数本质上对应一种数据结构，它定义了浮点数在计算机中的内部表示，规定了构成浮点数的字段及其布局、算术解释。IEEE 定义的 754 浮点数的数据位划分为 3 个字段，如图 2-1 所示，各参数值的编码规则如下：

- ❖ 一个单独的符号位直接编码符号 s。
- ❖ k 位的偏置指数 e，记为 $e = e_{k-1} \cdots e_1 e_0$，它是编码指数 E 的<u>移码表示</u>：$E = e - (2^{k-1} - 1)$。
- ❖ n 位的小数 f，记为 $f = f_{n-1} \cdots f_1 f_0$，编码有效数字 M，以原码表示。

根据偏置指数 e 的值，被编码的浮点数可分为 3 种类型。

（1）规格化数

当有效数字 M 在范围 $1 \leqslant M < 2$ 中且指数 e 的位模式 $e_{k-1} \cdots e_1 e_0$ 既不全是 0 也不全是 1 时，浮点格式所表示的数都属于规格化数。这种情况下，小数 f（$0 \leqslant f < 1$）的二进制表示为 $0.f_{n-1} \cdots f_1 f_0$。有效数字 $M = 1 + f$，即 $M = 1.f_{n-1} \cdots f_1 f_0$（其中，小数点左侧的数值位称为**前导有效位**）。我们总是能调整指数 E，使得有效数字 M 在范围 $1 \leqslant M < 2$ 中，这样有效数字的前导有效位总是 1，因此该位不需显式表示，只需通过指数隐式给出。

需要特别指出的是，指数 E 要加上一个偏置值（Bias），转换成无符号的偏置指数 e，也就是说，指数 E 要以**移码**的形式存放在计算机中。e、E 和 Bias 三者的对应关系为 $e = E + \text{Bias}$，其中 $\text{Bias} = 2^{k-1} - 1$。

（2）非规格化数

当指数 e 的位模式 $e_{k-1} \cdots e_1 e_0$ 全为 0（即 $e = 0$）时，浮点格式表示的数是非规格化数。这种情况下，$E = 1 - \text{Bias}$，有效数字 $M = f = 0.f_{n-1} \cdots f_1 f_0$，有效数字的前导有效位为 0。

非规格化数的引入有两个目的：一是它提供了一种表示数值 0 的方法，二是它可用来表示那些非常接近于 0.0 的数。

（3）特殊数

当指数 e 的位模式 $e_{k-1} \cdots e_1 e_0$ 全为 1，小数 f 的位模式 $f_{n-1} \cdots f_1 f_0$ 全为 0（即 $f = 0$）时，该浮点格式所表示的值表示无穷，s 为 0 时是 $+\infty$，s 为 1 时是 $-\infty$。

当指数 e 的位模式 $e_{k-1} \cdots e_1 e_0$ 全为 1，小数 f 的位模式 $f_{n-1} \cdots f_1 f_0$ 不全为 0（即 $f_{n-1}, \cdots, f_1, f_0$ 至少有一个非零，即 $f \neq 0$）时，该浮点格式表示的值被称为 NaN（Not a Number）。

① 单精度浮点数（float）存储格式。

对于 float 型，IEEE 754 标准规定用 32 位二进制编码表示，具体如下：

- ❖ 最高位 D_{31}，保存符号位 s，为 0 表示正数，为 1 表示负数。
- ❖ $D_{30} \cdots D_{23}$，共 8 位，移码方式（指数值加上偏移量 127）保存指数部分，称为阶码。
- ❖ $D_{22} \cdots D_0$，共 23 位，保存系数部分，称为尾数，对于规范化二进制数，整数位的前导"1"不保存（隐含），直接保存小数部分 $f_{22} \cdots f_1 f_0$。

并有以下规定：

- ❖ 若 $1 \leqslant E \leqslant 254$，则 $R = (-1)^s \times (1 + 0.M) \times 2^{E-127}$，此时 R 为规范化数。
- ❖ 若 $E = 0$ 且 $M = 0$，则 $R = 0$。
- ❖ 若 $E = 0$ 且 $M \neq 0$，则 $R = (-1)^s \times (0.M) \times 2^{-126}$，此时 R 为非规范化数。
- ❖ 若 $E = 255$ 且 $M \neq 0$，则为非数值的编码组合（用 NaN 表示）。
- ❖ 若 $E = 255$ 且 $M = 0$，则表示 R 溢出（用+INF、-INF 分别表示正、负无穷大）。

② 双精度浮点数（double）存储格式。

对于 double 型，IEEE 754 标准规定用 64 位二进制编码表示，具体如下：

❖ 最高位 D_{63}，保存符号位 s，为 0 表示正数，为 1 表示负数。

❖ $D_{62} \cdots D_{52}$，共 11 位，移码方式（指数值加上偏移量 1023）保存指数部分，称为阶码。

❖ $D_{51} \cdots D_0$，共 52 位，保存系数部分，称为尾数，对于规范化二进制数，整数位的前导“1”不保存（隐含），直接保存小数部分 $f_{51} \cdots f_1 f_0$。

并有以下规定：

❖ 若 $1 \leqslant E \leqslant 2046$，则 $R = (-1)^s \times (1 + 0.M) \times 2^{E-1023}$，此时 R 为规范化数。

❖ 若 $E = 0$ 且 $M = 0$，则 $R = 0$。

❖ 若 $E = 0$ 且 $M \neq 0$，则 $R = (-1)^s \times (0.M) \times 2^{-1022}$，此时 R 为非规范化数。

❖ 若 $E = 2047$ 且 $M \neq 0$，则为非数值的编码组合（用 NaN 表示）。

❖ 若 $E = 2047$ 且 $M = 0$，则表示 R 溢出（用+INF、-INF 分别表示正、负无穷大）。

2．浮点数的有效数字

理论上，有限位数的二进制浮点数必能转换为有限位数的十进制数，但有限位数的十进制浮点数转换为二进制数不能保证是有限位数，且多数情况下不是有限位数。本质上，十进制浮点数在计算机内存中保存的并不是具体的值，而是一个计算其近似值的如下公式，即

$$R = (-1)^s \times M \times 2^E$$

s、M和E 的值如浮点数的存储格式所定义。因此自然有一个如何看待和精确使用数值的问题，即有效数字位数的问题。尤其对于各种数值计算，必须掌握其有效数字位数。下面从相对误差（误差绝对值与数值绝对值的比值）的角度给出一般性的结论。

对于具有严格的n位有效数字的十进制数 D 的最大绝对误差（用λ表示）为末位数字的半个单位，其最大相对误差为λ / D，显然该值不超过0.5×10^{-n}。反之，可得出相对误差不大于等于0.5×10^{-n} 的十进制数必能提供至少 n 位有效数字。因此，从相对误差的大小就可确定：二进制数与其能提供的十进制数的有效数字位数的关系。

对于能转换为 float 型规范化二进制编码的十进制数值，其二进制编码的尾数为 23 位（包括一位隐含“1”），按“最近舍入方式”，则其保存的二进制浮点数的最大绝对误差为 $0.5 \times 2^{-23} \times 2^{E-127}$，尾数值为最小值 1 时的相对误差可取得最大值，为 $0.5 \times 2^{-23} = 2^{-24}$。尾数位码值为全 1 时（对应的尾数为 $2 - 2^{-23}$，约为 2）的相对误差可取得最小值，约为 2^{-25}；总之，float 型规范化数保存的二进制浮点数的相对误差不大于等于 2^{-24} 成立。在不考虑数据参与运算导致的误差传递等情况下（浮点数的机内运算采取了增加附加位的做法，一般能保证运算过程不降低数据精度），将保存的 float 型二进制数完整转换为十进制数（必定是有限位数）时，其带来的十进制数的相对误差不大于等于 2^{-24}（约 0.596×10^{-7}）。对于 float 型数据能提供相对误差不超过 2^{-24}（约 0.596×10^{-7}）的十进制数，由前述的推论可得到保守的结论：其十进制数的有效数字不少于 6 位。另外，为了充分使用 float 型的有效数字，向计算机提供的十进制实数尽量为 8 位有效数字（超出 8 位的数字在转换时不起作用），以使计算机能更精确地转换，使误差最小。

对于 double 型浮点数，其二进制编码的尾数为 53 位（包括一位隐含“1”），保存的

二进制相对误差不超过2^{-54}（约为0.555×10^{-16}）。十进制数的16位有效数字的最大相对误差不超过0.5×10^{-16}，因此，double型数据能提供的十进制数的有效数字不少于15位（这也是默认情况下C/C++提供15位有效数字的原因）。另外，使用double型数据时，向计算机提供的十进制实数尽量为17位有效数字（超出17位的数字在转换时不起作用），以使double型的保存误差最小。

3. 高精度浮点数处理实例

既然C/C++的浮点数本质上表示的是一个近似数，在问题求解时，如果对于数据的精度要求特别高，如对有效数字位数要求超过了20位，就需要设计和编写自己的高精度浮点数算法。尤其是在数值计算和科学计算中，高精度浮点数算法是必不可少的。下面看一个简单的例子。

【例2-2】 复利计算问题

问题描述：从投资的角度来看，以复利计算的投资报酬效果是相当惊人的，许多人都知道复利计算的公式：$F=P\times(1+R)^N$，其中F表示本利和，P表示本金，R表示利率，N表示期数。虽然复利公式并不难懂，但若是期数很多，本金很大，计算相当麻烦。

输入：本金$P(0\leqslant P\leqslant10^{10})$，利率$R(0<R<1)$，最长4位有效数字，期数$N$，$1<N<40$。

输出：投资N期后的本利和。

复利计算问题的有效数字最长可达$4\times40=160$位，显然，它的有效数字长度超出了double的长度范围，而且本利和也可能超出long的数据范围，因此需要编写高精度的浮点算法。幂运算可以转换为乘法运算，此问题本质上就是一个高精度浮点数乘法问题。下面给出高精度浮点数乘法运算的设计思想和原理。

首先，建立如下高精度浮点数的数据结构。

```
struct superFloat{
    boolean   m_bSign;                        // 保存符号位
    int       m_Exponent;                     // 保存为底的指数
    unsigned char m_Digits[MAX_Len];          // 小数部分，x.xxxxx的标准形式
    unsigned int  m_DigitsLen;                // 小数部分数字位数
};
```

该定义类似IEEE 754定义的浮点数存储格式，但是superFloat是以10为底的科学计数法表示。

然后，设计无精度损失的高精度浮点数乘法。为了不损失计算精度，可以将高精度浮点数乘法转换为大整数加法实现，基本算法流程如下：

① 将数符较多的乘数表示为X，在算法中作为加数，数符较少的乘数表示为Y，在算法中控制加法次数。

② 如果Y含有小数部分，则将Y转变为纯整数Y_D，并记录小数点的右移位数I。

③ 初始化返回值T为0，取得Y的位数Width，设计数器Count为0。

④ 取Y右侧第Count+1位，**以此数字为次数**加X次，再左移Count位，加到T中。

⑤ 把Count加1。

⑥ 若Count等于Width，则转下一步，否则转第4步。

⑦ 将T中的小数点左移I位。

⑧ 返回T，得到乘法结果。

本算法的特点是加法次数少，若Y的宽度为W，最多进行$9\times W$次加法和W次移位即可。

程序 2-5　高精度浮点数乘法

```
superFloat mulSuperFloat(superFloat sfNum1, superFloat sfNum2) {
    superFloat sfRst;
    memset(sfRst.m_Digits,0,sizeof(sfRst.m_Digits));    // sfRst.m_Digits 初始化为全 0
    unsigned char aNum[MAX_Len];
    unsigned char aCtr[MAX_Len];
    unsigned char aRst[MAX_Len];
    memset(aRst,0,sizeof(aRst));
    int iNumLen,iCtrLen;
    if (sfNum1.m_DigitsLen > sfNum2.m_DigitsLen) {
        memcpy(aNum, sfNum1.m_Digits, sizeof(aNum));    // 把 sfNum1.m_Digits 中内容复制到 aNum
        memcpy(aCtr, sfNum2.m_Digits, sizeof(aCtr));
        iNumLen=sfNum1.m_DigitsLen;
        iCtrLen=sfNum2.m_DigitsLen;
    }
    else {
        memcpy(aNum,sfNum2.m_Digits,sizeof(aNum));
        memcpy(aCtr,sfNum1.m_Digits,sizeof(aCtr));
        iNumLen=sfNum2.m_DigitsLen;iCtrLen=sfNum1.m_DigitsLen;
    }
    int i, j, iNum;
    for (i=0; i < iCtrLen; i++) {
        iNum = aCtr[i];
        for (j=0; j < iNum; j++) {
            addBigInt(aNum,sfRst.m_Digits,aRst,MAX_Len); // 可优化
            memcpy(sfRst.m_Digits,aRst,sizeof(aRst));
        }
        leftMove(sfRst,i);                               // 左移 i 位
    }
    sfRst.m_bSign = sfNum1.m_bSign*sfNum2.m_bSign;
    sfRst.m_DigitsLen = getDigitsLen(sfRst.m_Digits);   // 得到数位的长度
    sfRst.m_Exponent = sfRst.m_DigitsLen - (sfNum1.m_DigitsLen-1) - (sfNum2.m_DigitsLen-1) + \
                                            sfNum1.m_Exponent+sfNum2.m_Exponent-1;
    return sfRst;
}
```

大整数加法 addBigInt 的定义见程序 2-2。

memset 的函数原型是 void * memset(void *ptr, int value, size_t num)，在内存块 ptr 的前 num 字节中填充给定值 value，它是对较大的结构体或数组进行清零操作最快的一种方法。注意：memset 是一种按位赋值的操作。

memcpy 的函数原型是 void *memcpy(void *dest, const void *src, size_t n)，它按位复

制 src 所指的内存内容前 n 字节到 dest 所指的内存中。

2.1.3 递归不够快

递归是算法设计和问题求解中一个强有力的工具(更多递归程序的内容阅读 4.1 节)。首先，很多数学函数是递归定义的，如阶乘函数（$n! = n\times(n-1)!$）。其次，有的数据结构（如二叉树、广义表等）本身具备递归特性，它们的操作可递归地描述。最后，有一些问题，虽然问题本身没有明显的递归结构，但是递归求解比迭代求解更简单和直观，如 N 皇后问题、Hanoi 塔问题等。

虽然递归程序代码简洁，但是它的执行效率（运行所需的时间和空间）往往不是很令人满意。递归程序的低效主要来源于两方面。

首先，递归调用需要额外的时间和空间开销。通常，一个函数在调用另一个函数之前，要做如下事情：① 将实际参数、返回地址等信息传递给被调用函数保存；② 为被调用函数的局部变量分配存储空间；③ 将控制转移到被调用函数的入口。

同时，从被调用函数返回调用函数之前，也要做三件事情：① 保存被调用函数的计算结果；② 释放被调用函数的数据区内存空间；③ 依照被调用函数保存的返回地址将控制转移到调用函数。

在这些事项中，保存变量和地址信息需要占用系统栈空间，控制转移需要一定的时间开销。在递归调用时，尤其是递归调用的深度比较大时，时间和空间开销就会激增成一个相当可观的量。

其次，递归算法中的子问题可能重复计算。递归的基本原理是把一个规模很大的问题转换为同样形式但规模小一些的子问题，然后递归处理。如果这些子问题不是相互独立的，而是相互之间有重叠，那么，简单地递归求解会导致子问题的重复计算，造成算法效率的低下。下面看一个例子。

【例 2-3】 Fibonacci 函数

问题描述：Fibonacci 函数 Fib(n) 定义如下：

$$\mathrm{Fib}(n)=\begin{cases}1, & n=0,1\\ \mathrm{Fib}(n-1)+\mathrm{Fib}(n-2), & n>1\end{cases}$$

输入：自变量 n（$n<50$）。

输出：Fibonacci 数值 Fib(n)。

显然，Fibonacci 函数本身就是一个递归定义的函数，其递归代码见程序 2-6。

程序 2-6　Fibonacci 函数递归程序

```
long Fib(int iN) {
    if(iN == 0 || iN == 1)
        return 1;
    return Fib(iN-1)+Fib(iN-2);
}
```

运行这段程序可知，尽管计算结果正确，但是程序在计算效率上比较低。随着 n 的增加，计算所需的时间迅速增加。图 2-2 展示了 Fib(5)的递归调用过程，递归调用的深度等于 4，其中 Fib(3)有 2 次调用，Fib(2)有 3 次调用，总共的函数调用有 15 次。仔细观察可以发现，Fib(3)和 Fib(2)存在重复调用。

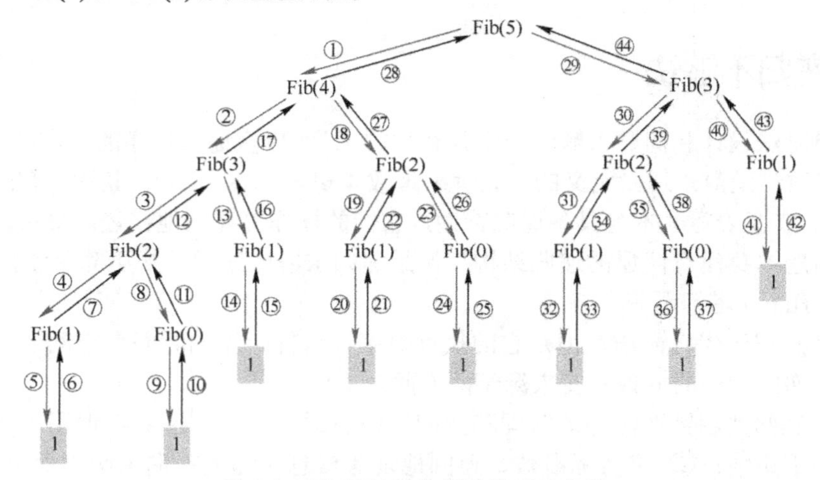

图 2-2　Fib(5)的递归调用过程示意图

从表 2-2 可以看出，函数的调用次数随着参数 n 的增加呈指数级增长，输入参数每增加 5，其递归函数的调用次数就增大 10 倍以上。在程序 2-6 中，当 iN 大于 1 时，其函数值都需要递归调用，因此会造成非常巨大的重复递归调用。这种重复计算随着 n 值的增加而爆炸式地增长。

表 2-2　Fibonacci 函数的调用次数

输入参数	5	10	15	20	25	30	35	40	45
递归调用次数	15	177	1973	21891	242785	2692537	29860703	331120681	3672623805
运行时间（s）	0	0	0	0	0.0003	0.04	0.510	5.680	64.01

虽然部分编译器提供了对递归调用的优化处理，也就是说，可以从系统层面提高递归算法的执行效率。但是如果一个递归算法存在大量子问题的重复计算，则计算机系统无法提供优化，需要设计者改善算法，如使用动态规划方法（见第 5 章）避免子问题重复计算。

2.2　基本数据结构

2.2.1　线性表

线性表是由 $n(n \geqslant 0)$ 个类型相同的数据元素组成的有限序列。通常表示成下列形式

$$L=(a_1,a_2,\cdots,a_{i-1},a_i,a_{i+1},\cdots,a_n)$$

其中，L 为线性表名称，习惯用大写书写；a_i 为组成该线性表的数据元素，习惯用小写书写；线性表中数据元素的个数被称为线性表的长度，当 n=0 时，线性表为空，又称为空线性表。

下面列举 3 种线性表。

- ❖ La = (34,89,765,12,90,−34,22)，数据元素类型为 int 型。
- ❖ Ls = ("Hello","World", "China", "Welcome")，数据元素类型为 string 型。

❖ Lb = (book1, book2,⋯, book100)，数据元素类型为结构体类型。结构体 bookinfo 定义为

```
struct bookinfo{
    int  No;                    // 图书编号
    char *name;                 // 图书名称
    char *auther;               // 作者名称
    …
}
```

线性表是一种抽象的数据结构类别，数组、链表、栈和队列都属于线性表的范畴。线性表有两种存储结构：顺序存储、链式存储。下面简要介绍这两种存储结构的原理。

1．线性表的顺序存储结构

线性表的顺序存储结构是指用一组连续的存储单元依次存储线性表中的每个数据元素。如图 2-3 所示，其中 d 为线性表存储空间的首地址，L 为每个数据元素所占据的存储单元数目（或者字节数）。

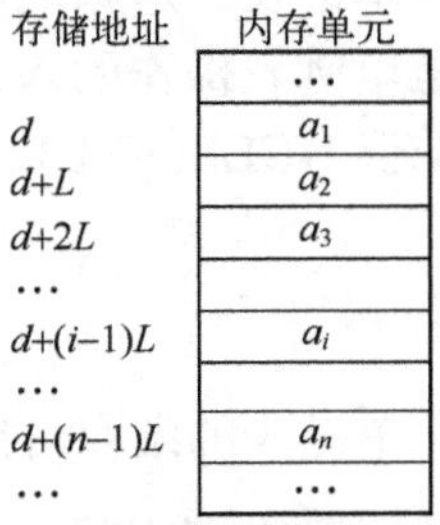

存储地址	内存单元
	…
d	a_1
d+L	a_2
d+2L	a_3
…	
d+(i−1)L	a_i
…	
d+(n−1)L	a_n
…	…

图 2-3　线性表的顺序存储结构

在顺序存储的线性表中，相邻两个数据元素的存储位置计算公式为

$$\mathrm{LOC}(a_{i+1}) = \mathrm{LOC}(a_i) + l$$

线性表中任意一个数据元素的存储位置的计算公式为

$$\mathrm{LOC}(a_{i+1}) = \mathrm{LOC}(a_1) + (i-1) \times l$$

顺序存储线性表具有以下特点。

① 利用数据元素的存储位置表示线性表中相邻数据元素之间的前后关系，即线性表的逻辑结构与存储结构（物理结构）一致。

② 在访问线性表时，可以利用上述数学公式快速地计算任何一个数据元素的存储地址。也就是说，访问每个数据元素所花费的时间相等。这种存取元素的方法被称为**随机存取法**，使用这种存取方法的存储结构称为随机存储结构。

③ 顺序存储结构表示的线性表，在进行插入或删除操作时，平均需要移动大约一半的数据元素。当线性表的数据元素量较多，并且经常对其进行插入或删除操作时，执行效率会比较低，这一点需要考虑。

在 C 语言中，实现线性表的顺序存储结构的类型可定义如下：

```
typedef  struct {
    EntryType  *item;       // 指向存放线性表中数据元素的基地址
    int  length;            // 线性表的当前长度
} SQ_LIST;
```

其中，EntryType 是数据元素类型的抽象表示，其结构体的定义需要具体问题具体分析。

2．线性表的链式存储结构

线性表的链式存储结构是指用一组任意存储单元（可以连续，也可以不连续）存储线性表中的数据元素。为了反映数据元素之间的逻辑关系，表中不仅包括每个数据元素的具体内容，还要附加表示它的直接后继元素存储位置的信息。在链式存储的线性表中，表示

每个数据元素的两部分信息组合在一起被称为**结点**。其中，表示数据元素内容的部分被称为**数据域**（data），表示直接后继元素存储地址的部分被称为指针或**指针域**（next）。

假设有一个线性表(a, b, c, d)，可用图 2-4 所示的形式存储。

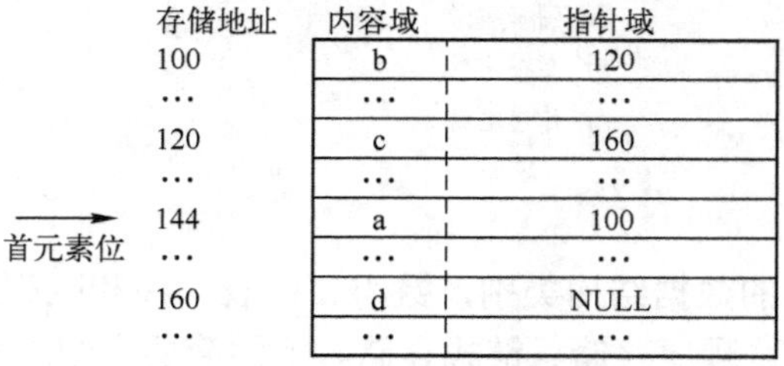

存储地址	内容域	指针域
100	b	120
…	…	…
120	c	160
…	…	…
首元素位 → 144	a	100
…	…	…
160	d	NULL
…	…	…

图 2-4　线性表的链式存储结构

常用的链式线性表包括单链表、循环链表和双向循环链表三种。

（1）单链表

单链表可形象地描述为图 2-5。其中，head 是头指针，它指向单链表中的第一个结点，这是单链表操作的入口点。最后一个结点没有直接后继结点，所以它的指针域放入一个特殊值 NULL。NULL 值在图示中常用“^”表示。

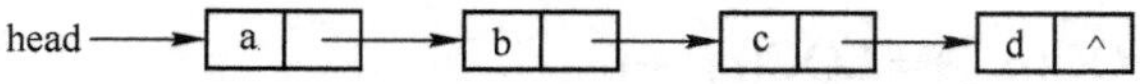

head → a → b → c → d ^

图 2-5　单链表

单链表的结点可定义如下：

```
typedef strcut node{
    EntryType  item;            // 数据域
    struct node *next;          // 指针域
} NODE;
```

其中，EntryType 是数据元素类型的抽象表示，其结构体的定义需要具体问题具体分析。然后，单链表可通过头结点指针来定义，即：

```
typedef struct {
    NODE *head;                 // 头结点指针
} LINK_LIST;
```

（2）循环链表

若将单链表中最后一个结点的 next 域指向头结点，则得到循环链表，如图 2-6 所示。

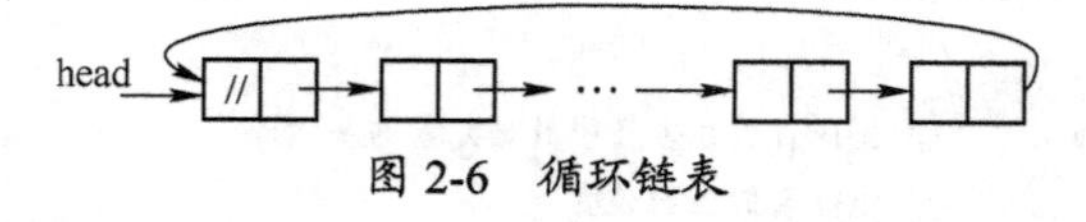

图 2-6　循环链表

实现循环链表的类型定义与单链表完全相同，所有操作也与单链表类似，只是链表初始化和判断链表结束有所不同。下面列举两个循环链表操作的算法示例。

① 初始化循环链表 CL

```
int InitList(LINK_LIST *CL) {
    CL->head=(NODE*)malloc(sizeof(NODE));
    if (CL->head) {
        CL->head->next=CL->head;                    // 让 next 域指向它自身
```

```
        return 1;
    }
    else  return 0 ;
}
```

② 在循环链表 CL 中检索值为 e 的数据元素

```
NODE *LocateELem(LINK_LIST CL, EntryType e) {
    NODE *p;
    for(p=CL.head->next; (p !=CL.head) && (p->item !=e); p=p->next);    // for循环没有循环体
    if (p != CL.head)
        return p;
    else
        return NULL ;
}
```

（3）双向循环链表

在循环链表中，访问后继结点只需向后走一步，而访问前驱结点需要转一圈。可以看出，循环链表并不适用于经常访问前驱结点的情况。在需要频繁地同时访问前驱和后继结点的时候，往往使用双向循环链表。

双向循环链表就是每个结点有两个指针域，一个指向后继结点，另一个指向前驱结点，如图 2-7 所示。

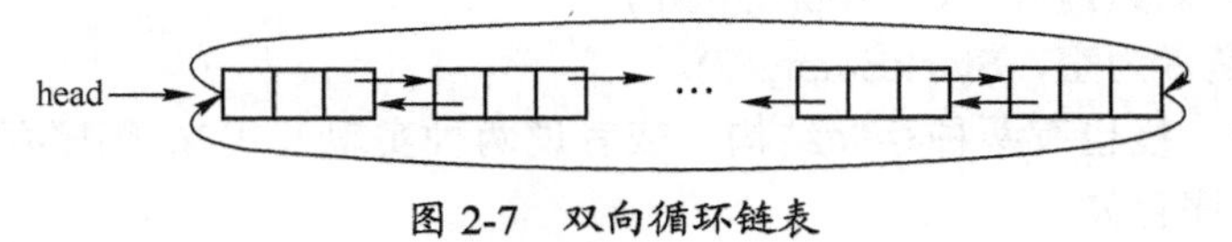

图 2-7 双向循环链表

双向循环链表的结点可以定义如下：

```
typedef strcut du_node{
    EntryType  item;              // 数据域
    struct du_node *prior;        // 前驱指针
    struct du_node *next;         // 后继指针
} DU_NODE;
```

其中，EntryType 是数据元素类型的抽象表示，其结构体的定义需要具体问题具体分析。然后，双向循环链表通过头结点指针来定义，即：

```
typedef struct {
    DU_NODE *head;
} DU_LINK_LIST;
```

双向循环链表的操作与单向循环链表类似，只需添加前驱指针的处理。

无论是单链表还是循环链表，它们都具有以下特点：

① 线性表中的数据元素在存储单元中的存放顺序与逻辑顺序不一定一致。

② 在对线性表操作时，只能通过头指针进入链表，并通过每个结点的指针域向后（或者向前）扫描其余结点，具有这种特点的存取方式被称为**顺序存取**方式。

在 STL 中，容器 vector 实现了顺序存储线性表，容器 list 实现了链式存储线性表，具体调用方法见 2.3 节。

2.2.2 栈和队列

1. 栈

栈是一种特殊的线性表，如图 2-8 所示。其特殊性在于限定插入和删除数据元素的操作只能在线性表的一端进行。进行插入和删除的一端是浮动端，通常被称为**栈顶**，并用一个“栈顶指针”指示；另一端是固定端，通常被称为**栈底**。

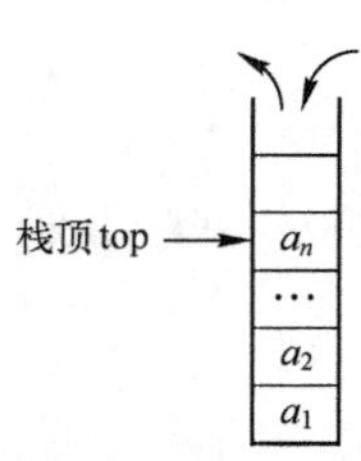

图 2-8 顺序栈

栈具有**后进先出**（Last In First Out，LIFO）的特点，因此栈被称为 **LIFO 线性表**。

很多活动都具有 LIFO 的特点，比如：家里吃饭的碗，通常在洗干净后一个一个地摞在一起存放，在使用时，若一个一个地拿，一般先拿走最上面的那个碗，最后拿走最下面的那只碗。又如，在建筑工地上，使用的砖块从底往上一层一层地码放，在使用时，将从最上面一层一层地拿取。

栈结构的基本操作包括：

- 初始化栈，InitStack(S)。
- 入栈，Push(S,item)。
- 出栈，Pop(S,item)。
- 获取栈顶元素内容，GetTop(S, item)。
- 判断栈是否为空，StackEmpty(S)。

类似线性表，栈也有两种存储结构（或者说两种实现方式）：顺序存储和链式存储。

（1）栈的顺序存储

栈的顺序存储是用一组连续的存储单元依次存放栈中的每个数据元素，并用**起始端**作为**栈底**。其类型定义如下：

```
#define        MAX_STACK    100                // 栈的最大数据元素数目，按需定义
typedef struct stack{
    StackEntry  item[MAX_STACK];                // 存放栈中数据元素的存储单元
    int top;                                    // 栈顶指针
} STACK;
```

其中，StackEntry 是数据元素类型的抽象表示，其结构体的定义需要具体问题具体分析。顺序栈的基本操作伪代码描述如下。

① 初始化栈 S

```
void InItStack(STACK *S) {
    s->top = -1;
}
```

② 入栈

```
void Push(STACK *S, StackEntry item) {
  if (S->top == MAX_STACK-1)
     exit("Stack is full");
    else {
       S->top = S->top + 1;
       S->item[S->top] = item;
```

```
    }
}
```

③ 出栈

```
void Pop(STACK *S, StackEntry *item) {
    if (StackEmpty(*S))
        exit("Stack is empty");
    else {
        *item = S->item[S->top];
        S->top = S->top - 1;
    }
}
```

④ 获取栈顶元素内容

```
void GetTop(STACK S, StackEntry *item) {
    if (StackEmpty(S))
        exit("Stack is empty");
    else
        *item = S.item[S.top];                  // 注意：栈顶指针没有减 1
}
```

⑤ 判断栈 S 是否为空

```
int StackEmpty(STACK S) {
    if (S.top == -1)
        return TRUE;
    else
        return FALSE;
}
```

由于栈的插入和删除操作具有它的特殊性，因此用顺序存储结构表示的栈并不存在插入删除数据元素时需要移动的问题，但栈容量是固定的，无法动态扩充。若是栈中元素的数目变化范围较大或不清楚栈元素的数目，就应该考虑使用链式存储结构。

（2）栈的链式存储

人们将用链式存储结构表示的栈称为**链栈**。链栈通常用一个无头结点的单链表表示，如图 2-9 所示。

由于栈的插入删除操作只能在一端进行，而对于单链表来说，在首端插入删除结点要比尾端相对容易一些，因此我们将单链表的首端作为栈顶，即将单链表的头指针作为栈顶指针。

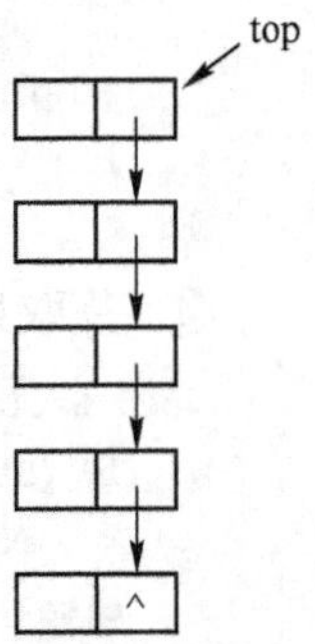

图 2-9 链栈

链栈的结点定义如下：

```
type struct node {
    StackEntry item;                            // 栈的数据域
    struct node *next;                          // 指向后继结点的指针
} NODE;
```

其中，StackEntry 是数据元素类型的抽象表示，其结构体的定义需要具体问题具体分析。然后，通过指定链表的头结点得到链栈的定义：

```
typedef struct stack {
    NODE *top;
} STACK;
```

链栈的基本操作伪代码描述如下。

① 初始化栈 S

```
void InitStack(STACK *S) {
    S->top = NULL;
}
```

② 入栈

```
void Push(STACK *S, StackEntry item) {
    p=(NODE*)malloc(sizeof(NODE));
    if (!p)
        exit(OVERFLOW);
    else {
        p->item = item;
        p->next = S->top;
        S->top = p;                                 // 更新栈顶指针
    }
}
```

③ 出栈

```
void Pop(STACK*S, StackEntry *item) {
    if (StackEmpty(*S))
        exit("Stack is empty");
    else {
        *item = S->top->item;
        p = S->top;
        S->top = p->next;                           // 更新栈顶指针
        free(p);
    }
}
```

④ 获取栈顶元素内容

```
void GetTop(STACK S, StackEntry *item) {
    if (StackEmpty(S))
        exit("Stack is empty");
    else
        *item = S.top->item;                        // 注意：不更新栈顶指针
}
```

⑤ 判断栈 S 是否空

```
int StackEmpty(STACK S) {
    if (S.top == NULL)
        return TRUE;
    else
        return FALSE;
}
```

2. 队列

队列也是一种特殊的线性表，它限定插入操作在线性表的一端进行，删除操作在线性表的另一端进行，如图 2-10 所示。

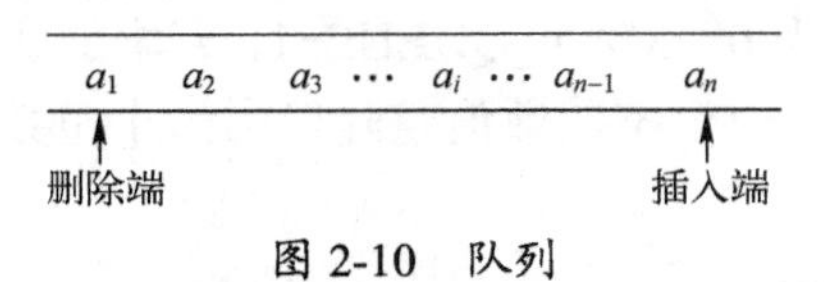

图 2-10 队列

在队列中，插入端和删除端都是浮动的。通常，插入端被称为**队尾**，用“队尾指针”指示；删除端被称为**队头**，用“队头指针”指示。显然，在队列中先插入的元素将被先删除，即具有**先进先出**（First In First Out，FIFO）的特性，队列也被称为 FIFO 线性表。

很多活动都具有 FIFO 的特点，比如：到医院看病，先挂号的病人先就诊；乘坐公共汽车，排在前面的乘客先上车；又如，在 Windows 这类多任务的操作系统环境中，每个应用程序响应一系列的“消息”，如用户点击鼠标、拖动窗口这些操作都会导致向应用程序发送消息。为此，系统将为每个应用程序创建一个队列，用来存放发送给该应用程序的所有消息，应用程序的处理过程就是不断地从队列中读取消息，并依次给予响应。

队列结构的基本操作包括：

- ❖ 初始化队列，InitQueue(Q)。
- ❖ 入队，EnQueue(Q,item)。
- ❖ 出队，DeQueue(Q, item)。
- ❖ 获取队头元素内容，GetFront(Q, item)。
- ❖ 判断队列是否为空，QueueEmpty(Q)。

类似栈，队列也存在顺序存储和链式存储两种方式。

（1）顺序存储队列

顺序存储队列用一组连续的存储单元依次存放队列中的每个数据元素，并指定队头（Front）和队尾（Rear）指针，如图 2-11 所示。

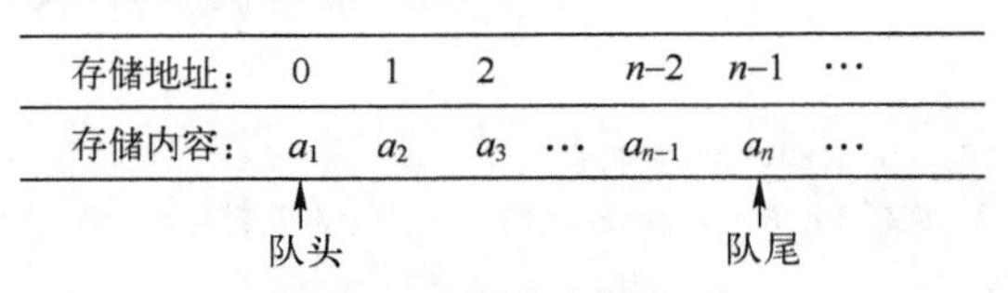

图 2-11 顺序存储队列

具体实现时，顺序存储队列存在两个问题。

问题 1：当队列为空时，队头和队尾指针都为-1，此时若进行入队操作，需要让队头和队尾指针都增 1，再将新数据元素放入该位置。而当队列非空时，入队操作只需要队尾指针增 1。如果在实现程序中对这两种情况加以区分，这将增加算法的复杂性。

解决方法：队头指针指向队列真正队头元素的前一个位置。

问题 2：顺序存储结构的存储空间属于静态分配，在添加数据元素时，可能出现在队列末端没有剩余空间，但是队列前端存在可用空间的情况，即“假溢出”现象。

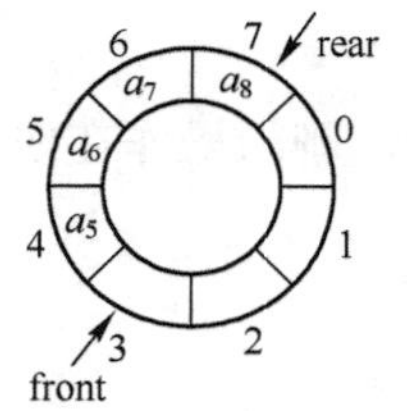

图 2-12　循环队列

解决方法：将存储队列元素的一维数组首尾相接，形成一个环状，如图 2-12 所示，即**循环队列**。

假设为队列开辟的数组单元数目为 MAX_QUEUE，在 C 语言中，它的下标为 0～MAX_QUEUE-1，若增加队头或队尾指针，则可以利用取模运算（一个整数数值整除以另一个整数数值的余数）实现，其运算如下：

```
front = (front+1) % MAX_QUEUE;
rear = (rear+1) % MAX_QUEUE;
```

当 front 或 rear 为 MAX_QUEUE-1 时，上述两个公式计算的结果就为 0。这样使得指针自动由后面转到前面，形成循环的效果。

在上述循环队列中，当队列变为空时，队头和队尾指针相等。当队列变为满时，队头和队尾指针也相等。为了区分队列“空”和“满”两种情况，约定当数组只剩下一个空闲单元时就认为队满，此时队尾指针只差一步追上队头指针，即：

```
(rear+1) % MAX_QUEUE == front
```

综上所述，循环队列结构可以定义为：

```
#define MAX_QUEUE  100                      // 队列的最大数据元素数目，按需定义
typedef struct queue{
    QueueEntry item[MAX_QUEUE];             // 存放数据元素的存储单元
    int front;                              // 队头指针
    int rear;                               // 队尾指针
}QUEUE;
```

其中，QueueEntry 是数据元素类型的抽象表示，其结构体的定义需要具体问题具体分析。

循环队列的基本操作定义如下。

① 初始化队列 Q

```
void InitQueue(QUEUE *Q) {
    Q->front = -1;
    Q->rear = -1;
}
```

② 入队

```
void EnQueue(QUEUE *Q, QueueEntry item){
    if ((Q->rear+1) % MAX_QUEUE == Q->front)       // 判断是否已满
        exit(OVERFLOW);
    else {
        Q->rear = (Q->rear+1) % MAX_QUEUE;         // 队尾指针加 1
        Q->item[Q->rear] = item;
    }
}
```

③ 出队

```
void DeQueue(QUEUE*Q, QueueEntry *item){
    if (QueueEmpty(*Q))
        exit("Queue is empty.");
```

```
    else {
        Q->front = (Q->front+1) % MAX_QUEUE;        // 队头指针加 1
        *item = Q->item[Q->front];                   // 注意：队头指针加 1 后再取内容
    }
}
```

④ 获取队头元素内容

```
void  GetFront(QUEUE Q, QueueEntry *item) {
    if (QueueEmpty(Q))
        exit("Queue is empty.");
    else                                             // 注意：取队头指针 front 后的一个位置内容
        *item = Q.item[(Q.front+1) % MAX_QUEUE];
}
```

⑤ 判断队列 Q 是否为空

```
int QueueEmpty(Queue Q) {
    if (Q.front == Q.rear)
        return TRUE;
    else
        return FALSE;
}
```

（2）链式存储队列

在用链式存储结构表示队列时，需要设置队头指针和队尾指针，以便指示队头结点和队尾结点，如图 2-13 所示。

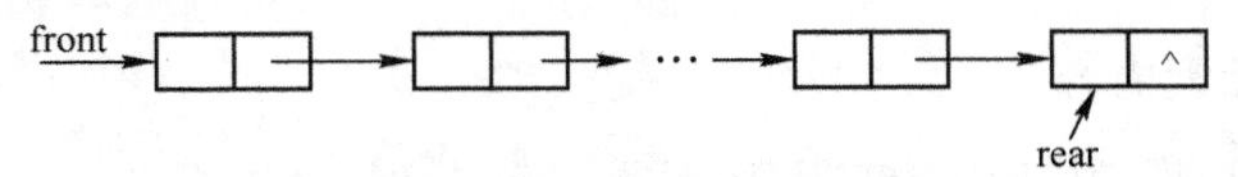

图 2-13　链式存储队列

链式存储队列的结点结构定义如下：

```
type struct node {
    QueueEntry  Entry;                   // 数据域
    struct node  *next;                  // 指向后继结点的指针
}NODE;
```

其中，QueueEntry 是数据元素类型的抽象表示，其结构体的定义需要具体问题具体分析。然后，链式存储队列可通过队头指针和队尾指针定义：

```
typedef struct queue{
    NODE *front;                         // 队头指针
    NODE *rear;                          // 队尾指针
} QUEUE;
```

链式存储队列的基本操作可以定义如下。

① 初始化队列 Q

```
void InitQueue(QUEUE *Q) {
    Q->front = (NODE*)malloc(sizeof(NODE));
    if (Q->front == NULL)
        exit(ERROR);
```

```
    Q->rear = Q->front;
}
```

② 入队

```
void EnQueue(QUEUE *Q, QueueEntry item) {
    s = (NODE*)malloc(sizeof(NODE));
    if (!s)
        exit(ERROR);
    s->item = item;
    s->next = NULL;
    Q->rear->next = s;                    // 更新队尾指针
    Q->rear = s;
}
```

③ 出队

```
void DeQueue(QUEUE *Q, QueueEntry *item) {
    if (QueueEmpty(Q))
        exit(ERROR);
    else {
        *item = Q->front->next->item;
        s = Q->front->next;
        Q->front->next = s->next;        // 更新队头指针
        free(s);
    }
}
```

④ 获取队头元素内容

```
void  GetFront(QUEUE *Q, QueueEntry *item) {
    if (QueueEmpty(Q))
        exit(ERROR);
    else
        *item = Q->front->next->item;
}
```

⑤ 判断队列 Q 是否为空

```
int QueueEmpty(QUEUE *Q) {
    if (Q->front->next == NULL)
        return TRUE;
    else
        return FALSE;
}
```

STL 提供 stack 和 queue 类来实现栈和队列的功能，具体调用方法见附录 B。

2.2.3 树和二叉树

1. 树

树是一种常用的非线性结构。树是 $n(n\geqslant 0)$ 个结点的有限集合。若 $n=0$，则称为空树，如图 2-14(a)所示；否则，有且仅有一个特定的结点被称为根，$n=1$ 时，如图 2-14(b)所示，$n>1$ 时，其余结点被分成 $m(m>0)$ 个互不相交的子集 T_1，T_2，…，T_m，每个子集又是一棵树，如图 2-14(c)所示。可以看出，树的定义是递归。

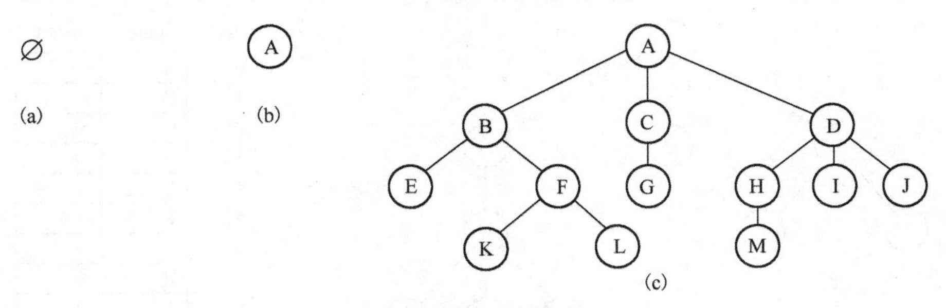

图 2-14 典型树结构

树结构包括以下基本概念。

- ❖ **结点**：数据元素的内容及其指向其子树根的指针统称为结点。
- ❖ **结点的度**：结点的分支数，或者说子树的数目。
- ❖ **终端结点（或叶子结点）**：度为 0 的结点。
- ❖ **非终端结点（或非叶子结点）**：度不为 0 的结点。
- ❖ **结点的层次**：树中根结点的层次为 1，根结点子树的根为第 2 层，以此类推。
- ❖ **树的度**：树中所有结点度的最大值。
- ❖ **树的深度**：树中所有结点层次的最大值。
- ❖ **森林**：$m(m\geqslant 0)$ 棵互不相交的树的集合。

在树结构中，结点之间的关系又可以用家族关系描述，定义如下。

- ❖ **孩子结点、父结点**。结点子树的根被称为这个结点的孩子，而这个结点又被称为孩子的双亲。在图 2-14(c)中，结点 B、C、D 是结点 A 的子结点，而 A 是 B、C、D 的父结点。
- ❖ **子孙结点**。以某结点为根的子树中的所有结点都被称为该结点的子孙。比如，结点 E、F、K 和 L 是 B 的子孙结点，当然也是 A 的子孙结点。
- ❖ **祖先结点**。从根结点到该结点路径上的所有结点被称为祖先结点。例如，结点 A、B 和 F 是 L 的祖先结点。
- ❖ **兄弟结点**。同一个父结点的孩子结点之间互为兄弟结点。例如，结点 H、I 和 J 则互为兄弟结点。

树的存储有三种典型的方法：双亲表示法、孩子表示法和孩子兄弟表示法。

（1）双亲表示法

树的双亲表示法主要描述的是结点的双亲关系，如图 2-15 所示。

双亲表示法的树结构定义如下：

```
#define MAX_TREE_NODE_SIZE 100      // 树中最大结点数目，按需定义
typedef struct  {
    TEntryType  info;               // 数据域
    int parent;                     // 父结点下标
} ParentNode;
```

```
typedef struct {
    ParentNode  item[MAX_TREE_NODE_SIZE];
    int  n;                         // 树中当前的结点数目
}ParentTree;
```

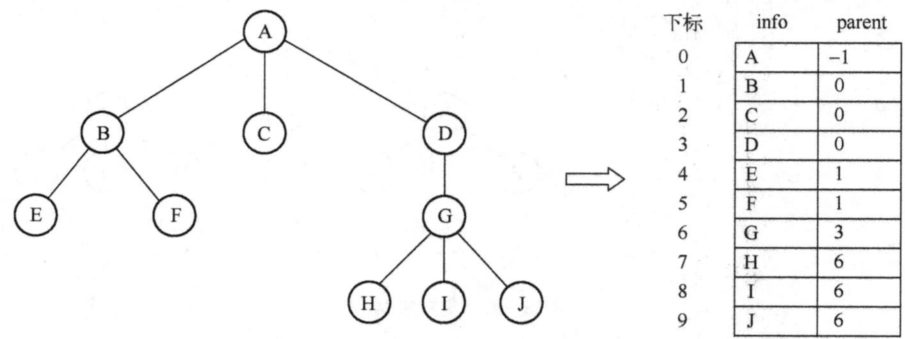

下标	info	parent
0	A	−1
1	B	0
2	C	0
3	D	0
4	E	1
5	F	1
6	G	3
7	H	6
8	I	6
9	J	6

图 2-15　树结构的双亲表示法

这种存储方法的特点是寻找结点的双亲很容易，但寻找结点的孩子比较困难。

（2）孩子表示法

孩子表示法主要描述的是结点的孩子关系。由于每个结点的孩子个数不定，因此利用链式存储结构更适合，如图 2-16 所示。

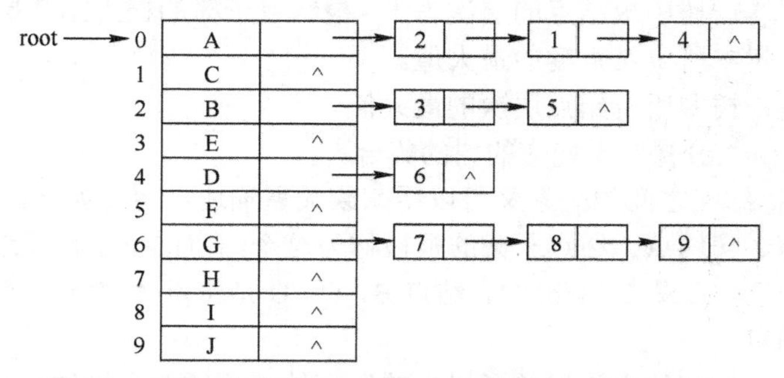

图 2-16　树结构的孩子表示法（对应图 2-15 中的左树）

孩子表示法的树结构定义如下：

```
#define MAX_TREE_NODE_SIZE  100         // 树中最大结点数目，按需定义
typedef struct ChildNode{               // 子结点链表中结点的定义
    int child;                          // 该孩子结点在树结点表中的下标值
    struct ChileNode *next;             // 指向下一个孩子结点
}CNode;
typedef struct {
    TEntryType  info;                   // 结点信息
    CNode *firstchild;                  // 指向第一个孩子结点的指针
}TNode;                                 // 树结点的定义
typedef struct {
    TNode item[MAX_TREE_NODE_SIZE];
    int n;                              // 树中结点的数目
    int root;                           // 根结点在一维数组中的位置
} ChildTree;                            // 树的定义
```

这种存储结构的特点是寻找某个结点的孩子比较容易，但寻找双亲比较麻烦，所以在必要的时候，可以将双亲表示法和孩子表示法结合起来，即将一维数组元素增加一个表示双亲结点的域 parent，用来指示结点的双亲在一维数组中的位置。

（3）孩子兄弟表示法

孩子兄弟表示法也是一种链式存储结构，通过描述每个结点的一个孩子和兄弟信息来反映结点之间的层次关系，其结构如下：

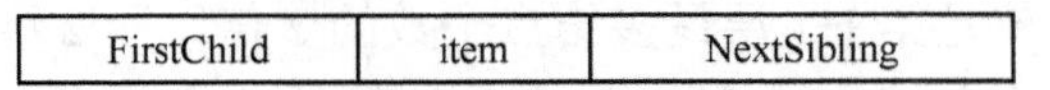

其中，FirstChild 为指向该结点第一个孩子的指针，NextSibling 为指向该结点的下一个兄弟，item 是数据元素内容。图 2-17 为树结构的孩子兄弟表示法示例。

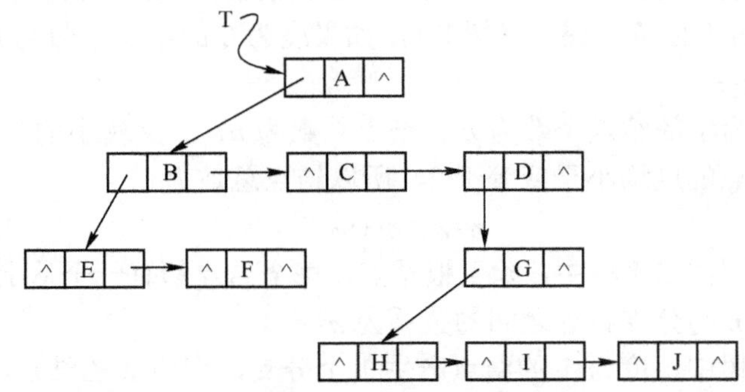

图 2-17 树结构的孩子兄弟表示法（对应图 2-15 中的左树）

孩子兄弟表示法的树结构定义如下：

```
typedef struct CSNode{
    EntryType  item;                  // 数据域
    struct CSNode  *firstchild;       // 孩子结点链表首结点
    struct CSNode  *nextsibling;      // 兄弟结点链表首结点
} CSNode, *CSTree;
```

2. 二叉树

二叉树是另一种树结构。它与树结构的区别是：每个结点最多有两棵子树，子树有左右之分。

二叉树也可以用递归的形式来定义，即二叉树是 $n(n\geqslant 0)$ 个结点的有限集合，当 $n=0$ 时，称为空二叉树；当 $n>0$ 时，有且仅有一个结点为二叉树的根，其余结点被分成两个互不相交的子集，一个作为左子集，另一个作为右子集，每个子集又是一个二叉树。

二叉树包括 5 种基本形态，如图 2-18 所示。

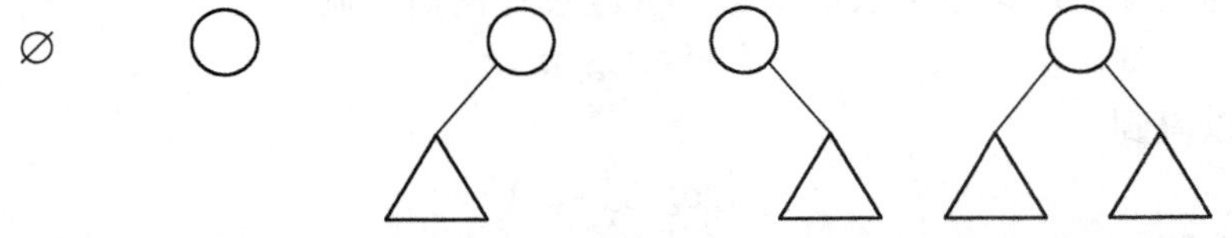

图 2-18 二叉树的 5 种基本形态（分别是空二叉树、仅有根结点的二叉树、右子树为空的二叉树、左子树为空的二叉树、左右子树非空的二叉树）

（1）二叉树的性质

二叉树具有下列 5 个重要的性质。

【性质 2-1】 在二叉树的第 i 层上最多有 2^{i-1} 个结点（$i \geqslant 1$）。

证明：二叉树的第 1 层只有 1 个根结点，所以，$i=1$ 时，$2^{i-1}=2^{1-1}=2^0=1$ 成立。

假设对所有的 j，$1 \leqslant j < i$ 成立，即第 j 层上最多有 2^{j-1} 个结点成立。若 $j=i-1$，则第 j 层上最多有 $2^{j-1}=2^{i-2}$ 个结点。由于在二叉树中，每个结点的度最大为 2，因此可以推导出第 i 层最多的结点个数就是第 $i-1$ 层最多结点个数的 2 倍，即 $2^{i-2} \times 2=2^{i-1}$。

【性质 2-2】 深度为 k（$k \geqslant 1$）的二叉树最多有 2^k-1 个结点。

证明：由性质 2-1 可以得出，1～k 层各层最多的结点个数分别为 $2^0,2^1,2^2,2^3,\cdots,2^{k-1}$。这是一个以 2 为比值的等比数列，可以得到，该数列前 k 项之和为 2^k-1。

【性质 2-3】 对于任意一棵二叉树 BT，如果度为 0 的结点个数为 n_0，度为 2 的结点个数为 n_2，则 $n_0=n_2+1$。

证明：假设度为 1 的结点个数为 n_1，结点总数为 n，二叉树中的分支数为 b。因为在二叉树中，所有结点的度均小于或等于 2，所以结点总数为

$$n=n_0+n_1+n_2 \tag{2-1}$$

再查看分支数。在二叉树中，除了根结点，每个结点都有一个从上向下的分支指向，所以总的结点个数 n 与分支数 b 之间的关系为 $n=b+1$。

又因为在二叉树中，度为 1 的结点产生 1 个分支，度为 2 的结点产生 2 个分支，所以分支数 b 可以表示为 $b=n_1+2n_2$。

代入式(2-1)，得到

$$n=n_1+2n_2+1 \tag{2-2}$$

用式(2-1)减去式(2-2)，并经过调整后得到

$$n_0=n_2+1$$

如果一个深度为 k 的二叉树拥有 2^k-1 个结点，则它被称为**满二叉树**。有一棵深度为 h、具有 n 个结点的二叉树，若将它与一棵同深度的满二叉树中的所有结点按从上到下、从左到右的顺序分别进行编号，且该二叉树中的每个结点分别与满二叉树中编号为 1～n 的结点位置一一对应，则称这棵二叉树为**完全二叉树**。

【性质 2-4】 具有 n 个结点的**完全二叉树**的深度为$\lfloor \log_2 n \rfloor+1$。其中，$\lfloor \log_2 n \rfloor$的结果是不大于 $\log_2 n$ 的最大整数。

证明：假设具有 n 个结点的完全二叉树的深度为 k，则根据性质 2-1 可以得到

$$2^{k-1}-1<n \leqslant 2^k-1$$

将不等式两端加 1，则

$$2^{k-1} \leqslant n < 2^k$$

将不等式中的三项同取以 2 为底的对数，并经过化简后，则

$$k-1 \leqslant \log_2 n < k$$

由此可以得到

$$\lfloor \log_2 n \rfloor = k-1$$

整理后得到

$$k=\lfloor \log_2 n \rfloor+1$$

【性质 2-5】 对于有 n 个结点的**完全二叉树**中的所有结点按从上到下、从左到右的顺序进行编号，则对任意一个结点 i（$1 \leqslant i \leqslant n$）均有：

① 如果 $i=1$，则结点 i 是这棵完全二叉树的根，没有双亲，否则其双亲结点的编号为 $\lfloor i/2 \rfloor$。

② 如果 $2i>n$，则结点 i 没有左孩子，否则其左孩子结点的编号为 $2i$。

③ 如果 $2i+1>n$，则结点 i 没有右孩子，否则其右孩子结点的编号为 $2i+1$。

其证明请读者自己完成。

学习数据结构中二叉堆的时候，堆的操作就是基于此性质。

（2）二叉树的存储结构

二叉树可以采用两种存储方式：顺序存储结构和链式存储结构。

顺序存储结构适用于完全二叉树，其存储形式为：用一组连续的存储单元按照完全二叉树的每个结点编号的顺序存放结点内容，如图 2-19 所示。

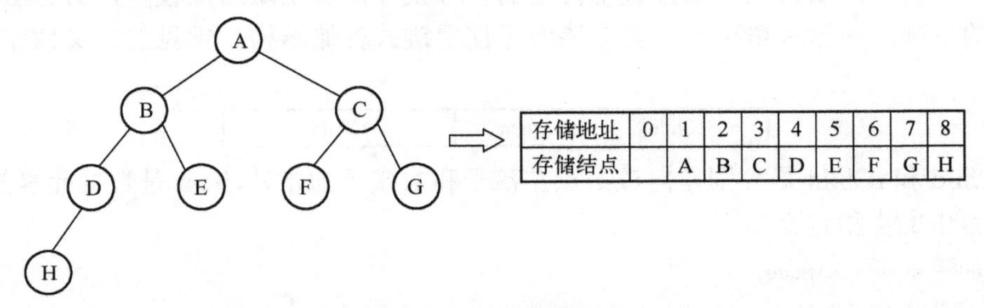

存储地址	0	1	2	3	4	5	6	7	8
存储结点		A	B	C	D	E	F	G	H

图 2-19　完全二叉树的顺序存储结构

顺序存储结构的二叉树定义如下：

```
#define MAX_TREE_NODE_SIZE  100
typedef  struct {
    EntryType item[MAX_TREE_NODE_SIZE];        // 根存储在下标为 1 的单元中
    int n;                                     // 当前完全二叉树的结点个数
}QBTree;
```

其特点是空间利用率高、寻找孩子和双亲比较容易。下面给出完全二叉树在这种存储形式下的操作算法。

① 构造一棵完全二叉树。

```
void CreateBTree(QBTree *BT, EntryType item[ ], int n) {
    if (n >= MAX_TREE_NODE_SIZE)               // 超出最大容量
        n = MAX_TREE_NODE_SIZE-1;
    for (i=1; i <= n; i++)                     // item[0]没有保存数据
        BT->item[i] = item[i];
    BT->n = n;
}
```

② 获取给定结点的左孩子。

```
int LeftCHild(QBTree BT, int node) {
    if (2*node>BT.n)
        return 0;                              // 不存在左子树
    else
```

```
        return 2*node;
}
```

RightChild(BT, node)与这个操作类似，返回 2*node+1 即可。读者可自行完成。

③ 获取给定结点的双亲。

```
int Parent(QBTree BT, int node) {
    if (1<=node && node <= BT.n)
        return i/2;
    else
        return -1;
}
```

特别提醒：顺序存储只对完全二叉树适用，它也是二叉堆的存储方式。

在顺序存储结构中，利用编号表示元素的位置及元素之间孩子或双亲的关系。对于非完全二叉树，需要将空缺的位置用特定的符号填补，若空缺结点较多，势必造成空间利用率的下降。在这种情况下，就应该考虑使用**链式存储结构**。常见的二叉树结点结构如下：

lChild	item	rChild

其中，lChild 和 rChild 是分别指向该结点左孩子和右孩子的指针，item 是数据元素的内容。在 C 语言中的类型定义如下：

```
typedef struct BTNode{
    EntryType item;
    struct BTNode  *rChlid;
    struct BTNode  *lChild;
}BTNode,*BTree;
```

图 2-20 为一棵二叉树及相应的链式存储结构。

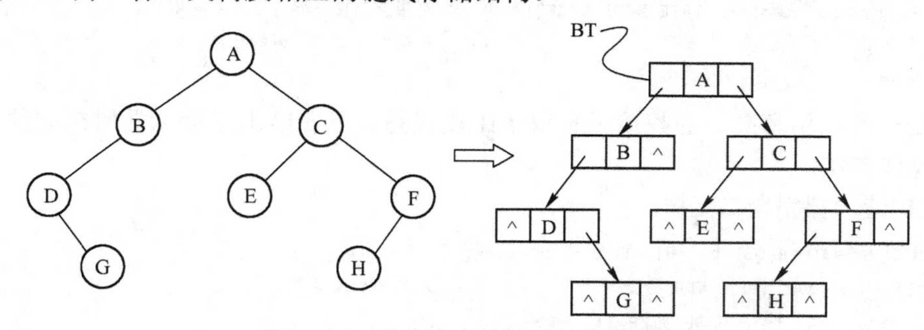

图 2-20　二叉树及相应的链式存储结构

链式存储结构的特点是寻找孩子结点容易，双亲比较困难。若需要频繁地寻找双亲，可以给每个结点添加一个指向双亲结点的指针域，其结点结构如下：

lChild	item	rChild	Parent

有关二叉树在链式存储结构下的操作算法将在随后介绍。

（3）二叉树的遍历

二叉树是一种非线性的数据结构，在对它进行操作时，总是需要逐一对每个数据元素实施操作，这样就存在一个操作顺序问题，由此提出了二叉树的遍历操作。所谓遍历二叉树，就是按某种顺序访问二叉树中的每个结点一次且仅一次的过程。这里的访问可以是输出、比较、更新、查看元素内容等操作，也可以是自定义的其他复杂处理过程。

二叉树的遍历方式分为两大类：一类按根、左子树和右子树三个部分进行访问，另一类按层次访问。下面分别进行讨论。

按根、左子树和右子树三部分进行遍历，遍历二叉树的顺序存在下面 6 种可能：TLR（根左右），TRL（根右左），LTR（左根右），RTL（右根左），LRT（左右根），RLT（右左根）。其中，TRL、RTL 和 RLT 三种顺序在左右子树之间均是先右子树后左子树，这与人们先左后右的习惯不同，因此往往不予采用。TLR、LTR 和 LRT 三种顺序根据根访问的位置不同分别被称为**先序遍历**、**中序遍历**和**后序遍历**。

三种遍历方法的流程描述如下。

① 先序遍历。

若二叉树为空，则结束遍历操作；否则

访问根结点；

先序遍历左子树；

先序遍历右子树。

② 中序遍历。

若二叉树为空，则结束遍历操作；否则

中序遍历左子树；

访问根结点；

中序遍历右子树。

③ 后序遍历。

若二叉树为空，则结束遍历操作；否则

后序遍历左子树；

后序遍历右子树；

访问根结点。

分析上述过程可以得出以下结论：

① 遍历操作实际上是将非线性结构线性化的过程，其结果为线性序列，并根据采用的遍历顺序分别称为先序序列、中序序列或后序序列。

② 遍历操作是一个递归的过程，因此这三种遍历操作的算法可以用递归函数实现。

先序遍历递归算法：

```
void PreOrder(BTree  BT) {
    if (BT) {
        Visit(BT);
        PreOrder(BT->Lchild);
        PreOrder(BT->Rchild);
    }
}
```

中序遍历递归算法：

```
void InOrder(BTree  BT) {
    if (BT) {
```

```
        InOrder(BT->Lchild);
        Visit(BT);
        InOrder(BT->Rchild);
    }
}
```

后序遍历递归算法：

```
void PostOrder(BTree  BT) {
    if (BT) {
        PostOrder(BT->Lchild);
        PostOrder(BT->Rchild);
        Visit(BT);
    }
}
```

其中，Visit 函数是一种抽象表示，它代表结点访问操作。图 2-20 中二叉树的三种遍历序列相应为：先序序列，ABDGCEFH；中序序列，DGBAECHF；后序序列，GDBEHFCA。

2.2.4 优先队列和堆

1．优先队列

队列是符合“先进先出”规则的顺序表，可以应用于很多现实场景，但并不是所有的队列都是“先进先出”。比如，排队候车时，往往提示老弱病残孕者优先上车；机场候机时，VIP 客户优先登机。优先队列就是处理这种非“先进先出”场景的数据结构。

优先队列是一个以集合为基础的抽象数据结构，其中每个元素都有一个优先值，它可以是一个实数，也可以是一个一般全序集中的元素。优先值用来表示该元素出列的优先级。本章约定优先值小的优先级高，当然也可以约定优先值大的优先级高。

定义在优先队列上的基本运算包括：

❖ top()运算——返回优先队列中具有最高优先级的元素。

❖ push()运算——把某个元素插入优先队列中合适位置。

❖ pop()运算——删除优先队列中具有最高优先级的元素。

top()和 pop()运算只关注优先级最高的元素；push()运算不要求维持队列的全局序关系。基于这些性质，人们提出了**优先级树**。优先级树是满足下面的优先性质的二叉树：树中每个结点存储一个元素，任意结点中存储元素的优先级不低于其儿子结点中存储的元素的优先级。

显然，优先级树的根结点中存储的元素具有最高优先级。从根到叶的任一条路径上，各结点中元素按优先级的非增序排列。

从优先级树的定义可以推导出，表示同一优先队列的优先级树不是唯一的。由于在优先级树中执行 push()和 pop()运算所需的时间与树高有关，因此用平衡的优先级树表示优先队列是一个好的选择。下面介绍一种特殊的优先级树——堆。

2．二叉堆

如果一棵优先级树是一棵完全二叉树，那么这棵具有优先级性质的完全二叉树（外形像堆）就被称为**二叉堆**。如 2.2.3 节所述，完全二叉树可以用顺序存储结构表示，因此二叉堆一般用顺序线性表（数组）来实现。

给定一个关键码序列 $\{k_0,k_1,\cdots,k_{n-1}\}$，如果满足 $k_i \geqslant k_{2i+1}$，$k_i \geqslant k_{2i+2}$ (i=0, 1, …, n/2−1) 则称其为**大根堆**；如果满足小于等于关系，则为**小根堆**，如图 2-21 所示。

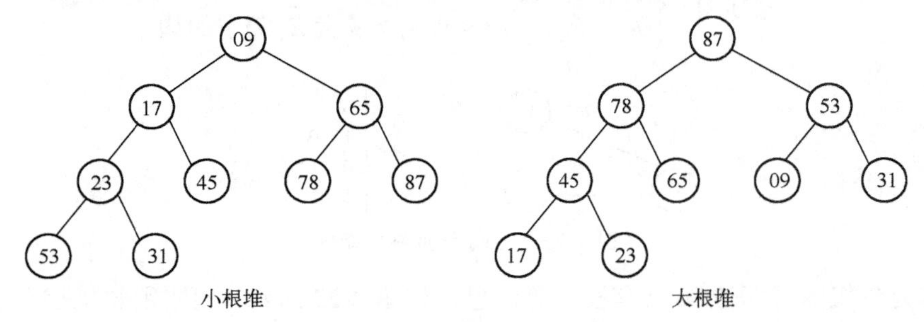

图 2-21　小根堆和大根堆

在二叉堆中，top()操作为获取序列第一个元素，其时间复杂度为 $O(1)$。pop()和 push()操作的时间复杂度为 $O(\log(n))$。算法实现细节参阅文献[1]。

STL 的 priority_queue 类提供了优先队列的实现，还提供了实现堆的泛型函数，见 2.3 节。

2.2.5　图

图是由结点的有穷集合 V 和边的集合 E 组成的。为了与树结构区别，图结构中常常将结点称为顶点，边是顶点的有序偶对。若两个顶点之间存在一条边，就表示这两个顶点具有相邻关系。

图可分为有向图和无向图。在有向图中，通常将边称为**弧**，含箭头的一端称为**弧头**，另一端称为**弧尾**，记为 $<v_i,v_j>$，表示从顶点 v_i 到顶点 v_j 有一条边。若有向图中有 n 个顶点，则最多有 $n(n-1)$条弧。具有 $n(n-1)$条弧的有向图被称为**有向完全图**。以顶点 v 为弧尾的弧的数目被称为顶点 v 的**出度**，以顶点 v 为弧头的弧的数目称为顶点 v 的**入度**。

在无向图中，边记为(v_i,v_j)，它蕴涵着存在 $<v_i,v_j>$ 和$<v_j, v_i>$两条弧。若无向图中有 n 个顶点，则最多有 $n(n-1)/2$ 条边。具有 $n(n-1)/2$ 条边的无向图被称为无向完全图。与顶点 v 相关的边的条数被称为顶点 v 的**度**。

路径长度是指路径上边或弧的数目。若第一个顶点与最后一个顶点相同，则这条路径是一条**回路**。若路径中顶点没有重复出现，则称这条路径为**简单路径**。

在无向图中，如果从顶点 v_i 到顶点 v_j 有路径，则称 v_i 和 v_j **连通**。如果图中任意两个顶点之间都连通，则称该图为**连通图**，否则将其中的极大连通子图称为**连通分量**。

在有向图中，如果对于每对顶点 v_i 和 v_j，从 v_i 到 v_j 和从 v_j 到 v_i 都有路径，则称该图为**强连通图**，否则将其中的极大强连通子图称为**强连通分量**。

图有两种常用的存储结构：邻接矩阵和邻接表。

1．邻接矩阵

邻接矩阵（Adjacency Matrix）的存储结构就是用一维数组存储图中顶点的信息，用矩阵表示图中各顶点之间的邻接关系。假设图 $G=(V,E)$ 有 n 个确定的顶点，即 $V=\{v_0,v_1,\cdots,v_{n-1}\}$，则 G 中各顶点间的相邻关系表示为一个 $n\times n$ 的矩阵（如图 2-22 所示），矩阵的元素为

$$A[i][j]=\begin{cases}1, & (v_i,v_j)\text{或}<v_i,v_j>\text{是}E(G)\text{中的边}\\0, & (v_i,v_j)\text{或}<v_i,v_j>\text{不是}E(G)\text{中的边}\end{cases}$$

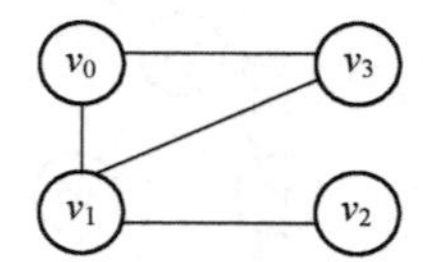

$$A=\begin{vmatrix}0&1&0&1\\1&0&1&1\\0&1&0&0\\1&1&0&0\end{vmatrix}$$

图 2-22　无向图的邻接矩阵

如果矩阵为带权图（即边/弧具有权重等信息，如图 2-23 所示），则矩阵的元素为

$$A[i][j]=\begin{cases}W_{ij}, & (v_i,v_j)\text{或}<v_i,v_j>\text{是}E(G)\text{中的边}\\0\text{或}\infty, & (v_i,v_j)\text{或}<v_i,v_j>\text{不是}E(G)\text{中的边}\end{cases}$$

其中，W_{ij} 表示边 (v_i,v_j) 或弧 $<v_i,v_j>$ 上的权值；∞ 表示一个计算机允许的、大于所有边上权值的数。

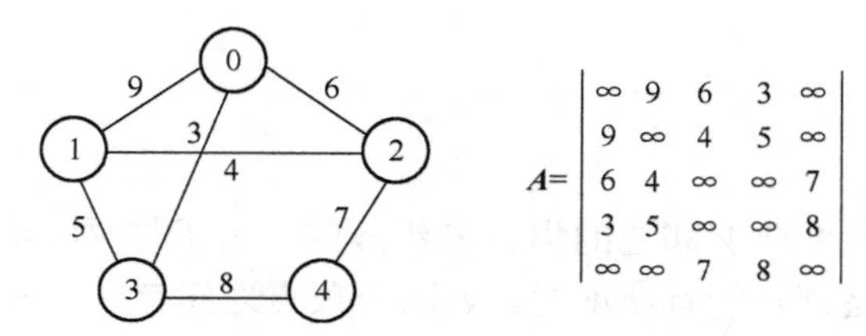

图 2-23　无向带权图的邻接矩阵

从图的邻接矩阵存储方法容易看出这种表示具有以下特点：

① 无向图的邻接矩阵一定是一个对称矩阵。因此，在具体存放邻接矩阵时只需存放上（或下）三角矩阵的元素即可。

② 对于无向图，邻接矩阵的第 i 行（或第 i 列）非零元素（或非 ∞ 元素）的个数正好是第 i 个顶点的度 $TD(v_i)$。

③ 对于有向图，邻接矩阵的第 i 行（或第 i 列）非零元素（或非 ∞ 元素）的个数正好是第 i 个顶点的出度 $OD(v_i)$（或入度 $ID(v_i)$）。

④ 用邻接矩阵方法存储图，容易确定图中任意两个顶点之间是否有边相连；但是，要确定图中有多少条边，则必须按行、按列对每个元素进行检测，所花费的时间代价很大。

图邻接矩阵表示法的类型定义如下：

```
#define        MAX_VERTEX_NUM    100
typedef struct graph{
    EntryType item[MAX_VERTEX_NUM][MAX_VERTEX_NUM];
    int n;                                          // 顶点的个数
} Graph;
```

2. 邻接表

邻接表（Adjacency List）是图的一种顺序存储与链式存储结合的存储方法，类似树的孩子表示法。对于图 G 中的每个顶点 v_i，将所有邻接于 v_i 的顶点 v_j 链成一个单链表，这个单链表就称为顶点 v_i 的邻接表，再将所有顶点的邻接表表头放到数组中，就构成了图的邻接表。

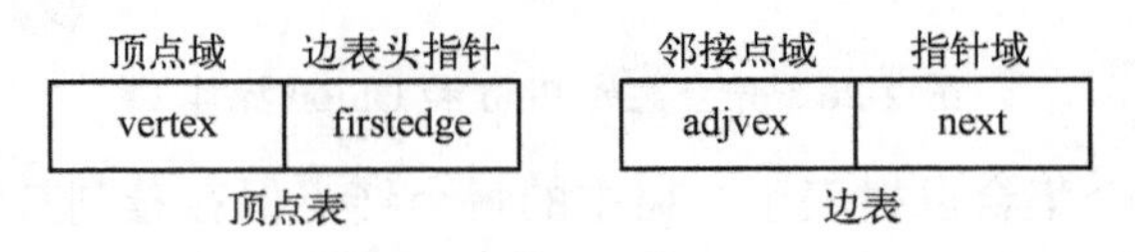

图 2-24　邻接表的顶点表和边表

邻接表中有两种结点结构：一种是**顶点表**的结点，它由顶点域（vertex）和指向第一条邻接边的指针域（firstedge）构成；另一种是**边表**（即邻接表）结点，它由邻接点域（adjvex）和指向下一条邻接边的指针域（next）构成。带权图的边表需再增设一个存储边上信息（如权值等）的域（info），如图 2-25 所示。

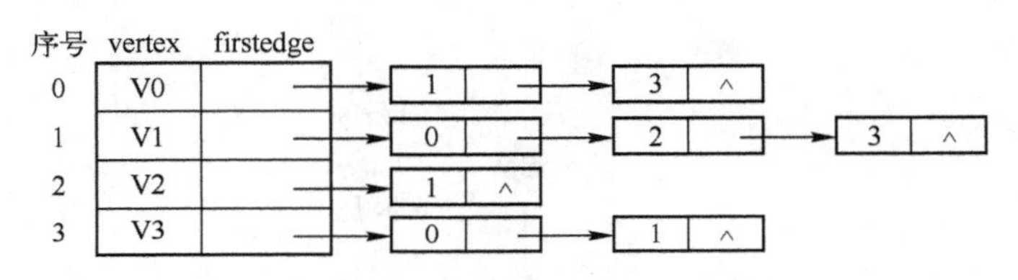

图 2-25　图的邻接表（对应图 2-22 中的图）

图的邻接表的类型定义如下：

```
#define        MAX_VERTEX_NUM    100                   // 最大顶点个数
type struct EdgeNode {
    int  adjvex;                                       // 指向顶点结点数组的下标
    struct EdgeNode *next;                             // 指向下一条边
} EdgeNode;                                            // 边结点定义
typedef struct VexNode {
    EntryType  vertex;                                 // 数据域
    EdgeNode *firstedge;                               // 边的链表
}VexNode                                               // 顶点表的结点定义
VexNode  AdjList[MAX_VERTEX_NUM];                      // 图的定义
```

2.2.6 并查集

并查集（Disjoint set 或者 Union-find set）是一种树结构，常用于处理一些不相交集合（Disjoint Sets）的查询（Find）及合并（Union）问题，包含两种基本操作：

❖ Find(x)——查询元素 x 属于哪一个子集。

❖ Union(x, y)——将元素 x 和元素 y 所在的子集合并成同一个集合。

在图 2-26 中，查询操作 Find(D)和 Find(F)分别返回对应树的根结点 A 和 H，合并操作 Union(D, F)则把 D 和 F 所在的两棵树合并，如右图所示。

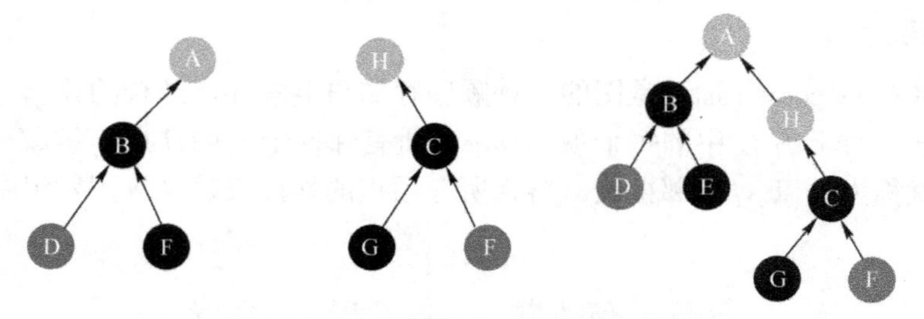

图 2-26　并查集的 Find 和 Union 操作

并查集森林将每个集合以树表示，树中的每个结点保存着到其父结点的引用，根结点没有父结点，其引用赋值为-1。每个集合选定一个固定的元素作为该集合的代表，称为代表元素，代表元素则用于标识整个集合。每个集合的代表元素即集合的根结点。并查集森林可以采用双亲表示法，如图 2-27 所示，father 数组下标代表元素的序号，其值表示父结点的序号。元素 4 的父结点是 5，因此 father[4]=5。

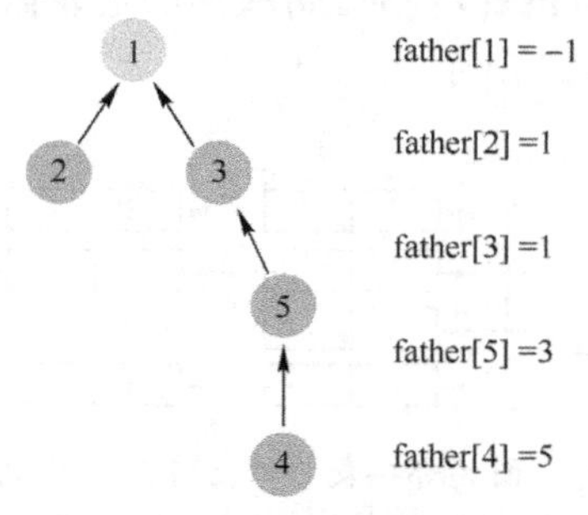

图 2-27　集合树的双亲表示法

根据并查集森林的定义，我们可以设计 Find(x)算法，即从结点 x 开始不断向上遍历，直到根结点为止。显然，该算法的时间复杂性是线性的。

程序 2-7　查询操作 Find 算法实现

```
int Find(int x) {
    int p = x;
    while(father[p]>0)
        p = father[p];
    return p;                              // 集合的代表元素
}
```

类似地，我们也可以设计 Union(x, y)算法，即先查询 x 所在集合的代表元素 xRoot，查询 y 所在集合的代表元素 yRoot，如果代表元素不相同，则把 yRoot 指向 xRoot。

程序 2-8　合并操作 Union 算法实现

```
int Union(int x, int y) {
    int xRoot = Find(x);
    int yRoot = Find(y);
    if (xRoot != yRoot)
        father[yRoot] = xRoot;
    return xRoot;                          // 代表元素
}
```

这是并查集森林最基础的表示方法以及 Find 和 Union 操作。注意，在数据不平衡时，大量的 Union 操作可能导致集合树的深度比较深，Find 操作的效率降低。

2.3 标准模板库

2.3.1 模板的基本概念

标准模板库（Standard Template Library，STL）可以说是基于模板（Template）而建立的。因此我们先简要介绍模板的基本概念及使用方法。

模板是实现代码重用机制的一种工具，可以实现类型参数化，即把类型定义为参数，从而实现了真正的代码可重用性。C++是一种“强类型”的语言，即编译器必须确切地知道变量的类型，而模板就是构建在这个强类型语言基础上的泛型系统。

我们先看一个示例程序。

程序 2-9 整型取较大值函数

```
int GetMax (int& a, int& b) {
    return (a>b ? a:b);
}
```

函数 GetMax()返回两个整数中的较大值。但是在一个实际应用程序中可能还需要处理 float、long、char 等类型的变量，甚至是自定义类型（如结构体）的变量。针对不同的参数类型，需要把上面代码中的数据类型修改为特定类型，然后复制到需要的地方。这种设计方法会给代码维护带来很大的困扰，如代码量增大，修改时需要对多处代码进行修改。解决这个问题的方法之一是使用模板。

模板包括函数模板（Function Template）和类模板（Class Template）两种，下面分别介绍函数模板和类模型的定义和使用。

函数模板（Function Template）用于定义和生成通用的函数，这些函数能够接受任意数据类型的参数，可返回任意类型的值，而不需要对所有可能的数据类型进行函数重载。这在一定程度上实现了宏（Macro）的作用。它们的原型定义可以是下面的任何一个。

```
template<class identifier>function_declaration;
template<typename identifier>function_declaration;
```

例如，下面代码定义了一个模板，它返回两个对象中较大的一个。

程序 2-10 取较大值的函数模板

```
template<class GenericType>
GenericType GetMax (GenericType a, GenericType b) {
    return (a>b ? a:b);
}
```

程序 2-10 中的第一行声明一个通用数据类型，称为 GenericType。因此在其后面的函数中，GenericType 成为一个有效的数据类型，被用来定义两个参数 a 和 b，并被用于函数 GetMax 的返回值类型。在定义时，GenericType 没有代表任何具体的数据类型。当函数 GetMax 被调用的时候，我们可以使用任何有效的数据类型来调用它。这个数据类型将被作为模式（Pattern）来代替函数中 GenericType 出现的地方。

用一个已定义数据类型来调用函数模板的方法如下：

```
function<type>(parameters);
```

例如，调用 GetMax 函数比较两个 int 类型的整数可以这样写：

```
int x, y;
GetMax<int>(x, y);
```

在编译时，GetMax 中所有 GenericType 出现的地方都用 int 来代替，并构造一个新函数，这个过程称为模板的**"特化"**。程序 2-11 演示了函数模板的定义和使用。

程序 2-11　函数模板定义和使用示例

```
#include<iostream>
using namespace std;
template<class T>T GetMax (T a, T b) {
    T result;
    result = (a>b) ? a : b;
    return (result);
}
int main () {
    int i=5, j=6, k;
    k = GetMax<int>(i, j);
    cout<<k<<endl;

    long l=10, m=5, n;
    n = GetMax<long>(l, m);
    cout<<n<<endl;
    return 0;
}
```

注意：为了简洁起见，人们一般用 T 代替 GenericType，表示通用数据类型。

在上面的例子中，我们对同样的函数 GetMax 使用了两种参数类型：int 和 long，而只写了一种函数的实现，即我们写了一个函数的模板，用了两种不同的模式来调用它。

在函数模板中，如果类型参数可以推导，那么可以省略类型参数表。比如，在程序 2-11 中，GetMax<int>(i, j)替换为 GetMax(i, j)可以得到同样的结果。因为 i 和 j 都是 int 类型，编译器会自动假设我们想要函数按照 int 进行调用。请读者自己完成验证。

类模板（Class Template）使得一个类可以有基于通用类型的成员，而不需要在类定义的时候确定具体的数据类型。原型定义如下：

```
template<class 或者 typename T>
class class_name {
    …                                        // 类定义
};
```

template 是声明模板的关键字，表示声明一个模板，模板参数可以是一个，也可以是多个。例如：

```
template<class T1, class T2>
class pair {
```

```
        T1 key;
        T2 value;
    public:
        pair (T1 first, T2 second) {         // 构造函数
            key=first;
            value=second;
        }
    };
```

上面定义的类可以用来存储两个任意类型的元素组成的有序对。例如：

```
    pair<int, int>myobject(115, 36);
    pair<int, float>myfloats(3, 2.18);
```

分别定义了两个类对象：一个存储两个整型数据 115 和 36，另一个存储整数和浮点数对 3 和 2.18。

2.3.2 标准模板库概述

标准模板库是所有 C++编译器和所有操作系统平台都支持的一种库。STL 是 C++的 ANSI/ISO 标准的一部分，可以用于所有 C++语言编译器和所有平台（Windows/UNIX/Linux）。同一段 STL 代码在不同编译器和操作系统平台上运行的结果都是相同的，但是底层实现可以不同，STL 的使用者并不需要了解它的底层实现。

STL 从广义上包括三类：Algorithm（算法）、Container（容器）和 Iterator（迭代器），几乎所有的代码都采用了类模板和函数模板的方式，这比传统的由函数和类组成的库提供了更好的代码重用机会。下面概述 STL 的三大组成部分。

1．算法

STL 中算法的大部分是泛型函数，每个算法能处理大量不同容器类中的数据。值得注意的是，STL 中的算法大多有多种版本，用户可以依照具体的情况选择合适版本。STL 的泛型算法包括三种基本类型。

① **变序型队列算法**：又称为可修改的序列算法，包括复制（Copy）算法、交换（Swap）算法、替代（Replace）算法、删除（Clear）算法、移动（Remove）算法、翻转（Reverse）算法等。这些算法可以改变容器中的数据（数据值和其值在容器中的位置）。

② **非变序型队列算法**：处理容器内的数据而不改变它们。

③ **排序算法**：包括对容器中的值进行排序、合并以及搜索的算法、通用数值算法等。2.3.3 节将详细介绍排序算法的应用。

2．容器

在实际的开发过程中，数据结构本身的重要性不会逊于操作于数据结构的算法的重要性。经典的数据结构数量有限，但是开发者常常重复着一些为了实现向量、链表等结构而编写的代码，这些代码十分相似，只是为了适应不同数据的变化而在细节上有所出入。STL 的容器（如表 2-3 所示）为开发者提供了这样的方便：它允许开发者重复利用已有的实现构造自己特定类型下的数据结构。通过设置一些类模板，STL 的容器对最常

用的数据结构提供了支持。STL 的容器分为顺序容器（Sequence Container）和关联容器（Associative Container）。

表 2-3 STL 的常用容器

数据结构	描 述	头文件
向量（vector）	顺序存储的线性表	<vector>
列表（list）	链式存储的线性表，具体说是双向链表	<list>
栈（stack）	后进先出的栈	<stack>
队列（queue）	先进先出的队列	<queue>
优先队列（priority_queue）	基于关键码上定义的某种序关系的优先队列	<queue>
集合（set）	基于关键码上定义的某种序关系而组织的有序集合，集合中不存在相同的关键码	<set>
多重集合（multiset）	允许出现相同关键码的集合	<set>
映射（map）	由<关键码，值>组成的集合，集合中对象基于关键码上定义的某种序关系有序排列，集合中不存在相同的关键码	<map>
多重映射（multimap）	允许出现相同关键码的映射	<map>

顺序容器把数据对象组织成有限线性集合，容器中所有对象都属于同一类型。STL 的三种基本顺序容器是向量（Vector）、线性表（List）、双向队列（Deque）。

关联容器提供了基于关键码（Key）的快速数据检索能力。容器中的数据元素被排好序，检索数据时可以二分搜索。STL 有 4 种关联容器：当一个关键码对应一个值（Value）时，可以使用集合（Set）和映射（Map）；当对应同一关键码有多个值被存储时，可以使用多集合（MultiSet）和多映射（MultiMap）。

3．迭代器

迭代器实际上是一种泛化指针。如果一个迭代器指向了容器中的某一成员，那么迭代器将可以通过自增或自减来遍历容器中的所有成员。迭代器是联系容器和算法的媒介，是算法操作容器的接口。几乎 STL 提供的所有算法都是通过迭代器存取元素序列进行工作的，每个容器定义了其本身所专有的迭代器，用以存取容器中的元素。

常用的迭代器如下。

① iterator：顺序迭代器，都可以通过自增操作（iterator++）在容器中顺序移动一个位置。需要说明的是，vector 的 iterator 可以使用“+=”“- -”“++”“-=”中的任何一种操作符和“<”“<=”“>”“>=”“==”“!=”等比较运算符。容器的 begin 和 end 函数能返回容器的开始和结束位置值。

② reverse_iterator：逆序迭代器，都可以通过自增操作（reverse_iterator++）在容器中向逆序移动一个位置。容器的 rbegin 和 rend 函数能返回容器的结束和开始位置值。

③ const_iterator：恒定顺序迭代器，用于指向一个只读的值。

④ const_reverse_iterator：恒定逆序迭代器，也用于指向一个只读的值。

2.3.3 标准模板库应用

1．向量（vector）

向量（vector）是一种动态数组，是基本数组的类模板。其内部定义了很多基本操作，如 begin()、end()、push_back()、front()、back()、erase()、empty()、at()、size()。程序 2-12 演示了 vector 的基本用法。

程序 2-12　vector（向量）演示程序

```
#include<iostream>
#include<vector>
using namespace std;

typedef vector<int>INTVECTOR;              // 自定义类型 INTVECTOR

int main() {
    INTVECTOR vec1;                         // 初始为空
    INTVECTOR vec2(10,6);                   // vec2 对象包含 10 个整数，值为 6
    INTVECTOR::iterator i;                  // 前向迭代器
    INTVECTOR::reverse_iterator j;          // 后向迭代器
    // 演示插入和遍历元素
    vec1.push_back(2);//从后面添加一个成员，vector 不支持从前插入
    vec1.push_back(4);
    vec1.insert(vec1.begin()+1,5);        // 在 vec1 第一个的位置上插入成员
    // 从 vec1 第一的位置开始插入 vec2 的所有成员
    vec1.insert(vec1.begin()+1,vec2.begin(),vec2.end());
    for (i=vec1.begin(); i != vec1.end();++i)
        cout<<*i<<" ";
    cout<<endl;                                    // 从前向后显示 vec1 中的数据
    for (j=vec1.rbegin(); j != vec1.rend(); j++)
        cout<<*j<<" ";
    cout<<endl;                                    // 从后向前显示 vec1 中的数据

    // 演示读取元素
    cout<<"vec1.front()="<<vec1.front()<<endl;     // vec1 第零个成员
    cout<<"vec1.back()="<<vec1.back()<<endl;       // vec1 的最后一个成员
    cout<<"vec1.at(4)="<<vec1.at(4)<<endl;         // vec1 的第五个成员
    cout<<"vec1[4]="<<vec1[4]<<endl;

    // 演示移出和删除
    vec1.pop_back();                               // 移出最后元素
    vec1.erase(vec1.begin()+1,vec1.end()-2);       // 删除子序列
    cout<<"vec1.pop_back() and vec1.erase():"<<endl;
    for (i=vec1.begin(); i != vec1.end();++i)
        cout<<*i<<" ";
    cout<<endl;

    // 显示序列的状态信息
    cout<<"vec1.size(): "<<vec1.size()<<endl;      // 打印成员个数
    cout<<"vec1.empty(): "<<vec1.empty()<<endl;    // 清空
}
```

程序 2-12 的运行结果如下：

```
2 6 6 6 6 6 6 6 6 6 6 6 5 4
4 5 6 6 6 6 6 6 6 6 6 6 6 2
vec1.front()=2
vec1.back()=4
vec1.at(4)=6
vec1[4]=6
vec1.pop_back() and vec1.erase():
2 6 5
vec1.size(): 3
vec1.empty(): 0
```

2. 集合（set）和多重集合（multiset）

集合（set）是一个容器，其中每个元素的关键码（排序的字段，也称为键）是唯一的。集合中的元素根据关键码的序关系而顺序排列。

集合中的元素是顺序排列的。如在一个升序集合中，如果依次插入序列{12, 2, 3, 123, 5, 65}，则输出该集合的元素序列为{2, 3, 5, 12, 65, 123}。

集合与多重集合的区别是：set 支持唯一关键码，即 set 中元素的关键码互不相同；multiset 中，同一关键码可以出现多次。

set 和 multiset 的模板参数如下：

```
template<class key, class compare, class Allocator=allocator>
```

第一个参数 key 是所存储的元素的类型，第二个参数是为关键码而定义的比较函数的类型，第三个参数是被实现的存储分配符的类型。在有些编译器的具体实现中，第三个参数可以省略。第二个参数为关键码定义了特定的关系操作符，用来在容器中遍历元素时建立顺序。如形成升序排列集合用 less<int>，降序排列则用 greater<int>。集合的迭代器是双向的，也是常量的，所以迭代器在使用的时候不能修改元素的值。程序 2-13 演示了集合和多重集合的使用。

程序 2-13　集合和多重集合演示程序

```
#include<iostream>
#include<set>
using namespace std;

int main(){
    set<int,less<int>>set1;                          // 定义升序排列的整数集合，初始为空
    for(int i=10; i>0; --i)
        set1.insert(i);                              // 按降序插入元素

    set<int, less<int>>::iterator p;
    for(p=set1.begin(); p != set1.end(); ++p)        // 遍历集合中元素
        cout<<*p<<" ";
    cout<<endl;

    if(set1.insert(3).second)                        // 判断是否插入成功，此例返回失败
        cout<<"set insert success"<<endl;
    else
```

```
        cout<<"set insert failed"<<endl;

    int a[]={4, 1, 1, 1, 1, 1, 0, 5, 1, 0};
    multiset<int, greater<int>>set2;                // 定义降序排列的整数多重集合
    set2.insert(set1.begin(), set1.end());          // 按升序插入元素
    set2.insert(a, a+10);                           // 插入有相同元素的数组

    multiset<int, greater<int>>::iterator p2;
    for(p2=set2.begin(); p2 != set2.end(); ++p2)
        cout<<*p2<<" ";
    cout<<endl;

    return 0;
}
```

程序 2-13 的执行结果如下：

```
    1 2 3 4 5 6 7 8 9 10
    set insert failed
    10 9 8 7 6 5 5 4 4 3 2 1 1 1 1 1 1 1 0 0
```

3. 映射（map）和多重映射（multimap）

映射和多重映射是由<关键码, 值>组成的集合，集合中的对象基于关键码上定义的某种序关系而顺序排列。关键码和值的数据类型一般不相同，当然也可以选择相同。map 和 multimap 支持下标运算符（operator[]），即可以用访问普通数组的方式访问 map，不过下标必须为 map/multimap 的关键码。map 和 multimap 的区别是：map 中元素的关键码必须互不相同，而 multimap 中元素的关键码可以相同。程序 2-14 演示了映射和多重映射的使用。

程序 2-14　映射和多重映射演示程序

```
#include<iostream>
#include<map>
#include<string>
using namespace std;

int main(){
    map<char, int, less<char>>map1;                 // 关键码是 char 型，值是 int 型
    map<char, int, less<char>>::iterator mapIter;

    // 初始化，与数组类似，也可以用 insert 函数
    map1['c']=3;
    map1['d']=4;
    map1['a']=1;
    map1['b']=2;
    // 遍历 map 中的关键码和值，first 对应 char 键，second 对应 int 值
    for(mapIter=map1.begin(); mapIter !=map1.end();++mapIter)
        cout<<" "<<(*mapIter).first<<": "<<(*mapIter).second;
    cout<<endl;
```

```
    // 检索某个键的相应值
    map<char, int, less<char>>:: const_iterator ptr;
    ptr=map1.find('d');
    cout<<(*ptr).first<<" 关键码对应于值: "<<(*ptr).second<<endl;

    multimap<string, string, less<string>>mulmap;
    multimap<string, string, less<string>>:: iterator p;
    // 为了简化代码，通过 typedef 定义新数据类型
    typedef multimap<string, string, less<string>>:: value_type vt;
    typedef string s;
    // 在 multimap 中插入键-值对
    mulmap.insert(vt(s("Tom"),s(" is a student")));
    mulmap.insert(vt(s("Tom"),s(" is a boy")));
    mulmap.insert(vt(s("Tom"),s(" is a bad boy of blue!")));
    mulmap.insert(vt(s("Jerry"),s(" is a student")));
    mulmap.insert(vt(s("Jerry"),s(" is a beatutiful girl")));
    mulmap.insert(vt(s("DJ"),s(" is a student")));
    // 输出初始化以后的多重映射 mulmap:
    for(p=mulmap.begin(); p != mulmap.end();++p)
        cout<<(*p).first<<(*p).second<<endl;

    // 检索并输出 Jerry 键所对应的所有的值
    cout<<"find Jerry :"<<endl;
    p=mulmap.find(s("Jerry"));
    while((*p).first=="Jerry"){
        cout<<(*p).first<<(*p).second<<endl;
        ++p;
    }
    return 0;
}
```

程序 2-14 的执行结果如下：

```
a: 1 b: 2 c: 3 d: 4
d 键对应于值: 4
DJ is a student
Jerry is a student
Jerry is a beatutiful girl
Tom is a student
Tom is a boy
Tom is a bad boy of blue!
find Jerry :
Jerry is a student
Jerry is a beatutiful girl
```

4．堆（heap）

堆在 STL 中没有对应的容器，它是以函数模板的形式实现，堆的函数模板包括如下 4 个。

（1）make_heap()

函数原型：

```
void make_heap(first_pointer, end_pointer, compare_function)
```

第一个参数是数组或向量的头指针，第二个参数是尾指针，第三个参数是比较函数的名字（后续函数的参数都一样就不再解释）。其默认是大根堆。

函数功能：把这一段的数组或向量做成一个堆的结构，范围是[first, last)。注意：它是一个半闭半开的区间。

（2）pop_heap()

函数原型：

```
void pop_heap(first_pointer, end_pointer, compare_function)
```

函数功能：pop_heap 不是真地把最大（最小）的元素从堆中弹出来，而是重新排序堆。具体说，pop_heap 把 first 和 last 对应的元素交换，然后将[first, last-1)的数据再做成一个堆。如果容器是 vector，则最末一个元素会移除。

（3）push_heap()

函数原型：

```
void push_heap(first_pointer, end_pointer, compare_function)
```

函数功能：push_heap 假设原数组或向量中的区间 [first, last-1)是一个有效的堆，再把 last 中的元素加进来，做成一个堆。注意：调用 push_heap 前，必须确保[first, last-1)是一个有效的堆，否则会出现错误。

（4）sort_heap()

函数原型：

```
void sort_heap(first_pointer, end_pointer, compare_function)
```

函数功能：sort_heap 对[first, last)中的序列进行排序，假设这个序列是有效堆。当然，经过排序之后，该序列就不是一个有效堆了。

程序 2-15 演示了堆的操作。

程序 2-15　堆演示程序

```
#include<iostream>
#include<algorithm>
#include<vector>
using namespace std;

bool cmp(int a, int b){                          // 比较函数
    return a<b;
}
int main() {
    int myints[]={10, 20, 30, 5, 15};
    vector<int>v(myints, myints+5);              // 初始化向量 v
    vector<int>::iterator it;

    make_heap (v.begin(), v.end(), cmp);         // 建立大根堆
    cout<<"initial max heap   : "<<v.front()<<endl;
```

```
    pop_heap(v.begin(), v.end(), cmp);
    v.pop_back();
    cout<<"max heap after pop : "<<v.front()<<endl;

    v.push_back(99);
    push_heap(v.begin(), v.end(), cmp);
    cout<<"max heap after push: "<<v.front()<<endl;

    sort_heap (v.begin(), v.end(), cmp);
    cout<<"final sorted range :";
    for (unsigned i=0; i < v.size(); i++)
        cout<<" "<<v[i];
    cout<<endl;
}
```

程序 2-15 的执行结果如下：

```
initial max heap   : 30
max heap after pop : 20
max heap after push: 99
final sorted range : 5 10 15 20 99
```

5. 排序算法

排序是最常用的算法之一，STL 中提供了多种排序算法，如表 2-4 所示。

表 2-4 STL 的排序函数及其功能描述

函 数 名	功能描述
sort	对给定区间所有元素进行排序
stable_sort	对给定区间所有元素进行稳定排序
partial_sort	对给定区间所有元素部分排序
partial_sort_copy	对给定区间复制并排序
nth_element	找出给定区间某个位置（或序号）对应的元素
is_sorted	判断一个区间是否已经排好序
partition	使得符合某个条件的元素放在前面
stable_partition	相对稳定地使得符合某个条件的元素放在前面

（1）稳定排序

如果一个序列中存在排序键值相等的两个对象，对该序列进行排序后，原序列中在前面的对象经过排序后仍然排在前面，则称这种排序为稳定排序，否则是非稳定排序。比如，对字符串序列<"China", "Japan", "England", "USA">按照字符串的长度进行升序排列，某排序算法其结果为<"USA", "China", "Japan", "England">，则它是稳定排序；如果其结果为<"USA", "Japan", "China", "England">，则它是非稳定排序，因为"China"和"Japan"的先后顺序发生了变化。

（2）部分排序

排序算法只保证排序结果序列中前若干对象是升序/降序，剩余的对象集合可以不是有序的，当然剩余对象必须比居前对象大/小。比如，给定数组[8, 15, 7, 9, 13],针对前面 2 个元素的部分排序结果可以是[7, 8, 15, 9, 13]。把给定范围中所有的元素按照某种序关系排列的算法被称为**全排序**。

sort 采用快速排序算法（目前大部分 STL 版本已经不是采用简单的快速排序，而是结合插入排序算法），平均复杂度为 $n*\log(n)$。stable_sort 采用的是归并排序，分派足够内存时，其算法复杂度为 $n*\log(n)$，否则其复杂度为 $n*\log(n)*\log(n)$。

用于全排序的函数如下：

```
template<class RandomAccessIterator>
void sort(RandomAccessIterator first, RandomAccessIterator last);

template<class RandomAccessIterator, class StrictWeakOrdering>
void sort(RandomAccessIterator first, RandomAccessIterator last,
StrictWeakOrdering comp);

template<class RandomAccessIterator>
void stable_sort(RandomAccessIterator first, RandomAccessIterator last);

template<class RandomAccessIterator, class StrictWeakOrdering>
void stable_sort(RandomAccessIterator first, RandomAccessIterator last, StrictWeakOrdering comp);
```

当需要按照某种特定方式进行排序时，需要给 sort 指定比较函数，否则程序会自动提供 less 函数作为默认值。除了 less 函数，STL 还提供了其他比较函数：equal_to，相等；not_equal_to，不相等；less，小于；greater，大于；less_equal，小于等于；greater_equal，大于等于。

注意：在 sort 函数调用时不能直接写入泛型函数的名字，而要写其重载的()函数，如 less<int>()（参阅下述示例程序）。

当容器中元素是标准类型（int、float、char 或者 string）时，可以直接使用这些函数模板。如果容器中存储自定义类型或者需要按照其他方式排序时，则有两种方法来实现：一种是自己写比较函数；另一种是重载自定义类型的“<”操作符。程序 2-16 演示了排序函数的用法。

程序 2-16　排序函数演示程序

```
#include<iostream>
#include<algorithm>
#include<functional>
#include<vector>
#include<string>
using namespace std;

class student{                                          // 定义学生类
public:
    student(const string &a, int b): name(a), score(b){}
    string name;
    int score;
    bool operator<(const student &m)const {             // 重载<运算符
```

```
        return score<m.score;
    }
};

int main() {
    vector<student>vect;
    vect.push_back(student(("Smith"),94));
    vect.push_back(student(("Tom"),83));
    vect.push_back(student(("Mary"),52));
    vect.push_back(student(("Jessy"),78));
    vect.push_back(student(("Jone"),52));
    vect.push_back(student(("Bush"),48));
    vect.push_back(student(("Lily"),65));

    cout<<"------before sort..."<<endl;
    for(int i=0 ; i<vect.size(); i++)
        cout<<vect[i].name<<":\t"<<vect[i].score<<endl;

    sort(vect.begin(), vect.end(), less<student>());
    // partial_sort(vect.begin(), vect.begin()+3, vect.end(), less<student>())
    cout<<"-----after sort ...."<<endl;
    for(int i=0 ; i < vect.size(); i++)
        cout<<vect[i].name<<":\t"<<vect[i].score<<endl;
    return 0;
}
```

程序 2-16 的运行结果如下：

```
------before sort...
Smith:  94
Tom:    83
Mary:   52
Jessy:  78
Jone:   52
Bush:   48
Lily:   65
-----after sort ....
Bush:   48
Mary:   52
Jone:   52
Lily:   65
Jessy:  78
Tom:    83
Smith:  94
```

（3）局部排序

partial_sort 采用堆排序（heapsort），在任何情况下的复杂度都是 $n*\log(n)$。局部排序是为了减少不必要的操作而提供的排序方式。其函数原型如下：

```
template<class RandomAccessIterator>
```

```
void partial_sort(RandomAccessIterator first, RandomAccessIterator middle, RandomAccessIterator last);

template<class RandomAccessIterator, class StrictWeakOrdering>
void partial_sort(RandomAccessIterator first, RandomAccessIterator middle, \
                  RandomAccessIterator last, StrictWeakOrdering comp);
```

partial_sort 函数执行后，容器[first, middle)中元素已排序，[middle, last)中的元素未排序，但是都大于（或小于）前面区间中的元素。如在程序 2-16 中，如果把

```
sort(vect.begin(), vect.end(), less<student>())
```

替换为

```
partial_sort(vect.begin(), vect.begin()+3, vect.end(), less<student>())
```

则调用部分排序算法 partial_sort 后，容器 vect 中的前 3 个学生的成绩升序排列，后面的学生的成绩都比前面 3 个学生的成绩高。其运行结果如下：

```
------before sort...
Smith:  94
Tom:    83
Mary:   52
Jessy:  78
Jone:   52
Bush:   48
Lily:   65

-----after sort ....
Bush:   48
Jone:   52
Mary:   52
Smith:  94
Tom:    83
Jessy:  78
Lily:   65
```

（4）指定元素排序

函数 nth_element 找出给定区间某个位置（或序号）对应的元素。比如，班上有 7 个学生，如何找到分数排在倒数第 4 名的学生？如果要满足上述需求，可以用 sort 函数排好序（由小到大排），再取第 4 位。也可以用 partial_sort 函数只排前 4 位，然后得到第 4 位。这两个方法都不是效率最高的，因为前 3 位没有必要排序，此时需要调用 nth_element 函数，其函数原型如下：

```
Template<class RandomAccessIterator>
void nth_element(RandomAccessIterator first, RandomAccessIterator nth, RandomAccessIterator last);

template<class RandomAccessIterator, class StrictWeakOrdering>
void nth_element(RandomAccessIterator first, RandomAccessIterator nth, RandomAccessIterator
                 last, StrictWeakOrdering comp);
```

在程序 2-16 中，如果把

```
sort(vect.begin(), vect.end(), less<student>());
```

替换为

```
nth_element(vect.begin(), vect.begin()+3, vect.end(), less<student>());
```

则调用 nth_element 后，vect[3]中的对象就是成绩排倒数第 4 的学生。其运行结果如下：

```
------before sort...
Smith:  94
Tom:    83
Mary:   52
Jessy:  78
Jone:   52
Bush:   48
Lily:   65
-----after sort ....
Jone:   52
Bush:   48
Mary:   52
Lily:   65
Jessy:  78
Tom:    83
Smith:  94
```

（5）partition 和 stable_partition

这两个函数并不是用来排序的，被称为“分类”算法也许更加贴切。partition 函数就是把一个区间中的元素按照某个条件分成两类。其函数原型如下：

```
template<class ForwardIterator, class Predicate>
ForwardIterator partition(ForwardIterator first, ForwardIterator last, Predicate pred)
Template<class ForwardIterator, class Predicate>
ForwardIterator stable_partition(ForwardIterator first, ForwardIterator last, Predicate pred);
```

比如，班上 7 个学生，计算所有没有及格（低于 60 分）的学生。把程序 2-14 中的

```
sort(vect.begin(), vect.end(), less<student>());
```

替换为

```
student exam("pass", 60);
vector<student>::iterator itPart;
itPart=partition(vect.begin(), vect.end(), bind2nd(less<student>(), exam));
```

则调用 partition 函数后，[vect.begin(), itPart]区间的学生都是没有及格的，而(itPart, vect.end())区间的学生都是及格的。其中，bind2nd 是模板函数，用于将二元算子中的第二个参数绑定为一个固定值。运行结果如下：

```
------before sort...
Smith:  94
Tom:    83
Mary:   52
Jessy:  78
Jone:   52
Bush:   48
Lily:   65
```

```
-----after sort ....
Bush:   48
Jone:   52
Mary:   52
Jessy:  78
Tom:    83
Smith:  94
Lily:   65
```

（6）排序函数的效率

按照算法的时间复杂度，上述排序函数时间复杂度从低到高依次为：partion→stable_partition→nth_element→partial_sort→sort→stable_sort。对于排序函数的选择，读者可以参考以下规则：

❖ 若需对 vector、string、deque 或 array 容器进行全排序，可选择 sort 或 stable_sort。
❖ 若只需对 vector、string、deque 或 array 容器中取得前 n 元素部分排序，则 partial_sort 是首选。
❖ 若对于 vector、string、deque 或 array 容器，需要找到第 n 个位置的元素或者需要得到前 n 个且不关心前 n 个元素的内部顺序，则 nth_element 是最理想的。
❖ 若需要从标准序列容器或者 array 中把满足某个条件或者不满足某个条件的元素分开，则最好使用 partition 或 stable_partition。
❖ 若使用的是 list 容器，则可以直接使用 partition 和 stable_partition 算法，可以使用 list::sort 代替 sort 和 stable_sort 排序。若需要得到 partial_sort 或 nth_element 的排序效果，必须间接使用。上面介绍的有几种方式可以选择。

习 题 2

2-1　投票选举问题

问题描述：在一次投票选举中要从 n 个候选人中选出一个优胜者。这 n 个候选人分别编号为 $0,1,\cdots,n-1$。每个候选人都有 1 张选票，可以将选票投给 n 个候选人中任何一个。选举规则规定获得超过半数选票的候选人为优胜者。用一个长度为 n 的选票数组 v 表示收集到的 n 张选票，即候选人 i 投票给候选人 $v[i]$（$0\leqslant i<n$）。

输入：第一行包含一个整数表示测试样例数目。每组测试样例包含两行，第一行输入整数 n，第二行表示选票数组。

输出：每个测试样例输出一行，给出优胜者编号。如果选票数组不能产生优胜，则输出-1。

输入样例：

```
1
10
2 2 4 2 1 2 5 2 2 8
```

输出样例：

```
2
```

2-2　括号表达式

问题描述：一个由括号'('、')'、'['、']'、'{'、'}'组成的表达式，判断表达式是否合法，其中规则如下：

（1）空串合法；

（2）如果 A 合法，那么[A]、(A)、{A}都合法；

（3）如果 A，B 都合法，那么 AB 合法。

输入：输入有若干行，每行一个表达式。

输出：输出对于每个表达式给出判断，行数与输入一样，每行对应每个表达式，如果为合法，则输出“Yes”，否则输出“No”。

输入样例：

```
A
[A]A (B)
```

输出样例：

```
Yes
Yes
```

2-3　果子合并

问题描述：在一个果园里，多多已经将所有的果子打了下来，而且按果子的不同种类分成了不同的堆。多多决定把所有的果子合成一堆。

每次合并，多多可以把两堆果子合并到一起，消耗的体力等于两堆果子的重量之和。可以看出，所有的果子经过 n-1 次合并之后，就只剩下一堆了。多多在合并果子时总共消耗的体力等于每次合并所耗体力之和。

因为还要花大力气把这些果子搬回家，所以多多在合并果子时要尽可能地节省体力。假定每个果子重量都为 1，并且已知果子的种类数和每种果子的数目，你的任务是设计出合并的次序方案，使多多耗费的体力最少，并输出这个最小的体力耗费值。

例如有 3 堆果子，数目依次为 1、2、9，可以先将第一堆和第二堆合并，新堆数目为 3，耗费体力为 3。接着，将新堆与原先的第三堆合并，又得到新的堆，数目为 12，耗费体力为 12。所以多多总共耗费体力＝3+12＝15。可以证明，15 为最小的体力耗费值。

输入：第一行包含一个整数表示测试样例数目。每组测试样例包含两行：第一行为果子堆数 N(N≤100000)，第二行有 N 个整数，分别描述每堆果子个数。

输出：每个测试样例输出一行，给出最小体力耗费值。

输入样例：

```
3
1 2 9
```

输出样例：

```
15
```

2-4　猴子选大王

问题描述：n 只猴子要选大王，选举方法如下：所有猴子按 1、2、…、n 编号并按照顺序围成一圈，从第 k 个猴子起，由 1 开始报数，报到 m 时，该猴子就跳出圈外，下一只猴子再次由 1 开始报数……如此循环，直到圈内剩下一只猴子，这只猴子就是大王。

输入：第一行包含一个整数表示测试样例数目。每组测试样例包含一行：猴子总数 $n(n<1000)$，起始报数的猴子编号 k，出局数字 m。

输出：猴子大王的编号。

输入样例：

```
1
5 3 1
```

输出样例：

```
2
```

2-5　列车编组

问题描述：某火车站铁轨铺设如图 2-28 所示，有 n 节车厢自 A 方向进入车站，按进站方向编号为 1～n。现对其进行编组，编组过程可借助中转站 C，其中 C 可停靠任意多车厢，由于 C 末端封顶，故驶入 C 的车辆必须按相反方向驶出。对每个车厢，一旦自 A 进入 C，就不能再驶入 A；且一旦自 C 驶入 B，再不能返回 C。给定 n 值，请判断某个车厢编组是否可能。

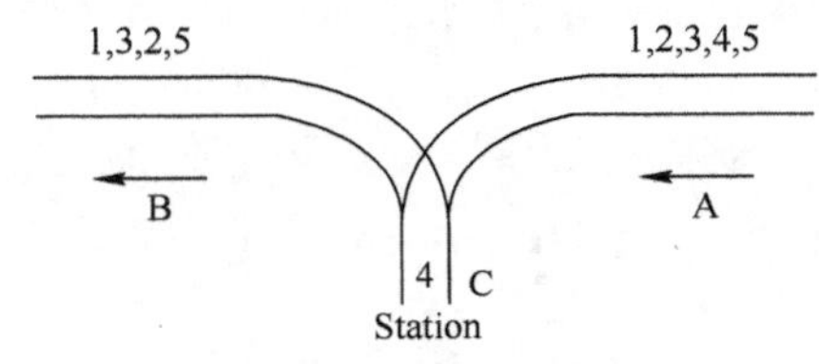

图 2-28　习题 2-5 图

输入：第一行包含一个整数，表示测试样例数目。每组测试样例包含两行：第一行为车厢节数 $n(n<1000)$；第二行为 n 个整数表示车厢编码序列。

输出：每个测试样例对应一行输出，合法编组输出“Yes”，否则输出“No”。

输入样例：

```
2
5
1 2 3 4 5
5
5 4 1 2 3
```

输出样例：

```
Yes
No
```

2-6　移动小球

问题描述：有一排小球，自左至右依次编号为 1、2、3、…、n，可执行两种指令移动小球，lxy 表示将小球 x 移到小球 y 的左边，rxy 表示将小球 x 移到小球 y 的右边，保证 $x \neq y$。输入小球的个数 n，指令的条数 m 和对应的 m 条指令，请输出最后小球的顺序（提示：n 可能高达 500000，m 可能高达 1000000）。

输入：第一行包含一个整数表示测试样例数目。每组测试样例第一行输入整数 n 和 m，然后 m 行分别表示 m 条指令。

输出：最后小球的顺序，每个测试样例对应一行。

输入样例：

```
1
6 2
L 1 4
R 3 5
```

输出样例：

```
2 1 4 5 3 6
```

2-7　表达式求值

问题描述：求出在整型范围内的表达式的值，包含+、-、*、/、(、)和数字。

输入：一个符合四则运算法则的表达式。

输出：表达式的值（保留两位小数）。

输入样例：

```
((1+2)*3)+(3)
1+2*3
15/5+2
```

输出样例：

```
12.00
7.00
5.00
```

2-8　拼写检查

问题描述：设计一个程序检查一个英文段落中拼写错误的单词个数，其中字典是预先定义的，允许忽略大小写的区别。

输入：第一行表示字典集合，单词之间用空格隔开；第二行输入测试段落的数目 m，然后 m 行一次输入待检查的段落。

输出：错误单词的个数，每个测试样例输出一行。

输入样例：

```
tiger dog pig sheep apple pear
2
Dag piG sheep
I love dog
```

输出样例：

```
1
2
```

2-9　求 a 与 b 的和

问题描述：求任意两个实数 a、b 的和。

输入：多组测试数据。每组测试数据占一行，包含实数 a、b，其中 a、b 的数字位数不超过 200 位。

输出：每组测试数据有一行输出是相应的实数和 $a+b$，前导 0 和小数点后末尾的后缀 0 不要输出，如果结果是整数，则小数点不要输出。

输入样例：

```
10000000000000000000000000000000
10000000000000000000000000000000
```

输出样例：

```
20000000000000000000000000000000
```

2-10　云深不知处，只因递归中

问题描述：已知如下递归函数

$$W(a,b,c)=\begin{cases}1,\ a\leqslant 0\ or\ b\leqslant 0 \text{ 或 } c\leqslant 0\\ W(20,20,20),\ \ a>20 \text{ 或} >20 \text{ 或} >20\\ W(a,b,c-1)+W(a,b-1,c-1)-W(a,b-1,c),\ \ a<b \text{ 且 } b<c\\ W(a-1,b,c)+W(a-1,b-1,c)+W(a-1,b,c-1)-W(a-1,b-1,c-1),\ \ \text{其他}\end{cases}$$

任意给定输入参数 a、b、c，求相应的函数值 $W(a,b,c)$。

输入：多组测试数据，每组测试数据包括 3 个整数表示输入参数 a、b、c。

输出：每组测试数据有一行输出相应结果。

输入样例：

```
0 0 0
```

输出样例：

```
1
```

2-11　小球下落

问题描述：有一幅二叉树，最大深度为 d，且所有叶子的深度都相同。所有结点从上到下从左到右编号为 1、2、3、…、2^d-1。在结点 1 有一个小球，它会往下落。每个内结点上都有一个开关，初始全部关闭，当有小球落到每个开关上时，开关都会改变。当小球到这个内结点时，如果该结点上的开关关闭，则小球往左走，否则往右走，直到走到叶子结点，如图 2-29 所示。

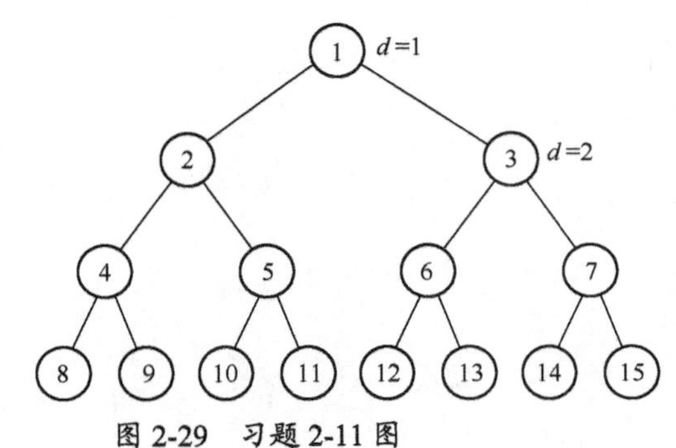

图 2-29　习题 2-11 图

一些小球从结点 1 处依次开始下落，最后一个小球将会落到哪里？

输入：叶子深度 d 和小球个数 n，假设 n 不超过整棵树的叶子个数，$d<20$。

输出：输出第 n 个小球最后所在的叶子编号。

输入样例：

```
4 2
8 128
```

```
16 12345
```

输出样例：

```
12
255
36358
```

2-12　二叉树重建

问题描述：给定一棵二叉树的先序遍历和中序遍历的结点序列，试输出其后续遍历的结点序列。

输入：先序遍历和中序遍历的结点序列，两个序列用空格分隔。

输出：后续遍历的结点序列。

输入样例：

```
DBACEGF ABCDEFG
BCAD CBAD
```

输出样例：

```
ACBFGED
CDAB
```

第3章　枚举算法

学习要点

- 理解枚举算法的基本思想和设计步骤
- 掌握枚举算法的典型应用范例

【引导问题】“水仙花数”是一个神奇的3位数，其各位数字立方和等于该数本身。例如，153就是一个水仙花数，因为$153 = 1^3 + 5^3 + 3^3$。怎样找出所有的“水仙花数”？

对于这个趣味数学问题，人们容易想到的解决方案是：对于100～999之间的每一个数，按照水仙花数的条件逐一进行检验，找到一个就输出一个。这种一一列举每个可能值，然后逐一验证的方法被称为**枚举算法**。

尽管计算机没有思维，不能自主解决问题，只能机械地执行指令，但它运算速度快、存储容量大，很多人类手工求解非常困难的问题，计算机却能用最简单的方法进行准确求解。“大道至简”，枚举算法是最朴素和最简单的一种算法思维。

枚举算法-基本原理

3.1　枚举的基本思想

枚举算法，也被称为穷举算法，就是按照问题本身的性质，一一列举出该问题所有可能的解，并在逐一列举的过程中，检验每个可能解是否是问题的真正解，若是，则采纳它，否则抛弃它。在列举的过程中**既不能遗漏也不能重复**。如果有遗漏，则可能造成算法求解结果不正确；如果重复比较多，则将显著降低算法执行效率。

枚举算法是一种充分利用计算机快速计算能力的求解问题方法，是最基本、最朴素的算法思想。枚举算法具有以下三个突出的特点：

① 解的高准确性和全面性。因为枚举算法会检验问题的每一种可能情况，所以只要时间足够，枚举算法求解的答案肯定是正确的（如最优化问题，枚举算法求解出来的解能保证是最优解），还能方便地求解出问题的所有解。

② 实现简单。枚举算法常常通过循环来逐一列举和验证可能解，若用高级程序设计语言来表达，则枚举算法一般由多重 for 循环语句组成，程序逻辑结构清晰简单。

③ 效率提升空间比较大。枚举算法可直接用于求解规模比较小的问题和问题实例，但是当问题规模比较大时，枚举算法的效率通常比较低，需要进一步优化[1]。这是读者需要注意的地方。

1　其实很多算法都可以认为是对枚举算法的一种优化，如回溯法、分支限界算法等。

枚举算法是计算机问题求解最常用的方法之一，常用来解决那些通过公式推导、规则演绎的方法不能解决的问题，也用于解决一些规模比较小的问题。枚举算法求解问题的过程可以分为以下三步（**“枚举三步”**）：

① **确定枚举对象**。枚举对象是枚举算法的关键要素，一般需要若干参数来描述，每个参数包括自身的物理含义和取值范围等要素，这些参数能表征问题及问题解的本质特征。一般地，这些参数之间需要相互独立，而且，参数数目越少，问题解的枚举空间的维度也相应越小；每个参数的取值范围越小，问题解的搜索空间也越小。本质上，确定和刻画枚举对象的过程就是一个数学建模的过程。

② **逐一列举可能解**。根据枚举对象的参数构造循环，一一列举其表达式的每种取值情况。注意：如果枚举对象的参数个数是动态的（如有向图中的路径），那么逐一列举无法通过循环实现，此时可以考虑用递归技术来列举所有对象。如第 7 章中的深度优先搜索和广度优先搜索本质上都是枚举算法。

③ **逐一验证可能解**。根据问题解的要求，一一验证枚举对象表达式的每个取值，如果满足条件，则采纳它，否则抛弃之。

3.2 模糊数字

问题描述：一张单据上有一个 5 位数的编码，因为保管不善，其百位数字已经变得模糊不清。但是知道这个 5 位数是 57 和 67 的倍数。现在要设计一个算法，输出所有满足这些条件的 5 位数，并统计这样的 5 位数的个数。

输入：每行对应一个测试样例，每行包含 4 个数字，依次是万位数、千位数、十位数和个位数；最后一行包含 4 个-1，表示输入结束。

输出：每组测试样例的结果输出占一行，第一个数字表示满足条件的编码个数，后面按升序输出所有满足条件的编码，数字与数字之间用空格隔开。

输入样例：

```
1 9 9 5
-1 -1 -1 -1
```

输出样例：

```
1 19095
```

1. 问题分析

首先，确定此问题中的枚举对象。在该 5 位数编码中只有百位数模糊不清，显然百位数字只能是 0～9 中的某个数字，共 10 种取值。因此，百位数字作为枚举对象，用参数 h 描述，$h \in \{0,1,2,3,4,5,6,7,8,9\}$。然后，把数字 h 和问题中已知的其他 4 个数字组成完整的 5 位数编码，假设为 v。最后，验证该 5 位数 v 能否同时被 57 和 67 整除，如果可以，则记录数 v。

容易得到，一个 for 循环就可以遍历和验证百位数 h 的所有可能值，并得到问题的解。

2. 算法设计与实现

根据上述分析，本算法可以用一个 for 循环过程实现百位数字的遍历和验证。用

iCount 记录满足条件的 5 位数个数，用数组 iResult 存储满足条件的每个 5 位数，参考代码见程序 3-1。

程序 3-1 模糊数字问题求解程序

```
#include "stdio.h"
int main() {
    int d1, d2, d4, d5, h, iValue=0, iCount = 0;
    int iResult[10];
    scanf("%d%d%d%d", &d5, &d4, &d2, &d1);
    while(d5 !=-1){
        iCount=0;
        for(h=0; h<10; h++){                                    // 枚举对象参数
            iValue=d5*10000+d4*1000+h*100+d2*10+d1;
            if((iValue%57 == 0) && (iValue%67 == 0)){           // 验证
                iResult[iCount] = iValue;
                iCount++;
            }
        }
        printf("%d", iCount);
        for(int i=0; i<iCount; i++) {
            printf(" %d", iResult[i]);
        }
        printf("\r\n");
        scanf("%d%d%d%d", &d5, &d4, &d2, &d1);
    }
    return 0;
}
```

这是一个非常简单的枚举例题，因为枚举对象容易确定和描述，用一个参数即可，而且参数的取值范围非常小。但是并不是所有的情况都这样，下面看一个模糊数字问题的变种。

问题描述：一张单据上有一个 5 位数的编码，因为保管不善，其万位数字和百位数字已经变得模糊不清。但是知道这个 5 位数是 57 和 67 的倍数。现在要设计一个算法，输出所有满足这些条件的 5 位数，并统计这样的 5 位数的个数。

输入：每行对应一个测试样例，每行包含 3 个数字，依次是千位数、十位数和个位数；最后一行包含 3 个-1，表示输入结束。

输出：每组测试样例的结果输出占一行，第一个数字表示满足条件的编码个数，后面按升序输出所有满足条件的编码，数字之间用空格隔开。

输入样例：

```
9 9 5
-1 -1 -1
```

输出样例：

```
1 19095
```

1．问题分析

同样，按照枚举算法的“枚举三步”来分析这个问题。

首先，确定此问题中的枚举对象。在该5位数编码中，万位数字和百位数字都模糊不清，显然这两个目标数字都需要考虑，因此枚举对象需要两个描述参数：万位数字 $h_1 (1 \leqslant h_1 \leqslant 9)$ 和百位数字 $h_2 (0 \leqslant h_2 \leqslant 9)$。注意：$h_1$ 和 h_2 的取值范围不完全一样！整数的最高位不能为零。然后，把数字 h_1 和 h_2 以及其他已知的3个数字组成完整的5位数编码，假设为 v。最后，验证该5位数 v 能否同时被57和67整除，如果可以，则记录数 v，否则抛弃之。

不难发现，此时需要两层嵌套的for循环才能遍历 h_1 和 h_2 的所有可能值。

2. 算法设计与实现

根据上述分析，本算法可以用两层嵌套的 for 循环实现万位数字和百位数字的遍历和验证。用 iCount 来记录满足条件的5位数个数，用数组 iResult 存储满足条件的每个5位数，参考代码见程序3-2。

程序3-2　变种模糊数字问题求解程序

```
#include "stdio.h"
int main() {
    int d1, d2, d4, h1, h2, iValue = 0, iCount = 0;
    int iResult[100];
    scanf("%d%d%d", &d4, &d2, &d1);
    while(d4 != -1) {
        iCount = 0;
        for(h1 = 1; h1 < 10; h1++)  {                      // 枚举对象参数
            for(h2 = 0; h2 < 10; h2++) {                   // 枚举对象参数
                iValue=h1*10000+d4*1000+h2*100+d2*10+d1;
                if((iValue%57 == 0) && (iValue%67 == 0)) {  // 验证
                    iResult[iCount] = iValue;
                    iCount++;
                }
            }
        }
        printf("%d", iCount);
        for(int i = 0; i < iCount; i++) {
            printf(" %d", iResult[i]);
        }
        printf("\r\n");
        scanf("%d%d%d", &d4, &d2, &d1);

    }
    return 0;
}
```

思考：如果模糊不清的是两位连续的数字，如千位数和百位数，怎样求解？

3.3 真假银币

问题描述：张三有12枚银币，其中有11枚真币和1枚假币。假币看起来与真币完全一样，但是它们的重量不一样。遗憾的是，张三不知道假币比真币轻还是重。但是他办公室有一台天平，还有一个聪明的助手。经过精心安排每次的称重，助手保证在称 3 次后确定发现假币。助手想跟张三开一个小小的玩笑，只告诉他每次称重的方案和天平的状态，但是不告诉他哪个是假币，假币比真币轻还是重。请设计一个算法帮张三辨别真假银币。

输入：第一行包含一个正整数，表示测试数据的组数。每组测试数据有 3 行，每行表示一次称重的结果。张三和助手事先把银币标号为 A～L。每次称重的结果用 3 个以空格隔开的字符串表示：天平左边放置的银币标号，天平右边放置的银币标号，以及平衡状态。其中，平衡状态分别用 up、down 和 even 表示，分别表示右端高、右端低和平衡。另外，每次称重天平左右的银币数总是相等的。

输出：每组测试数据的输出占一行，输出假银币的标号，并指明它比真币轻还是重，轻则输出 light，重则输出 heavy。

输入样例：

```
1
ABCD EFGH even
ABCI EFJK up
ABIJ EFGH even
```

输出样例：

```
K light
```

1. 问题分析

在此问题中，助手已经设计了正确的称重方案，即保证从 3 组称重数据中能得到唯一的答案。而且答案包含两个要素：假币的标号，表示为 s；假币比真币轻还是重，表示为 b。于是，枚举对象可以表示为一个二元组 (s,b)，且 $s \in \{A, B, \cdots, L\}$，有 12 个可能值；$b \in \{\text{light}, \text{heavy}, \text{true}\}$，light 表示假币比真币轻，heavy 表示假币比真币重，true 表示银币为真。注意：银币的性质只能是 light、heavy 和 true 中的一种。然后，一一列举每个二元组 (s,b)，共 36 个不同的二元组。依据题意，只有一个二元组 (s,b) 与输入的 3 组称重数据都不矛盾，更具体地说，如果二元组 (s,b) 满足下列条件，则它就是问题的真正解：

- ❖ 在称重结果为 even 的天平两边都没有出现 s。
- ❖ 如果 $b = \text{light}$，则在称量结果为 up 的天平右边肯定出现 s，而在称量结果为 down 的天平左边一定出现 s。
- ❖ 如果 $b = \text{heavy}$，则在称量结果为 up 的天平左边肯定出现 s，而在称量结果为 down 的天平右边一定出现 s。

2. 算法设计与实现

具体实现时需要注意两点：

（1）选择合适的算法

对每个银币 s 逐一验证：

- ❖ s 比真币轻的猜测是否成立？猜测成立，则进行输出。
- ❖ s 比真币重的猜测是否成立？猜测成立则进行输出。
- ❖ 如果上述两种猜测都不成立，则表明 s 是真币，继续验证下一个银币。

(2）选择合适的数据结构

以字符串数组存储每次称量的结果。每次称量时，天平左右两边最多有 6 枚银币，因此，字符串的长度需要为 7，最后 1 位存储字符串的结束符“\0”，便于程序中使用字符串操作函数。实现代码见程序 3-3。

程序 3-3　真假银币问题求解程序

```
#include "stdio.h"
#include "string.h"

char left[3][7],right[3][7],results[3][7];
bool isHeavy(char);
bool isLight(char);
int main() {
    char curChar;
    int n, i;
    scanf("%d",&n);
    while(n > 0) {
        for(i = 0; i < 3; i++)
            scanf("%s%s%s", left[i], right[i], results[i]);
        for(curChar = 'A'; curChar <= 'L'; curChar++) {
            if(isLight(curChar)) {                          // 判断结果为轻
                printf("%c %s\r\n", curChar, "light");
                break;
            }
            if(isHeavy(curChar)) {                          // 判断结果为重
                printf("%c %s\r\n",curChar,"heavy");
                break;
            }
        }
        n--;
    }
    return 0;
}
```

判断当前字符 curChar 为假币，且比真币轻的代码见程序 3-4。

程序 3-4　判断银币为轻

```
bool isLight(char curChar) {
    for(int i = 0; i < 3; i++) {
        switch (results[i][0]) {
            case 'u':  if(strchr(right[i], curChar) == NULL)
                           return false;
            case 'e':  if((strchr(right[i],curChar) !=NULL) || (strchr(left[i],curChar) !=NULL))
                          return false;
            case 'd':  if(strchr(left[i], curChar) == NULL)
                           return false;
        }
    }
```

```
    return true;
}
```

判断当前字符 curChar 为假币，且比真币重的代码见程序 3-5。

程序 3-5　判断银币为重

```
bool isHeavy(char curChar) {
    for(int i = 0; i < 3; i++) {
        switch (results[i][0]) {
            case 'u':  if(strchr(left[i], curChar) == NULL)
                            return false;
            case 'e':  if((strchr(right[i],curChar) !=NULL) || (strchr(left[i],curChar) !=NULL))
                            return false;
            case 'd':  if(strchr(right[i], curChar) == NULL)
                            return false;
        }
    }
    return true;
}
```

3.4　*m* 钱 *n* 鸡

问题描述：我国古代数学家张丘建在《算经》中出了一道题“鸡翁一，值钱五；鸡母一，值钱三；鸡雏三，值钱一。百钱买百鸡，问鸡翁、鸡母、鸡雏各几何？”现在假定各鸡种的价格不变，拥有的钱数为 *m*，需要购买的鸡数为 *n*，试求出所有可能的购买方案总数。

输入：每行对应一个测试样例，每行包含 2 个数字，分别为 *m* 和 *n*；最后一行包含 2 个-1，表示输入结束。

输出：每组测试样例的结果输出占一行，输出可能购买方案总数。

输入样例：

```
100 100
-1 -1
```

输出样例：

```
4
```

1．问题分析

显然，此问题的任何一个购买方案都会包含鸡翁、鸡母、鸡雏的数目，假设分别用 $n1$、$n2$、$n3$ 表示，且 $0 \leqslant n1, n2, n3 \leqslant n$ 于是枚举对象可直接表示为一个三元组 $(n1, n2, n3)$；然后，一一列举每个三元组，并判断表达式 $n1+n2+n3=n$、$5n_1+3n_2+\frac{1}{3}n_3=m$ 是否成立，如果成立，则该三元组是一个可行的购买方案。

2．算法设计与实现

根据上述分析，本算法采用三层嵌套的 for 循环实现，见程序 3-6。

程序 3-6 *m* 钱 *n* 鸡问题求解程序一

```
#include "stdio.h"
int main() {
    int N, M, n1, n2, n3, iCount = 0;
    scanf("%d %d", &N, &M);
    while(N != -1) {
        iCount = 0;
        for(n1 = 0; n1 < N; n1++)
            for(n2 = 0; n2 < N; n2++)
                for(n3 = 0; n3 < N; n3++)                              // 枚举对象三元组
                    if((n1+n2+n3 == N) && (5*n1+3*n2+n3/3.0 == M))  // 验证，是 3.0，不是 3
                        iCount++;
        printf("%d\r\n", iCount);
        scanf("%d%d", &N, &M);
    }
    return 0;
}
```

按照上述思路求解，算法实现需要 3 层嵌套的 for 循环，共 n^3 次验证，算法复杂度为 $O(n^3)$。有兴趣的同学可试验输入 n=m=10000 时，程序 3-6 的执行时间是多少？

如果深入分析这个问题，可以发现鸡翁的价格为 5，显然购买的鸡翁的数目不可能超过 $m/5$；同理，购买的鸡母的数目不可能超过 $m/3$。因此，n_1 和 n_2 的取值范围可以进一步缩小，即 $0 \leqslant n_1 \leqslant m/5, 0 \leqslant n_2 \leqslant m/3$。另外，当 n_1 和 n_2 的值确定以后，n_3 的值就唯一确定，即 $n_3 = n - n_1 - n_2$，而不需枚举其他值。也就是说，n_1、n_2、n_3 不是相互独立的，而是线性相关的。依上所述，可以把 3 层嵌套的 for 循环改进为 2 层嵌套循环，算法复杂度减少为 $O(n^2)$。参考代码见程序 3-7。

程序 3-7 *m* 钱 *n* 鸡问题求解程序二

```
#include "stdio.h"
#include "stdafx.h"
int main() {
    int N, M, n1, n2, n3, iCount = 0;
    scanf("%d %d", &N, &M);
    while(N != -1) {
        iCount = 0;
        for(n1 = 0; n1 <= M/5; n1++) {
            for(n2 = 0; n2 <= M/3; n2++) {                // 枚举对象二元组
                n3 = N - n1 - n2;
                if(5*n1 + 3*n2 + n3/3.0 == M)             // 验证，注意是 3.0，不是 3
                    iCount++;
                }
            }
        }
        printf("%d\r\n", iCount);
        scanf("%d%d", &N, &M);
    }
    return 0;
}
```

3.5 数字配对

问题描述：输入一个长度为 n 的数组 A 和一个正整数 k，从数组中选择两个数，记为 $a[i]$和 $a[j]$，使其和是 k 的倍数。设计一个算法计算有多少种不同选择方法。

假设给定数组元素 $a_1=1$，$a_2=2$，$a_3=2$，(a_1, a_2)和(a_2, a_1)被认为是同一种选法，但是(a_1, a_2)和(a_1, a_3)被认为是不同的选法。

枚举优化-数组配对

输入：

第一行有两个正整数 n 和 k，$n \leqslant 1000000$，$k \leqslant 1000$；第二行有 n 个正整数，每个数的大小不超过 10^9。

输出：

输出符合要求的选择方法数目。

输入样例：

```
5 6
1 2 3 4 5
```

输出样例：

```
2
```

1. 问题分析

根据题意，我们可以直接枚举所有的选择组合。每种符合要求的选择组合可以表示为一个二元组(a_i, a_j)，i 和 j 表示对应元素在数组中的下标，取值范围为 $0<i<n$，$i<j<n$。然后一一列举每个二元组(a_i, a_j)，并且判断$(a_i + a_j)\,\%\,k$ 的结果是否等于 0，如果等于，则增加一个选法，否则抛弃之。

2. 算法设计与实现

根据上述分析，本算法可以用两层嵌套的 for 循环实现，见程序 3-8。

程序 3-8　数字配对问题求解算法一

```
#include<iostream>
#include "string.h"
using namespace std;
#define  LL  long long
int n, k;
int a[1000011];  //全局变量
int main(){
     memset(a,0,sizeof(a));
     cin>>n>>k;
     LL ans=0;
     for(int i=0; i<n; i++)
        cin>>a[i];
     for(int i=0; i<n; i++)
        for(int j=i+1; j<n; j++)
            if ((a[i]+a[j])%k==0)
                ans++;
     cout<<ans<<endl;
```

```
    return 0;
}
```

上述算法思路清晰，实现简便，但是其时间复杂度为 $O(n^2)$。当输入数组规模比较大时，算法执行时间增长会非常快。有没有更加有效的算法呢？

在算法一中，枚举对象是由数组元素构成的二元组，规模比较大。根据同余性质（即 $(a_i + a_j) \% k = 0$ 等价于 $(a_i \% k + a_j \% k) \% k = 0$），我们可以把余数相同的数组元素合并为一个子集，然后**把子集作为枚举对象**。假设子集 $b_t = \{a_i \mid a_i \%k = t\}(0 \leqslant t < k)$，则枚举对象设定为新的二元组 (b_i, b_j)，其中 i 和 j 表示子集对应的余数，取值范围为 $0 \leqslant i, j < k$。然后一一列举每个二元组 (b_i, b_j)，并且判断 $(i+j) \% k$ 的结果是否等于 0，如果相等，则增加的选法数为 $|b_i| \times |b_j|$（$|\cdot|$ 表示集合中元素的个数），否则抛弃之。有两种情况需要特殊考虑：$t=0$ 或 $t=k/2$ 时，(b_t, b_t) 可以构造合适的二元组，其数目为 $|b_t| \times (|b_t|-1)/2$。

根据上面的分析，我们可以得到优化后的算法，参考代码见程序 3-9。

程序 3-9　数字配对问题求解算法二

```
#include<iostream>
#include "string.h"
using namespace std;
#define        LL        long long
int n, k;
int a[1000011];                                  // 全局变量

void main() {
    memset(a, 0, sizeof(a));
    cin>>n>>k;
    for(int i=0; i < n; i++) {
        int t;
        cin>>t;
        a[t%k]++; //复用数组 a
    }
    work();
}
void work() {
    LL ans = 0;
    for(int i = 0; i < k; i++) {
        int j = (k-i)%k;
        if(j < i)
            break;
        else if(j == i)
            ans += 1LL*a[i]*(a[i]-1)/2;
        else
            ans += 1LL*a[i]*a[j];
    }
    cout<<ans<<endl;
}
```

算法二的时间复杂度为 $O(n)$，主要的时间开销在于把输入数组中的元素归并到相应同余子集中，枚举同余子集 (b_i, b_j) 的时间开销为 $O(k)$，一般 k 的值非常小。

3.6 绳子切割

问题描述：有 $n(n \leqslant 1000)$ 条绳子，它们的长度分别为 l_i（$l_i \leqslant 1000000000000$）。如果从它们中切割出 k（$k \leqslant 1000000$）条长度相同的绳子，那么这 k 条绳子每条最长能有多长？答案保留到小数点后 2 位。

输入：包括 2 行，第一行输入 n 和 k，第二行分别输入 n 条绳子的长度。

输出：切割出的绳子的最大长度值。

输入样例：

```
4 11
8.02 7.43 4.57 5.39
```

输出样例：

```
2.00
```

提示：每条绳子分别可以得到 4 条、3 条、2 条、2 条，共 11 条。

1. 问题分析

根据题意，我们可以直接把切割出的绳子的长度 l 作为枚举对象，其取值范围为 $0.00 \leqslant l \leqslant 1000000000000.00$。然后以 0.01 为步长从大到小一一列举每个值，如果满足 $\sum_{i=1}^{n} \lfloor l_i / l \rfloor \geqslant k$，则当前值是答案，否则继续列举并验证。

2. 算法设计与实现

根据上述分析，本算法可以用一层循环实现，见程序 3-10。

程序 3-10　绳子切割问题求解算法一

```
#include<iostream>
#include<iomanip>
using namespace std;

int  n, k;
double l[1000011];
int main() {
    cin>>n>>k;
    for (int i=0; i < n; i++)
        cin>>l[i];
    for (double L = 1000000000000; L >= 0; L -= 0.01) {
        double sum=0;
        for (int i=0; i < n; i++)
            sum += ll(l[i]/L);
        if (sum >= k) {
            cout<<fixed<<setprecision(2);
            cout<<L<<endl;
```

```
                break;
            }
        }
        return 0;
    }
```

上述算法的时间复杂度为线性的，但是执行效率取决于最长的绳子的长度。有没有更优的算法呢？

算法一使用的是朴素的枚举方法，也就是按照给定步长一一列举所有可能的长度值 l。但是我们可以优化列举的过程，改善算法的时间复杂度。根据题意，枚举对象的下界 $l_d = 0.00$，上界 $l_u = 1000000000000.00$，其中值可表示为 $\text{mid} = (l_d + l_u)/2$。我们先验证 mid，如果满足 $\sum_{i=1}^{n} \lfloor l_i / \text{mid} \rfloor \geqslant k$，则可以切割出 k 条长度等于 mid 的绳子，则比 mid 小的值肯定也满足切割要求，但不是最优解，因此不用考虑，即 l 的下界更新为 $l_d = \text{mid}$；否则，不能切割出 k 条长度等于 mid 的绳子，则比 mid 大的值肯定也不满足，因此 l 的上界更新为 $l_u = \text{mid} - 0.01$。这个过程可以以此类推，直到 $l_d = l_u$，则算法终止。这种优化的枚举算法称之为二分法。

根据上面的分析，我们可以得到优化后的算法，参考代码见程序 3-11。

程序 3-11　绳子切割问题求解算法二

```
#include<iostream>
#include<iomanip>
using namespace std;

int n, k;
double l[1000011];
int main() {
    cin>>n>>k;
    for (int i=0; i < n; i++)
        cin>>l[i];
    double ld=0;
    double lu=1000000000000;
    while (lu - ld >0.01) {
        double mid = (ld+lu) / 2;
        double sum=0;
        for (int i=0; i < n; i++)
            sum += LL(l[i] / mid);
        if (sum < k)
            lu = mid;
        else
            ld = mid;
    }
    cout<<fixed<<setprecision(2);
    cout<<ld<<endl;
    return 0;
}
```

一般地，能用二分法求解的问题可以归纳为以下 2 类问题原型：

①“求满足某个条件 $C(x)$的**最小 x**”，其中 $C(x)$满足：如果任意 x 满足 $C(x)$，则所有的 $x' \geqslant x$ 也满足 $C(x')$。

②“求满足某个条件 $C(x)$的**最大 x**”，其中 $C(x)$满足：如果任意 x 满足 $C(x)$，则所有的 $x' \leqslant x$ 也满足 $C(x')$。

3.7 石头距离

问题描述：有一条河，河中间有一些石头，石头的数量和相邻两颗石头之间的距离已知。现在可以移除一些石头，假设最多可以移除 m 颗石头（注意：首尾两颗石头不可以移除，且假定所有的石头都处于同一条直线），问最多移除 m 颗石头后，相邻两颗石头之间的**最小距离的最大值**是多少？

输入：多组输入（不超过 20 组数据，读入以 EOF 结尾），每组第一行输入两个数字：$n(2 \leqslant n \leqslant 30)$为石头的个数，$m(0 \leqslant m \leqslant n-2)$为可移除的石头数目。随后 n-1 个正整数表示顺序相邻两块石头的距离 $d(d \leqslant 1000)$。

输出：每组输出一行结果，表示最大值。

输入样例：

```
5 2
4 1 3 2
```

输出样例：

```
5
```

提示：此时移走第 2 颗和第 4 颗石头。

1．问题分析

根据题意，移除的石头排列$(S_1, S_2, \cdots, S_{m-1}, S_m)$设定为枚举对象，其中，$S_1 \in \{2, \cdots, n-1\}$，$S_i \in \{S_{i-1}, +1, \cdots, n-1\}$ $(1 < i \leqslant m)$。但是参数 m 是动态的，列举枚举对象不太方便。我们也可以设计不同的模型来表示枚举对象，即 n-2 维 0-1 向量 $b_2, \cdots, b_{n-1}$，其中 $b_i \in \{0,1\}$ $(2 \leqslant i \leqslant n-1)$表示第 i 块石头的状态，1 表示移除，0 则表示保留。此模型可以用递归方法来枚举，见程序 3-12。

程序 3-12　石头距离问题求解算法一

```
#include<iostream>
#include<iomanip>
#include<algorithm>
using namespace std;
#define        LL   long long

int n, m;
int p[1011];
int main() {
```

```
    cin>>n>>m;
    int nowpos=p[0]=0;
    for (int i=1; i<n; i++) {
        int t;
        cin>>t;
        nowpos+=t;
        p[i]=nowpos;
    }
    int maxans=0;
    for (int s=0; s<(1<<n); s++) {             // 此处 n 必须小于 31，否则会超出 int 范围
        int removeNum=0;
        for (int i=0; i<n; i++)
            if ((s>>i) & 1)
                removeNum++;
        if (removeNum != m)
            continue;
        int lastPos=-1;
        int minDis=1e9;
        for (int i=0; i<n; i++) {
            if ((s>>i) & 1)
                continue;
            if (lastPos != -1)
                minDis = min(minDis, p[i] - lastPos);
            lastPos=p[i];
        }
        maxans = max(maxans, minDis);
    }
    cout<<maxans<<endl;
    return 0;
}
```

算法一本质上枚举了所有的 $n-2$ 维 0-1 向量，共 2^{n-2} 个，因此该算法的时间复杂度是指数级别。

这个问题还可以应用二分法直接枚举最小距离。首先，这个问题可以表述为以下模型：求满足条件 $C(d)$ 的最大值 d，其中 $C(d)$:= 最多移除 m 块石头后**最近**两块石头的距离不小于 d。为了求解方便，我们可以把条件 $C(d)$进一步简化，即得到新模型：求满足条件 $C(d)$ 的最大值 d，其中 $C(d)$:= 最多移除 m 块石头后任意相邻两块石头的距离不小于 d。显然，条件 $C(d)$满足单调性，即如果任意 x 满足 $C(x)$，则所有的 $x' \leqslant x$ 也满足 $C(x')$。因此，此问题可以采用二分法快速枚举距离 d。

2．算法设计与实现

首先，设计一个判定算法 $C(d)$，判定最多移除 m 块石头后任意相邻两块石头的距离大于 d。应用贪心思想，$C(d)$的判定程序可以实现如下。

程序 3-13　$C(d)$的判定算法

```
int Validate(int d) {
```

```
    int k = m;                                      // 可以移除的石头数目
    int st = 1;                                     // 表示最初的石头
    for(int en = 2; en <= n;;) {                    // 表示结尾的石头
        int disCur = dis[en] - dis[st];             // st 与 en 石头的间距
        while(disCur < d) {                         // 此时可以移除第 en 个石头
            k--;                                    // 移除当前石头
            en++;                                   // 考虑下一个石头
            if (k < 0)
                return 0;                           // 移除石头大于 m
            if (en > n) {                           // 特殊情况
                if (st == 1)                        // 第 1 块与第 n 块石头间的距离小于 d
                    return 0;
                else
                    return 1;                       // 可以把 st 移除与前一个区间合并满足条件
            }
            disCur = dis[en] - dis[st];
        }
        st=en;                                      // 更新起点
        en++;
    }
    return 1;
}
```

显然，算法 Validate 的时间复杂度是线性的，为 $O(n)$。基于此判定算法，我们应用二分法思想快速枚举最小距离，见程序 3-14。

程序 3-14　石头距离问题求解算法二

```
int a[1005], dis[1005]={0};
int n, m;
int main(){
    while(~scanf("%d%d", &n, &m)){
        for(int i=2; i <= n; i++) {          // a[i]表示石头 i-1 到 i 的间距，下标从 1 开始
            scanf("%d", &a[i]);
            dis[i] = a[i] + dis[i-1];         // sum[i]表示石头 1 到 i 的间距
        }
        int lb = 0, ub = 1000*1000+5;         // 距离上界
        while(lb<ub) {
            int mid = (lb+ub) / 2;
            if(Validate(mid))
                lb = mid+1;                   // 更新下界
            else
                ub = mid-1;                   // 更新上界
        }
        printf("%d\n", lb);
    }
    return 0;
}
```

在上述二分枚举方法中，函数 Validate()的时间复杂度为 $O(n)$，其调用的次数为 $\log_2 L$，其中 L 是一个常数，表示可能的最大距离。综合起来，二分枚举算法的时间复杂度为多项式级别，远远优于算法一。

在上述例子中，枚举对象相对比较简单，可以用循环列举所有的对象。需要特别指出的是，并不是所有的枚举算法都能用循环实现。第 7 章介绍的搜索技术本质上是一种带优化的枚举策略，其枚举过程用深度优先搜索和广度优先搜索等方法实现。

习 题 3

3-1　模糊数字

问题描述：一张单据上有一个 8 位数的编码，因为保管不善，只有第 7、3、2 位数字清楚。但是知道这个 8 位数是 57 和 67 的倍数。现在要设计一个算法，求出所有满足这些条件的 8 位数的个数。

输入：每行对应一组测试样例，每行包含 3 个数字，依次是第 7、3、2 位数字；最后一行包含 3 个 0，表示输入结束。

输出：满足条件的 8 位数的个数，每组测试数据输出占一行。

输入样例：

```
9 9 5
0 0
```

输出样例：

```
24
```

3-2　完美立方

问题描述：$a^3=b^3+c^3+d^3$ 为完美立方等式，如 $12^3=6^3+8^3+10^3$。编写一个程序，对任给定正整数 N（$N\leqslant 100$），寻找所有的四元组 (a,b,c,d)，使得 $a^3=b^3+c^3+d^3$，其中 $1<a,b,c,d\leqslant N$。

输入：每行对应一个测试数据，包含一个正整数 N（$N\leqslant 100$）；最后一行包含一个 0，表示输入结束。

输出：满足完美立方等式的四元组数目，每组测试数据输出占一行。

输入样例：

```
24
0
```

输出样例：

```
7
```

3-3　整数近似

问题描述：Forth 语言不支持浮点运算，它的作者 Chuck Moore 认为浮点运算太慢，而且在很多情况下能用两个整数的商来代替。如在计算半径为 R 的圆面积时，他建议用公式 $R\times R\times 355/113$ 代替，而且计算结果精确度还比较高。$355/113\approx 3.141593$，它与圆周率π的绝对误差不超过 2×10^{-7}。任意给定一个浮点数 A 和整数 L，请设计算法求出两个正整数 N 和 D（$1\leqslant N,D\leqslant L$），使得绝对误差 $|A-N/D|$ 最小。

输入：每行对应一组测试数据，每行包含浮点数 A（$0.1 \leqslant A < 10$）和整数 L（$1 \leqslant L \leqslant 100000$）。

输出：正整数 N 和 D，用空格隔开，每组测试数据输出占一行。

输入样例：

```
3.14159265358979 10000
```

输出样例：

```
355 113
```

3-4 字符串位置

问题描述：给出一个很长的数字串 S：1234567891011121314…，它由所有的自然数从小到大依次排列得到。任意给出一个数字串 S_1（其长度不大于 4），求出 S_1 在 S 中第一次出现的位置。

输入：每行对应一个测试样例，输入字符串 S_1。

输出：该字符串出现的第一个位置，每组测试样例输出一行。

输入样例：

```
101
2132
```

输出样例：

```
10
529
```

3-5 方程求解

问题描述：形如 $ax^3+bx^2+cx+d=0$ 的一个一元三次方程。给出该方程中各项的系数（a，b，c，d 均为实数），并约定该方程存在 3 个不同实根（根的范围为-100～100），且根与根之差的绝对值大于或等于 1。要求由小到大依次在同一行输出这 3 个实根（根与根之间留有空格），并精确到小数点后 2 位。

提示：方程 $f(x)=0$，若存在 2 个数 x_1 和 x_2，且 $x_1 < x_2$，$f(x_1) \times f(x_2) < 0$，则在 (x_1, x_2) 之间一定有一个根。

输入：每行对应一组测试样例，输入系数 a、b、c 和 d。

输出：由小到大依次输出 3 个实根，用空格隔开，每组测试样例输出一行。

输入样例：

```
-1 6 -11 6
```

输出样例：

```
1.00 2.00 3.00
```

3-6 除法问题

问题描述：输入正整数 n，按从小到大的顺序输出所有形如 $abcde/fghij=n$ 的表达式，其中 a～j 恰好为数字 0～9 的一个排列，$2 \leqslant n \leqslant 79$。

输入：正整数 n。

输出：所有满足要求的表达式，每个表达式占一行。

输入样例：

```
62
```

输出样例：

```
79546/01283=62
94736/01528=62
```

3-7　分数拆分

问题描述：输入正整数 k，找到所有的正整数 $x \geqslant y$，使得 $\frac{1}{k}=\frac{1}{x}+\frac{1}{y}$。

输入：正整数 k。

输出：所有满足要求的表达式，每个表达式占一行。

输入样例：

```
2
```

输出样例：

```
1/2=1/6+1/3
1/2=1/4+1/4
```

3-8　玻璃球的移动

问题描述：有 3 个桶用来装回收的玻璃瓶，玻璃瓶的颜色有三种：棕色（Brown）、绿色（Green）、透明色（Clear）。已知每个桶中的玻璃瓶的颜色及数量，现在要搬移桶子里的玻璃瓶，使得最后每个桶中都只有单一颜色的玻璃瓶，以方便回收。任务是算出最少搬移的瓶子数。假设每个桶子的容量无限大，并且总共搬移的瓶子数不会超过 2^{31}。

输入：每个输入样例占一行，每行有 9 个整数：前 3 个代表第 1 个桶中棕色、绿色、透明色的瓶子数。接下来的 3 个数代表第 2 个中棕色、绿色、透明色的瓶子数。最后的 3 少数代表第 3 个桶中棕色、绿色、透明色的瓶子数。

例如，10 15 20 30 12 8 15 8 31 表示有 20 个 Clear 色的玻璃瓶在第 1 个桶中，12 个 Green 色的玻璃瓶在第 2 个桶中，15 个 Brown 色的玻璃瓶在第 3 个桶中。

输出：对每个测试样例，输出 3 个桶中最后存放之玻璃瓶颜色，以及最小搬移的瓶子数。以 G、B、C 分别代表绿色（Green）、棕色（Brown）、透明色（Clear）。

例如，BCG30 代表最后搬移的结果是第 1 个桶中的玻璃瓶颜色为 Brown，第 2 个桶中的玻璃瓶颜色为 Clear，第 3 个桶中的玻璃瓶颜色为 Green，并且总共搬移了 30 个玻璃瓶。

如果最小搬移瓶子数有一组以上的组合，请输出字典顺序最小的那组答案。

输入样例：

```
1 2 3 4 5 6 7 8 9
5 10 5 20 10 5 10 20 10
```

输出样例：

```
BCG30
CBG50
```

3-9　素数环

问题描述：输入正整数 n，把整数 $1,2,3,\cdots,n$ 组成一个环，使得相邻两个整数之和均为素数；输出时从整数 1 开始逆时针排列；同一个环应恰好输出一次。

输入：正整数 n，n<17。

输出：整数环序列，从 1 开始逆时针排列。

输入样例：

```
6
```

输出样例：

```
1 4 3 2 5 6
1 6 5 2 3 4
```

3-10　有障碍物的 n 皇后问题

问题描述：相信 n 皇后问题对每个研究递归的人来讲都不陌生，这个问题是在一个 $n×n$ 大小的棋盘上摆 n 个皇后，让它们不会互相攻击到。为了让这个问题更难，我们设计了一些障碍物在棋盘上，这些点上不能放皇后，但是这些障碍物并不会防止皇后被攻击。

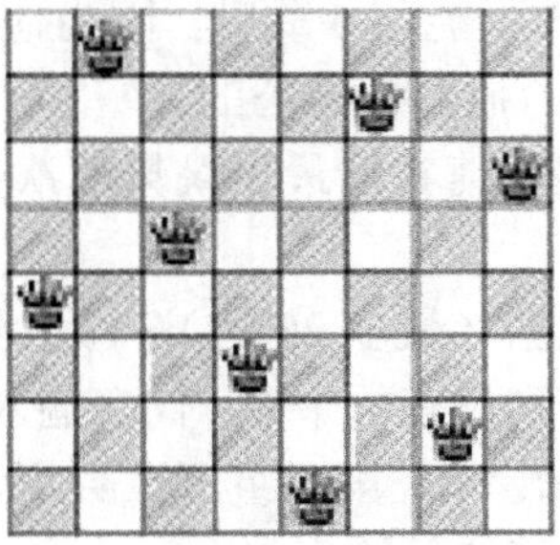

在传统的 8 皇后问题中，旋转与映射被视为不同解法，因此我们有 92 种可能的方式来放置皇后。

输入：输入的数据最多包含 10 个测试样例，每个测试样例的第一行会有一个整数 n（$3<n<15$）；接下来的 n 行代表棋盘数据，'.'代表空的盘格，'*'代表放有障碍物的盘格；0 代表输入结束。

输出：对每个测试样例，输出这是第几个 case 以及这个 case 有几种可能的放置方式。

输入样例：

```
8
........
........
........
........
........
........
........
........
4
.*..
....
....
....
0
```

输出样例：

```
Case 1: 92
Case 2: 1
```

3-11　跳舞的数字

问题描述：数字喜欢跳舞。有一天，1、2、3、4、5、6、7和8排成一列要来跳舞。每次一个"公"数字可以邀请"母"数字和他跳舞，或者一个"母"数字可以邀请"公"数字和她跳舞，前提是他们的和必须是质数。在每次跳舞前，仅有一个数字来到他想要邀请的对象的左边或右边。

为了简便说明，我们定义一个数字"公"或"母"是根据正负来表示。例如，4代表公的，−7代表母的。假设原来数字的排列为{1, 2, 4, 5, 6, −7, −3, 8}。假如−3想要和4跳舞，她可以来到4的左边，变成{1, 2, −3, 4, 5, 6, −7, 8}。或者她可以来到4的右边，变成{1, 2, 4, −3, 5, 6, −7, 8}。注意：−3不能和5跳舞，因为他们的和（不管正负号）3+5=8不是质数。2也不能和5跳舞，因为他们都是公的。

给出数字一开始排列的顺序，请找出最小跳舞的次数，使得最后排列的顺序是递增的（不管正负号）。

输入：输入含有多组测试数据（最多20组）；每组测试数据一列，含有绝对值1～8这8个整数的某种排列；最后一列仅有一个0，代表输入结束。

输出：对每组测试数据，输出这是第几组测试数据，以及最小跳舞的次数，使得最后排列的顺序是递增的。假如不可能，输出−1。

输入样例：

```
1 2 4 5 6 -7 -3 8
1 2 3 4 5 6 7 8
1 2 3 5 -4 6 7 8
1 2 3 5 4 6 7 8
2 -8 -4 5 6 7 3 -1
0
```

输出样例：

```
Case 1: 1
Case 2: 0
Case 3: 1
Case 4: -1
Case 5: 3
```

3-12　KTV的组合

问题描述：最近有一首三人合唱的歌很流行，你与朋友共9个人一同到KTV欢唱，一人只能唱一次，也就是将9个人分成3组，一组3人，每人刚好都被分派到一个组别。

但是有些人并不喜欢与另一些人搭档，而有些组合的效果并不好听，所以我们对所有可能的三人组合打分数，请找出9人最高的分组分数总和。

输入：输入最多有1000组测试数据，每组数据的第一行有一个整数$n(0<n<81)$表示所有可能的组合总数，接下来有n行，每行有4个整数表示一种组合，4个整数分别为a, b, c, s（$1\leqslant a<b<c\leqslant 9, 0<s<10000$），表示$(a, b, c)$这三人的组合的分数为$s$。$n$=0表示测试结束。

输出：请对每组测试数据输出其数据编号及最高的分数，若不存在任意一组可能的组合，则输出−1。

输入样例：

```
3
1 2 3 1
4 5 6 2
7 8 9 3
4
1 2 3 1
1 4 5 2
1 6 7 3
1 8 9 4
0
```

输出样例：

```
Case 1: 6
Case 2: -1
```

第 4 章　递归与分治

学习要点

- 理解递归方程和递归函数的三个基本要素
- 掌握分治策略的基本原理和分治算法实现的关键步骤
- 掌握分治策略中的两种典型划分策略及其典型范例
  - ➢ 黑盒划分策略：合并排序，逆序对问题
  - ➢ 白盒划分策略：快速排序，最接近点对
- 理解减治策略的原理和典型范例

【引导问题】 有一座 n 级石阶的高山，登山者每次可以踏上 1 级石阶、2 级石阶或者 3 级石阶，登山者总共有多少种不同的登山方案 $T(n)$？

当 n 很小时，我们容易计算登山方案的数目，如 n=1 时有 1 种方案，n=2 时有 2 种方案，n=3 时有 4 种方案。但是当 n 很大（$n = 10000$）时，计算登山方案就不再是一件容易的事情，此时我们可以采用分治策略进行求解。

有道是“凡治众如治寡，分数是也”[1]，这反映了一种广泛使用的策略：将一个难以直接解决的大问题，分解成一些规模较小的相同问题，以便分而治之，各个击破。在日常生活中，人们也常常应用类似的策略来处理问题。比如，搬家时为了把一个庞大的组合柜从旧房转移到新房，人们往往先把大组合柜拆成若干小的单元，再转移每个小单元，最后在新房里把所有小单元拼装成大组合柜。在计算机问题求解中，可以采用类似的策略来设计求解程序，即先把原问题分割成 k（$1 < k \leqslant n$）个子问题，再分别求解这些子问题，最后合并这些子问题的解，得到原问题的解。这就是本章介绍的算法原理——**分治策略**。

分治并不是一个特定的算法，而是一种普适的问题求解策略。这种思想来源于人们偏好处理简单的事情，因为简单的事情比复杂的事情容易处理。另外，现实世界的事物也是由简单的事物构成的，如将物质不断分解，发现其最后的构成是一样的。

与分治策略不可分割的一个概念是递归。没有递归，分治就无从落地；递归是分治策略的一种表达形式和实现方式。从某种程度上说，分治与递归互为因果。

4.1　递归程序

用函数自身给出定义的函数称为**递归函数**，直接或者间接地调用自身的程序称为**递**

1　出自《孙子兵法·兵势》篇。

归程序。

从数学角度分析，一个递归函数包括两个基本要素。

❖ 递归边界，也就是函数的初始值，每个递归函数都必须具备非递归定义的初始值，否则递归函数无法计算。

❖ 递归关系式，用较小自变量的函数值来表示较大自变量的函数值，它是递归求解的依据，体现分治策略的核心要素。

同样，一个递归程序也包含类似的两部分。

❖ **边界处理部分**：递归出口，决定何时结束递归调用。

❖ **递归调用部分**：实现递归方程或递归操作过程。

递归是算法和程序设计中的一种重要技术。本质上，递归程序就是通过函数或过程的递归调用，从而将规模较大的问题转化为本质相同但规模较小的子问题。递归方法具有易于描述和理解、证明简单等优点。有些数据结构，如二叉树，由于其本身固有的递归特性，特别适合用递归的形式来描述和实现。另一些问题虽然其本身并没有明显的递归结构，但是用递归算法来求解，设计出的算法简捷易懂且易于分析。下面看几个例子。

【例 4-1】 阶乘计算

从键盘输入正整数 N（$0 \leqslant n \leqslant 20$），输出 $N!$。

1．问题分析

$N!$ 的计算是一个典型的递归问题。当 $N \geqslant 1$ 时，$N! = N \times (N-1)!$，这就是一种递归关系。对于特定的 $N!$，它只与 N 和 $(N-1)!$ 有关。在上述递归关系式中，任意 $N!$ 的求解都将归结到 $0!$，递归边界就是 $N=0$，即 $0!=1$。把两个要素合起来就得到完整的递归函数，描述如下：

$$N! = \begin{cases} 1, & N = 0 \\ N(N-1)!, & N > 0 \end{cases}$$

2．算法设计与实现

上述递归函数的代码实现如程序 4-1 所示。

程序 4-1 阶乘计算

```
int factorial(int n) {
    if(n == 0)
        return 1;                       // 递归边界
    return n* factorial(n-1);
}
```

【例 4-2】 Fibonacci 数列

意大利数学家 Fibonacci 在 1202 年写成的《计算之书》中提出这样一个有趣的问题：每对兔子每个月不多不少恰好能生一对（一雌一雄）新兔子，而且每对新生兔出生两个月后就成熟并繁殖兔子，同时假定所有的兔子都不会死亡。假设现在有初生的小兔一对，试问第 12 个月后共有多少对兔子？

1．问题分析

第 1 个月和第 2 个月的兔子对数都为 1，在第 3 个月时，第 1 个月的兔子对新生了一对兔子，因此总数为 2。

现在分析第 n 个月的兔子，它们按兔子的成熟属性可以分为两类：成熟兔子对和新生兔子对。成熟兔子对的数目刚好等于第 $n-1$ 个月的兔子对数，新生兔子对数等于第 $n-2$ 个月的兔子对数。第 n 个月的兔子对数记为 $F(n)$，则可以得到递归关系式 $F(n)=F(n-1)+F(n-2)$。其递归边界是第 1 个月和第 2 个月的兔子对数，即 $F(1)=1$，$F(2)=1$。因此，可以得到如下递归函数：

$$F(n)=\begin{cases}1, & n=1,2\\ F(n-1)+F(n-2), & n>2\end{cases}$$

2．算法设计与实现

在 n 不是很大的情况下，上述递归函数可以用如下程序实现。

程序 4-2　Fibonacci 数列计算

```
long Fib(int n) {
    if(n <= 2)
        return 1;
    return Fib(n-1)+Fib(n-2);
}
```

注意：Fibonacci 数列的增长速度是非常快的，当 n 比较大的时候，$F(n)$ 的值会变得非常大，甚至超出 long 数据类型的数据范围。

【例 4-3】 Stirling 数

问题描述： n 个元素的集合 $\{1,2,\cdots,n\}$ 可以划分为若干非空子集的集合。例如，当 n=3 时，集合 $\{1,2,3\}$ 可以划分为 5 个不同的非空子集的集合：

```
{ {1}, {2}, {3} }
{ {1, 2}, {3} }
{ {1, 3}, {2} }
{ {2, 3}, {1} }
{ {1, 2, 3} }
```

给定正整数 n 和 m，计算出 n 个元素的集合 $\{1,2,\cdots,n\}$ 可以划分为多少个不同的由 m 个非空子集构成的集合。比如，上例中含有 1 个子集的集合有 1 个，2 个子集的集合有 3 个，3 个子集的集合有 1 个。

输入： 每行对应一个测试用例；每行包含两个正整数，分别是 n 和 m；最后一行包含两个-1，表示输入结束。

输出： 每组测试数据的结果输出占一行，输出每个测试用例的集合划分的数目。

样例输入：

```
3 2
-1 -1
```

样例输出：

```
3
```

1．问题分析

假定有 $S(n,m)$ 种不同方法把 n 个元素的集合划分成 m 个非空子集。$S(n,m)$ 种划分方法可以分为以下 2 类。

① 先把 n-1 个元素的集合划分成 m 个非空子集，按定义其划分数目为 $S(n-1,m)$，再将剩下的一个元素插入到 m 个子集中的任意一个，最后把这两步合起来，则可构成 n 个元素集合的 m 划分，共 $m \times S(n-1,m)$ 种划分。

② 先把 n-1 个元素的集合划分成 m-1 个子集，再将剩下的一个元素作为一个独立子集。显然，这两步合起来也可以构成有 n 个元素集合的 m 划分，共 $S(n-1,m-1)$ 种划分。

综合起来，可得到递归关系式：$S(n,m)=m \times S(n-1,m)+S(n-1,m-1)$。其递归边界也不难推导。当 $m=0$ 或者 $m>n$ 时，有 0 种划分；当 $m=1$ 或者 $m=n$ 时，有 1 种划分。

于是，我们可以得到如下递归函数：

$$S(n,m)=\begin{cases}0, & m=0 \text{或} m>n \\ 1, & m=1 \text{或} m=n \\ m \times S(n-1,m)+S(n-1,m-1), & 0<m<n\end{cases}$$

2. 算法设计与实现

上述递归函数可以简单地用如下递归程序实现，输入/输出的主程序请读者自己完成。

程序 4-3　Stirling 数计算

```
long Stirling(int n, int m){
    if((m == n) || (m == 1))
        return 1;
    if((m > n) || (m == 0))
        return 0;
    return m * Stirling (n-1, m) + Stirling (n-1, m-1);
}
```

【例 4-4】 正整数划分问题

问题描述：将正整数 n 表示成一系列正整数之和 $n=n_1+n_2+\cdots+n_k$，其中 $n_1 \geqslant n_2 \geqslant \cdots \geqslant n_k \geqslant 1$（$k \geqslant 1$）。正整数 n 的这种表示称为正整数 n 的划分。试求正整数 n 的不同划分个数。例如正整数 6 有如下 11 种不同的划分：

```
6
5+1
4+2，4+1+1
3+3，3+2+1，3+1+1+1
2+2+2，2+2+1+1，2+1+1+1+1
1+1+1+1+1+1
```

输入：每行对应一个测试用例；每行包含一个正整数 n；最后一行包含-1，表示输入结束。

输出：每组测试数据的结果输出占一行，输出每个测试用例的整数划分的数目。

样例输入：

```
6
-1
```

样例输出：

```
11
```

1. 问题分析

前面的几个例子中，问题本身都具有比较明显的递归关系，因而容易用递归函数直接求解。在本例中，如果设 $R(n)$ 为正整数 n 的划分数，则难以找到递归关系。考虑增加一个自变量：将最大加数 n_1 不大于 m 的划分个数记为 $C(n,m)$。$C(n,m)$ 中的划分可以分为 2 类：最大加数 $n_1 = m$ 的划分（此时已有一个加数为 m）和最大加数 $n_1 \leqslant m-1$ 的划分。前者的划分数目等于 $C(n-m,m)$，后者的划分数目等于 $C(n,m-1)$。易得递归关系式为

$$C(n,m) = C(n-m,m) + C(n,m-1)$$

另外，递归边界定义如下：$C(n,1)=1$，$C(1,m)=1$，当 $m>n$ 时，$C(n,m)=C(n,n)$。

综合上述分析，可以建立 $C(n,m)$ 的如下递归关系：

$$C(n,m)=\begin{cases}1, & m=1\text{或}n=1\\ C(n,n), & m>n\\ C(n-m,m)+C(n,m-1), & 1<m\leqslant n\end{cases}$$

正整数 n 的划分数 $R(n)=C(n,n)$。

2. 算法设计与实现

上述递归函数可以简单地用如下递归程序实现，输入/输出的主程序请读者自己完成。

程序 4-4　整数划分的递归程序

```
long C(int n, int m){
    if((n == 1) || (m == 1))                          // 边界条件
        return 1;
    if(n < m)
        return C(n, n);                               // 特殊情形
    if(n == m)
        return 1+C(n, n-1);
    return C(n, m-1)+C(n-m, m);
}
```

4.2 分治法的基本原理

分治策略-基本原理

分治法的基本思想是，先将一个规模为 n 的大问题分解为 k 个规模较小的子问题，这些子问题相互独立而且与原问题性质相同，再递归地求解这些子问题，最后将各子问题的解合并得到原问题的解。分治法的程序框架如程序 4-5 所示。

程序 4-5　分治法的程序框架（伪代码）

```
divide-and-conquer(P) {
    if (|P| <= n0)
        adhoc(P);                                            // 递归出口，用特定程序解决小规模的子问题
    divide P into smaller subinstances P1, P2, …, Pk;       // 分解出子问题
    for (i=1; i<=k; i++)
        yi=divide-and-conquer(Pi);                           // 递归求解各子问题
    return merge(y1,...,yk);                                 // 将各子问题的解合并为原问题的解
```

```
}
```

第 1 行语句中，$|P|$表示问题 P 的规模，n_0 是一个预先定义的阈值，表示当问题 P 的规模不超过 n_0 时，问题已容易求解，不必继续分解和递归调用。adhoc(P)是分治法中的子程序，一般是一个常数时间复杂度的子函数或者子过程，用于直接求解小规模的子问题。具体地说，当 P 的规模不超过 n_0 时，直接调用子程序 adhoc(P)。算法 merge($y_1, y_2, \cdots, y_k$)是合并子程序，用于将 P 的子问题 $P_1, P_2, \cdots, P_k$ 的解 $y_1, y_2, \cdots, y_k$ 合并为 P 的解。

从分治法的框架程序可以看出，用它设计的程序一般是递归算法。因此，分治算法的时间复杂度可以用递归方程来分析。假定一个分治算法将规模为 n 的问题分为 k 个规模为 n/m 的子问题，分解阈值 $n_0 = 0$，且 adhoc 求解规模为 1 的问题耗费常数时间，记为 $O(1)$。再设将原问题分解为 k 个子问题以及用 merge 将 k 个子问题的解合并为原问题的解的时间复杂度记为 $f(n)$，如果用 $T(n)$ 表示分治算法 divide-and-conquer(P)的时间复杂度，则

$$T(n) = \begin{cases} O(1), & n = 1 \\ kT(n/m) + f(n), & n > 1 \end{cases} \tag{4-1}$$

用迭代法求解递归方程，得到

$$T(n) = n^{\log_m k} + \sum_{j=0}^{\log_n m-1} k^j f(n/m^j) \tag{4-2}$$

在式(4-2)中，时间复杂度 $T(n)$ 包括两部分：一部分是 $\Theta(n^{\log_m k})$，这是一个恒定的多项式数量级 $n^{\log_m k}$，另一部分是一个类似级数的求和。根据渐近复杂性 O 记号的性质，两项之和的上界小于两项之中较大项的上界。因此，我们只要将第二项与 $\Theta(n^{\log_m k})$ 比较，取其较大者即可。而对于第二项和式来说，m、k 都是常数，起主导作用的是函数 f 的渐近数量级。特别地，如果函数 f 也是多项式数量级[2]，即 $f(n) = \Theta(n^d)$。分治算法的时间复杂度 $T(n)$ 可以应用 Master 定理（也称为主定理）快速求解。

【Master 定理】 如果在时间复杂度递归方程(4-1)中 $f(n) = \Theta(n^d)$，其中 $d > 0$，那么

$$T(n) = \begin{cases} \Theta(n^{\log_m k}), & d < \log_m k \\ \Theta(n^d \log n), & d = \log_m k \\ \Theta(n^d), & d > \log_m k \end{cases} \tag{4-3}$$

分析分治算法的程序框架不难得到，分治算法的设计要点可以概括为三个字“**分、治、合**”，更具体地，它通过以下 3 个子过程实现。

① 设计特定 adhoc(P)子程序，直接求解规模比较小的子问题。从程序逻辑结构上看，它是递归程序的递归出口，也可以认为 adhoc 是对最简单子问题的一种“治”过程，毕竟任何子问题的求解都将通过递归的方式归结到 adhoc 的处理。

② 设计划分策略，把原问题 P 分解成 k 个规模较小的子问题。这个步骤是分治算法的基础和关键。在设计划分策略时，人们往往遵循两个原则：一是**平衡子问题原则**，也就是说，分割出的 k 个子问题其规模最好大致相当；二是**独立子问题原则**，它指明分割出的 k 个子问题之间重叠越少越好，最好 k 个子问题是相互独立的，不存在重叠子问题。

2 如果函数 f 是指数级复杂度，那么分治算法的时间复杂度也是指数级的。

结合 Master 定理，我们可以得到这样的结论：分解子问题的数目 k 越少，子问题规模越小（对应 m 越大），分治算法的时间复杂度可以期待越低。

③ 设计 merge 合并子程序，把 k 个子问题的解合并得到原问题的解。合并子程序因求解问题而异，哪怕是同一个问题，如果第二步的划分策略不同，其合并子程序也往往不一样。由 Master 定理可以看出，合并子程序是影响整个分治算法效率的一个重要因素，在设计时应该使 merge 子程序的复杂度尽可能低。

在上述三个步骤中，划分策略是关键。总体上说，划分策略可以分为如下两大类。

① **黑盒划分策略**，根据问题的规模对原问题进行划分，而不考虑划分对象的属性值，所以形象地称之为黑盒划分。合并排序和逆序对问题的求解算法属于黑盒划分策略。

② **白盒划分策略**，根据划分对象的特定属性值（也称之为参照值）把对象集合划分为若干子集。快速排序和最接近点对问题的求解算法可归属于白盒划分策略。

特别地，对于某些问题，应用白盒划分策略分解成多个子问题时，可能部分子问题完全相同，或者可判定部分子问题不可能包含问题的解，此时这些子问题可以忽略而无须求解。这类策略本书称之为**减治策略**，如指数运算和二分查找等。

4.3 合并排序

分治策略-合并排序

问题描述：任意给定一个包含 n 个整数的集合，把这 n 个整数按升序排列。

输入：每个测试用例包括两行，第 1 行输入整数的个数 n（$n \leqslant 10000$），第 2 行输入 n 个整数，数与数之间用空格隔开；最后一行包含-1，表示输入结束。

输出：每组测试数据的结果输出占一行，输出按升序排列的 n 个整数。

样例输入：

```
7
49 38 65 97 76 13 27
-1
```

样例输出：

```
13 27 38 49 65 76 97
```

1. 问题分析

当待排序整数的个数 n 比较少时，排序是一件很容易的事情，比如，1 个整数时，不用任何操作；2 个整数时，最多一次比较操作和一次移动操作即可。当 n 比较大时，排序就显得无从下手。基于分治策略的合并排序算法包括以下 3 个过程。

① **分**：根据整数集合的规模把整数集合 $A=\{a[l],\cdots,a[r]\}$ 平均分成两部分：$A_1=\{a[l],\cdots,a[\lfloor(l+r)/2\rfloor]\}$ 和 $A_2=\{a[\lfloor(l+r)/2\rfloor+1],\cdots,a[r]\}$。

② **治**：如果划分后的子集 A_1 和 A_2 只包含一个整数，则不需任何操作，把这单个整数当成已排好序的集合；否则继续分割该子集，并递归处理分割子集。

③ **合**：设计子程序 merge，把两个已经按升序排列的子集 B_1,B_2 合并成一个整体升序排列的集合 B。其合并过程描述如下。

步骤 1：初始化，采用缓冲区 iBuffer 保存合并后的元素，假设 ptr1 和 ptr2 分别为

$B_1=\{b[l],\cdots,b[\lfloor(l+r)/2\rfloor]\}$ 和 $B_2=\{b[\lfloor(l+r)/2\rfloor+1],\cdots,b[r]\}$ 中的指针，设置 $\text{ptr1}=l$，$\text{ptr2}=\lfloor(l+r)/2\rfloor+1$，$\text{ptrB}=l$。

步骤 2：循环阶段，如果 $B_1[\text{ptr1}]<B_2[\text{ptr2}]$，则把 $B_1[\text{ptr1}]$ 复制到 iBuffer[ptrB]中，同时 ptr1 和 ptrB 的值加 1；否则，把 $B_2[\text{ptr2}]$ 复制到 iBuffer[ptrB]中，同时 ptr2 和 ptrB 的值加 1。当 ptr1 或者 ptr2 到达各自数组的末尾，跳出循环。

步骤 3：如果 B_1 或 B_2 中有剩余的未比较元素，则把这些元素都依次复制到 iBuffer 中。

显然，merge 过程只是同时扫描 B_1 和 B_2 一次，其时间复杂度为 $O(n)$。

图 4-1 演示了合并排序算法对数列{49 38 65 97 76 13 27} 进行排序的过程。

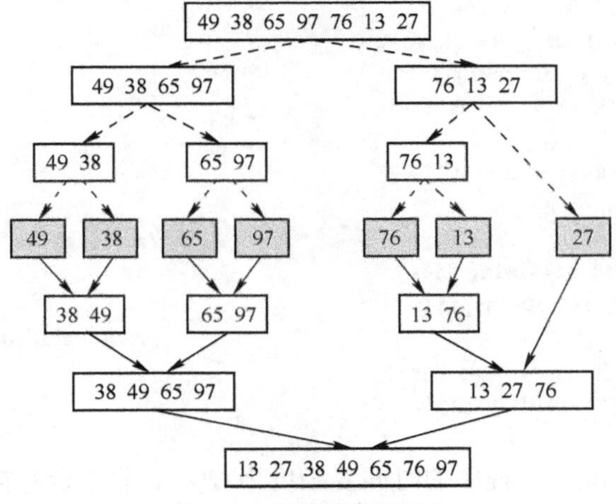

图 4-1　合并排序的过程

2. 算法实现与分析

按照上述思路，合并排序算法的实现代码见程序 4-6。

程序 4-6　合并排序

```
#include "stdio.h"
void merge(int[], int[], int, int, int);
void mergeSort(int[], int[], int, int);
int main(){
    int iDatas[10000];
    int iBuffer[10000];
    int iNum=0, i=0;
    scanf("%d", &iNum);
    while (iNum != -1){
        for(i=0; i < iNum; i++)
            scanf("%d", &iDatas[i]);
        mergeSort(iDatas, iBuffer, 0, iNum-1);
        for(i=0; i < iNum; i++)
            printf("%d", iDatas[i]);
        printf("\r\n");
        scanf("%d", &iNum);
    }
    return 0;
}
// 递归的合并排序算法
void mergeSort(int iDatas[], int iBuffer[], int iLow, int iHigh) {
```

```
        if(iHigh > iLow) {                                  // 思考：递归边界和 adhoc 函数在哪？
            int iMid = (iLow+iHigh)/2;
            mergeSort(iDatas, iBuffer, iLow, iMid);          // 递归处理前端子数组
            mergeSort(iDatas, iBuffer, iMid+1, iHigh);       // 递归处理后端子数组
            merge(iDatas, iBuffer,iLow, iMid, iHigh);        // 合并两个已排序子数组
            for(int i=iLow; i <= iHigh; i++)
                iDatas[i]=iBuffer[i];                        // 复制回升序子集
        }
    }
    // 合并 iData[iLow:iMid]与 iData[iMid+1:iHigh]到 iBuffer[iLow:iHigh]中
    void merge(int iDatas[], int iBuffer[], int iLow, int iMid, int iHigh) {
        int i=iLow, j=iMid+1, k=iLow;
        while((i <= iMid) && (j <= iHigh)) {
            if(iDatas[i] <= iDatas[j])
                iBuffer[k++] = iDatas[i++];
            else
                iBuffer[k++] = iDatas[j++];
        }
        if(i<=iMid)                                          // 移动 a[iLow:iMid]后面部分
            for(int ii=i; ii<=iMid; ii++)
                iBuffer[k++]=iDatas[ii];
        else                                                 // 移动 a[iMid+1:iHigh]后面部分
            for(int jj=j; jj<=iHigh; jj++)
                iBuffer[k++]=iDatas[jj];
    }
```

在上述算法中，merge 子程序的时间复杂度为$O(n)$，假定合并排序 mergeSort 的时间复杂度为$T(n)$，分析易得$T(n)$满足

$$T(n)=\begin{cases}O(1), & n\leqslant 1\\ 2T(n/2)+O(n), & n>1\end{cases}$$

根据 Master 定理，可得$T(n)=O(n\log n)$。由于排序问题的时间复杂度下界是$\Omega(n\log n)$，故合并排序算法是一个渐近最优算法。注意，在合并排序算法中，iBuffer 需要$O(n)$的额外存储空间。

合并排序算法还可以从多方面进行改进。例如，从分治过程入手，容易消除 mergeSort 算法中的递归调用。事实上，算法 mergeSort 的递归过程只是将待排序集合一分为二，直至待排序集合只剩下一个元素为止，再不断合并两个排好序的相邻子集合。按此机制，可以先将数组 iDatas 中相邻元素两两配对，并用 merge 程序把它们排序，构成 n/2 个长度为 2 的排好序的子集合，再将它们排序成长度为 4 的排好序的子集合，以此类推，直至整个集合排好序。图 4-2 演示了数列{49 38 65 97 76 13 27}进行排序的过程。

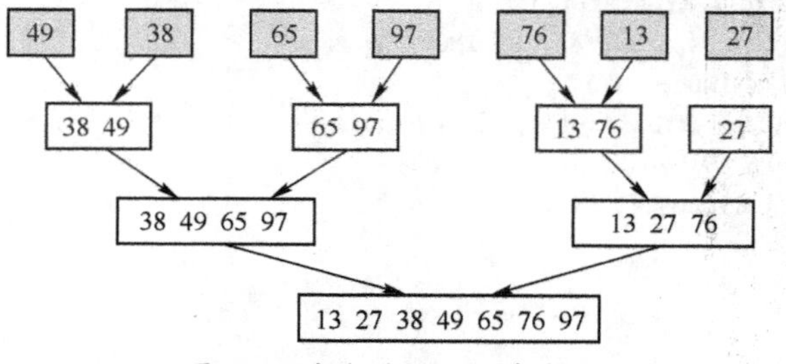

图 4-2　消除递归的合并过程

按此思想，消除递归的合并排序算法的实现代码见程序 4-7。

程序 4-7　消除递归的合并排序

```
void mergeSort2(int iDatas[], int iLen) {
    int *iBuffers = new int[iLen];
    int iStep=1, i=0, j=0;
    while(iStep < iLen) {
        i=0;
        while(i <= (iLen - 2*iStep)) {
            merge(iDatas, iBuffers, i, i+iStep-1, i+2*iStep-1);
            i=i+2*iStep;
        }
        if(i+iStep < iLen)                      // 剩下元素个数少于 2*iStep，大于 iStep
            merge(iDatas, iBuffers, i, i+iStep-1, iLen-1);
        else                                    // 剩下元素个数少于等于 iStep
            for(j=i; j < iLen; j++)
                iBuffers[j] = iDatas[j];

        for(j=0; j < iLen; j++)
            iDatas[j] = iBuffers[j];            // 复制回部分有序数组
        iStep += iStep;                         // 更新步长
    }
}
```

自然合并排序是上述合并排序算法 mergeSort2 的一个改进。在 mergeSort2 中，第一步合并相邻长度为 1 的子数组段，这是因为长度为 1 的子数组段是已排好序的。事实上，对于初始给定的数组 iDatas，通常存在多个长度大于 1 的已排好序的子数组段。例如，若数组 iDatas 中的元素为[49 38 65 97 76 13 27]，则自然排好序的子数组段有[49]、[38 65 97]、[76]、[13 27]。显然，用一次线性扫描就足以找出 iDatas 中已排好序的子数组段。然后将相邻的排好序的子数组段两两合并，构成更大的排好序的子数组段。对于上面的例子，经过一次合并后可得到 2 个合并后的子数组段[38 49 65 97]和[13 27 76]。继续合并相邻排好序的子数组段，直至整个数组已排好序。上面两个数组段再合并后，就得到[13 27 38 49 65 76 97]（如图 4-3 所示）。

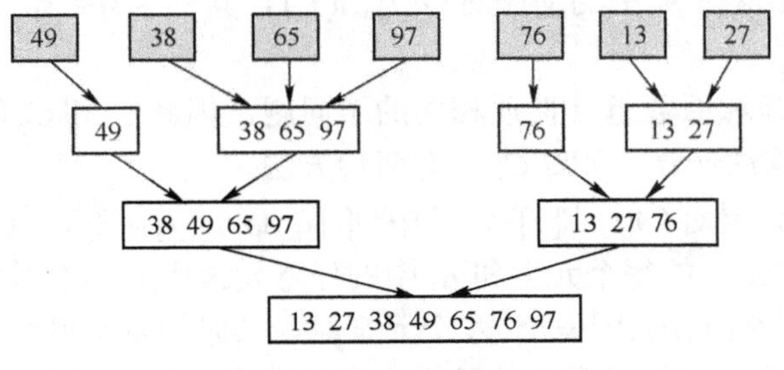

图 4-3　自然合并排序的过程

4.4 逆序对问题

问题描述：设 $A[1\cdots n]$是一个包含 n 个不同的非负整数数组。如果在 $i<j$ 的情况下有 $A[i]>A[j]$，则$(A[i], A[j])$称为 A 中的一个逆序对。例如，数组(3, 1, 4, 5, 2)的“逆序对”有 <3, 1>、<3, 2>、<4, 2>、<5, 2>，共 4 个。

输入：每个测试用例包括两行，第 1 行输入整数的个数 n（$n\leqslant 10000$）；第 2 行输入 n 个整数，数与数之间用空格隔开；最后一行包含-1，表示输入结束。

输出：每组测试数据的结果输出占一行，输出该数组中逆序对的个数。

样例输入：

```
5
3 1 4 5 2
-1
```

样例输出：

```
4
```

1. 问题分析

逆序对问题可以设计枚举算法求解，也就是先一一列举每个元素对，再判断它们是否是逆序对，并累加逆序对的数目。但是逆序对枚举算法的时间复杂度是 $O(n^2)$，效率比较低，下面应用分治策略设计时间复杂度更低的算法。

当数组中元素的个数 n 比较少时，容易统计其中逆序对的数目。比如，数组中只有 1 个元素，则逆序对的数目为 0；数组中有两个元素，如果第一个元素大于第二个元素，则有 1 个逆序对，否则有 0 个逆序对。若数组中元素个数超过 2，怎么办？下面应用分治策略求解逆序对问题。

① **分**：根据整数集合的规模把原始的整数集合 A（记为 $A=\{a[l],\cdots,a[r]\}$）平均分成两部分：$A_1=\{a[l],\cdots,a[(l+r)/2]\}$ 和 $A_2=\{a[(l+r)/2+1],\cdots,a[r]\}$。

② **治**：如果分割后的子数组只包含 1 个整数，显然该子数组中没有逆序对，返回 0；否则，把该子集继续分解，并递归调用。

③ **合**：原数组 A 中的逆序对可以分为三部分：第一部分为子数组 A_1 中的逆序对，其数目记为 C_1；第二部分为子数组 A_2 中的逆序对，其数目记为 C_2；第三部分是一个元素在 A_1 中，而另一个元素在 A_2 中的逆序对 $(A[i],A[j])$，其中 $A[i]\in A_1$，$A[j]\in A_2$，其数目记为 C_3。

子数组 A_1 和 A_2 是和原数组 A 性质相同的子问题，因此 C_1 和 C_2 的值可以递归求解。C_3 则需要设计合并算法计算。计算 C_3 时有两种方法。

① 枚举所有的元素对 $(A[i],A[j])$，其中 $A[i]\in A_1$，$A[j]\in A_2$，判断 $(A[i],A[j])$ 是否是逆序对。可以依次取 A_1 中的每个元素和 A_2 中的任意元素组成元素对，并判断其是否是逆序对。这个过程需要判断 $(n/2)^2=n^2/4$ 个元素对，其时间复杂度为 $O(n^2)$。

② 如果在求解数组 A 的逆序对的时候，把子数组 A_1 和 A_2 都按照升序排列，则可以设计时间复杂度为 $O(n)$ 的算法计算 C_3。

假设子数组 $A_1 = \{a[l],\cdots,a[(l+r)/2]\}$ 和 $A_2 = \{a[(l+r)/2+1],\cdots,a[r]\}$ 按升序排列，则可以得到以下结论：

如果 $A_1[i] > A_2[j]$，其中 $l \leqslant i \leqslant \lfloor (l+r)/2 \rfloor$，$\lfloor (l+r)/2 \rfloor + 1 \leqslant j \leqslant r$，那么子数组 A_1 中 $A_1[i]$ 之后的元素都大于 $A_2[j]$，即 $A_1[i+1] > A_2[j],\cdots,A_1[\lfloor (l+r)/2 \rfloor] > A_2[j]$ 成立，得到 $\lfloor (l+r)/2 \rfloor - i + 1$ 个逆序对。

如果 $A_1[i] \leqslant A_2[j]$，那么 $A_1[i]$ 与 A_2 中 $A_2[j]$ 之后的元素都不可能构成逆序对。

该结论表明，比较 $A_1[i]$ 和 $A_2[j]$ 的大小后，要么避免 $A_1[i]$ 后的元素与 $A_2[j]$ 的比较，要么避免 $A_2[j]$ 之后的元素与 $A_1[i]$ 的比较。因此，上述算法能大量减少逆序对的判断次数，从而提高算法效率。基于上述结论，C_3 的计算算法可描述如下：

步骤 1：初始化 $C_3 = 0$，令 ptr1 和 ptr2 分别为 A_1 和 A_2 的指针，则 $\text{ptr1} = l$，$\text{ptr2} = \lfloor (l+r)/2 \rfloor + 1$。

步骤 2：循环阶段，如果 $A_1[\text{ptr1}] > A_2[\text{ptr2}]$，那么得到 $\lfloor (l+r)/2 \rfloor - \text{ptr1} + 1$ 个逆序对，C_3 的值增加 $\lfloor (l+r)/2 \rfloor - \text{ptr1} + 1$，同时指针 ptr2 往后移动一位；否则，指针 ptr1 往后移动一位。当 ptr1 或 ptr2 到达各自子数组的末尾时，循环终止。

不难得到，上述过程的时间复杂度为 $O(n)$。但是，上述算法要求 A_1 和 A_2 按照升序排列。上述计算过程与合并排序中的 merge 过程非常类似，因此可以把 merge 过程和 C_3 的计算过程融合，实现代码见程序 4-8 中的 MergeReverse 函数。

2．算法实现与分析

按照上述思路，求解逆序对问题的算法见程序 4-8。

程序 4-8　逆序对问题分治算法程序

```
#include "stdio.h"
long MergeReverse(int[], int[], int, int, int);
long reverseOrderPairs(int[], int[], int, int);
int main() {
    int iDatas[10000], iBuffer[10000], iNum=0, i=0;
    long iReversePairsNum = 0;
    scanf("%d", &iNum);
    while (iNum != -1) {
        for(i=0; i < iNum; i++)
            scanf("%d", &iDatas[i]);
        iReversePairsNum=reverseOrderPairs(iDatas, iBuffer, 0, iNum-1);
        printf("%d\r\n", iReversePairsNum);
        scanf("%d", &iNum);
    }
    return 0;
}
long reverseOrderPairs(int iDatas[], int iBuffer[], int iLow, int iHigh) {
    if(iLow == iHigh)
        return 0;                                        // 递归边界
    int iMid = (iLow+iHigh)/2;
    long C1, C2, C3;
    C1=reverseOrderPairs(iDatas, iBuffer, iLow, iMid);
    C2=reverseOrderPairs(iDatas, iBuffer, iMid+1, iHigh);
```

```
    C3=MergeReverse(iDatas, iBuffer, iLow, iMid, iHigh);
    for(int i=iLow; i <= iHigh; i++)
        iDatas[i] = iBuffer[i];                       // 复制回升序子集
    return C1+C2+C3;
}
// 合并 iData[iLow:iMid]、iData[iMid+1:iHigh]到 iBuffer[iLow:iHigh]中，并求
// 出两个子数组中的逆序对
long MergeReverse(int iDatas[], int iBuffer[], int iLow, int iMid, int iHigh){
    int i=iLow, j=iMid+1, k=iLow;
    long iCrossPairs = 0;
    while((i <= iMid) && (j <= iHigh)){
        if(iDatas[i] < iDatas[j])
            iBuffer[k++] = iDatas[i++];
        else {
            iCrossPairs += iMid - i+1;                // 计算逆序对数目
            iBuffer[k++] = iDatas[j++];
        }
    }
    if(i <= iMid)                                     // 移动 a[iLow:iMid]后面部分
        for(int ii=i; ii <= iMid; ii++)
            iBuffer[k++]=  iDatas[ii];
    else                                              // 移动 a[iMid+1:iHigh]后面部分
        for(int jj=j; jj <= iHigh; jj++)
            iBuffer[k++] = iDatas[jj];
    return iCrossPairs;
}
```

比较 MergeReverse 函数与合并排序中的 merge 函数，可以发现两个函数的实现逻辑基本相同，只是 MergeReverse 函数中增加了逆序对数目 iCrossPairs 的计算步骤。

在上述算法中，MergeReverse 子程序的时间复杂度为 $O(n)$，假定逆序对问题算法的时间复杂度为 $T(n)$，分析易得 $T(n)$ 满足

$$T(n)=\begin{cases}O(1), & n\leqslant 1\\ 2T(n/2)+O(n), & n>1\end{cases}$$

根据 Master 定理可得：$T(n)=O(n\log n)$。当然，在逆序对分治算法中，iBuffer 需要 $O(n)$ 的额外存储空间。

分治策略-快速排序

4.5 快速排序

问题描述： 任意给定一个包含 n 个整数的集合，把这 n 个整数按升序排列。

输入： 每个测试用例包括两行，第 1 行输入整数的个数 n（$n\leqslant 10000$），第 2 行输入 n 个整数，数与数之间用空格隔开；最后一行包含-1，表示输入结束。

输出： 每组测试数据的结果输出占一行，输出按升序排列的 n 个整数。

样例输入：

```
7
```

```
49 38 65 97 76 13 27
-1
```

样例输出：

```
13 27 38 49 65 76 97
```

1．问题分析

在合并排序算法中，根据整数集合的规模把原始的 n 个整数组成的集合 $A=\{a[1],\cdots,a[n]\}$ 平均分成两部分：$A_1=\{a[1],\cdots,a[n/2]\}$ 和 $A_2=\{a[n/2+1],\cdots,a[n]\}$。显然，在子问题分解时，合并排序算法没有考虑元素之间的大小关系，属于黑盒划分策略。下面介绍基于白盒划分策略的排序算法——快速排序算法。

① **分**：考虑怎样对原始的整数集合（记为 $A=\{a[l],\cdots,a[r]\}$）进行划分。令元素 $a[l]$ 为**基准元素**，把原数组 A 分为 3 部分：$A_1=\{a'[l],\cdots,a'[k-1]\}$，$A_2=\{a'[k]\}$ 和 $A_3=\{a'[k+1],\cdots,a'[r]\}$，其中 A_1 中所有元素的值都小于等于基准元素 $a[l]$，而 A_3 中所有元素的值都大于基准元素 $a[l]$，A_2 中的元素 $a'[k]$ 就是调整位置后的基准元素 $a[l]$。

划分过程可以描述如下：

步骤 1：设置一个正向指针 forward 和反向指针 backward，初始化 forward=l+1，backward=r，并设定基准元素 $a[l]$。

步骤 2：循环过程，直到 forward>backward。

　　2.1　循环处理：forward 递增，直到 a[forward]>$a[l]$。

　　2.2　循环处理：backward 递减，直到 a[backward]≤a[1]。

　　2.3　交换 a[forward]与 a[backward]。

步骤 3：交换 $a[l]$与 a[backward]。

② **治**：如果划分后的子集 A_1 和 A_3 只包含一个整数，则不需任何操作，把这单个整数当成已排好序的集合；否则该子集继续分解，然后递归调用。子集 A_2 中的元素划分后，其位置保持不变。

③ **合**：因为子集 A_1 和 A_3 的排序在递归调用中完成，所以 A_1 和 A_3 都已经排好序（递归调用）后，不需要执行任何操作，序列$[A_1,A_2,A_3]$就是有序的。也就是说，快速排序算法中的“合并”子过程是可以省略的，这明显区别于合并排序算法。

图 4-4 为整数集合 A={49 38 65 97 76 13 27}的快速排序过程。

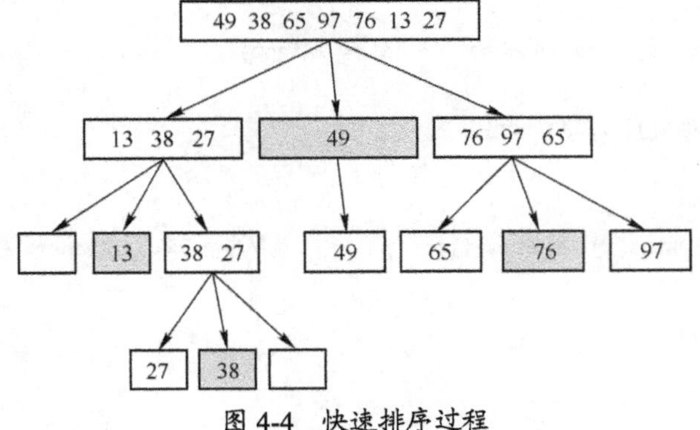

图 4-4　快速排序过程

2. 算法实现与分析

按照上述思路，快速排序的主程序见程序 4-9。

程序 4-9　快速排序程序

```
#include "stdio.h"
void quickSort(int iDatas[], int iLeft, int iRight);
int partition(int iDatas[], int iLeft, int iRight);
void swap(int &iValue1, int &iValue2);
int main( ) {
    int iDatas[10000];
    int iNum=0, i=0;
    scanf("%d", &iNum);
    while (iNum != -1){
        for(i=0; i < iNum; i++)
            scanf("%d", &iDatas[i]);
        quickSort(iDatas, 0, iNum-1);
        for(i=0; i < iNum; i++)
            printf("%d ", iDatas[i]);
        printf("\r\n");
        scanf("%d", &iNum);
    }
    return 0;
}
void quickSort(int iDatas[], int iLeft, int iRight) {
    if (iRight > iLeft) {
        int k=partition(iDatas, iLeft, iRight);          // 输入数组以 iDatas[iLeft]为基准划分
        quickSort(iDatas, iLeft, k-1);                   // 对子集合 A1 排序
        quickSort(iDatas, k+1, iRight);                  // 对子集合 A3 排序
    }
}
// 对集合 iDatas[iLeft:iRight]进行划分
int partition(int iDatas[], int iLeft, int iRight) {
    int i=iLeft+1, j=iRight;                             // i 为正向指针，j 为反向指针
    int iAnchor = iDatas[iLeft];                         // 基准元素
    while(i <= j) {
        while((iDatas[i] <= iAnchor) && (i <= iRight))
            i++;
        while(iDatas[j] > iAnchor)
            j--;
        if(i < j) {
            swap(iDatas[i], iDatas[j]);              // 小于等于 iAnchor，则前移，否则后移
            i++;
            j--;
        }
    }
    swap(iDatas[iLeft], iDatas[j]);
    return j;
```

```
}
// 交换运算
void swap(int &iValue1, int &iValue2) {
    int iTemp = iValue1;
    iValue1 = iValue2;
    iValue2 = iTemp;
}
```

划分函数 partition 依基准元素对输入整数集合 iDatas[iLeft : iRight]进行划分，它是快速排序算法的关键。partition 函数对 iDatas[iLeft : iRight]进行划分时，以元素 iDatas[iLeft]为基准，把所有比基准值小的元素转移到数组的前部，而比基准值大的元素转移到数组的后部，基准元素放置在这两部分之间。如果输入数组中总共有 n 个元素，则 partition 函数中关键操作 swap 最多执行 $n/2$ 次，因此 partition 函数的时间复杂度为 $O(n)$。

快速排序算法的时间复杂度与 partition 划分出的两个子集合 A_1 和 A_3 的规模是否平衡相关。在最好情况下，每次划分所得的基准都恰好是中值，即每次划分都产生两个大小为 $(n-1)/2$ 的子集合，此时快速排序算法的时间复杂度 $T(n)$ 满足

$$T(n)=\begin{cases}O(1), & n\leqslant 1\\ 2T(n/2)+O(n), & n>1\end{cases}$$

根据 Master 定理，$T(n)=O(n\log n)$。

在最坏情况下，如输入数组本身已经排好序，每次划分的两个子集合 A_1 和 A_3 分别包含 0 个元素和 n−1 个元素。此时，快速排序算法的时间复杂度 $T(n)$ 满足

$$T(n)=\begin{cases}O(1), & n\leqslant 1\\ T(n-1)+O(n), & n>1\end{cases}$$

递归求解此方程可得 $T(n)=O(n^2)$。

可以证明快速排序算法在平均情况下的时间复杂度也是 $O(n\log n)$，这在基于比较的排序算法中可以说是快速的，快速排序算法也因此而得名。

容易看到，快速排序算法的性能取决于划分的对称性。我们可以采用随机选择基准元素的策略改善算法的效率。快速排序算法在每次划分前，从 iDatas[iLeft : iRight]中随机选出一个元素作为划分基准。在概率意义上，该策略能期待更多的划分是对称的。随机化的快速排序算法见程序 4-10。

程序 4-10　随机化快速排序

```
void randomizedQuickSort(int iDatas[], int iLeft, int iRight) {
    if (iRight > iLeft) {
        srand((unsigned)time(NULL));
        int iAncharIndex = rand() % (iRight - iLeft+1)+iLeft;      // 随机选取基准元素
        swap(iDatas[iAncharIndex], iDatas[iLeft]);
        int k = partition(iDatas, iLeft, iRight);
        randomizedQuickSort (iDatas, iLeft, k-1);                 // 对子集合 A1 排序
        randomizedQuickSort (iDatas, k+1, iRight);                // 对子集合 A3 排序
    }
}
```

4.6 最接近点对问题

问题描述：给定平面上 n 个点，找其中的一对点，使得在 n 个点组成的所有点对中，该点对间的距离最短。

输入：每个测试用例第 1 行包括一个整数 n，表示平面上点的个数；然后包含 n（n<100000）行，每行有两个实数，分别表示一个点的横坐标和纵坐标；最后一行包含-1，表示输入结束。

输出：每组测试数据的结果输出占一行，输出最接近点对的距离，保留至小数点后 2 位。

样例输入：

```
3
0 0
0 1
0 8.3
-1
```

样例输出：

```
1.00
```

1．问题分析

显然，此问题也可以应用枚举策略来求解，也就是说，一一列举每个点对，并计算该点对的距离，然后统计最短距离即可。然而，这样做效率比较低，其时间复杂度为 $O(n^2)$。可以证明该问题的时间复杂度下界为 $O(n\log n)$。下面介绍时间复杂度为 $O(n\log n)$ 的分治算法。

按照分治策略的“分治合”三个步骤，先将所给平面上的 n 个点的集合 S 分成两个子集 S_1 和 S_2，每个子集中约有 $n/2$ 个点。再在每个子集中递归地求其最接近点对的距离。最后，从两个子集 S_1 和 S_2 的答案中合并得到原点集 S 的最接近点对。关键的问题是如何实现最后的合并步骤，即由 S_1 和 S_2 的最接近点对，如何求得原集合 S 中的最接近点对。如果组成 S 的最接近点对的两个点都在 S_1 中或都在 S_2 中，则问题容易解决，取 S_1 和 S_2 解的较小值即可。但是，如果这两个点分别处于 S_1 和 S_2 中，问题就不简单了。读者可回顾和比较逆序对问题的合并过程。

为了使问题易于理解和分析，先考虑一维的情形。此时，S 中的 n 个点退化为 X 轴上的 n 个整数 $x_1,\cdots,x_n$。最接近点对即为这 n 个整数中相差最小的 2 个。假设用 X 轴上某个点 m 将 S 划分为 2 个子集 S_1 和 S_2。更具体地说，基于平衡子问题原则，用 S 中各点坐标的**中位数**做分割点，使得分割后子集 S_1 和 S_2 中的点大致相当。递归地在 S_1 和 S_2 上找出其最接近点对，假设分别为 (p_1,p_2) 和 (q_1,q_2)，并设 $d=\min(|p_1-p_2|,|q_1-q_2|)$，则 S 中的最接近点对或者是 (p_1,p_2)，或者是 (q_1,q_2)，或者是某个 (p_3,q_3)，其中 $p_3\in S_1$ 且 $q_3\in S_2$。如果 S 的最接近点对是 (p_3,q_3)，即 $|p_3-q_3|<d$，则 p_3 和 q_3 两者与 m 的距离不超过 d，即 $p_3\in(m-d,m]$，$q_3\in(m,m+d]$。由于在 S_1 中，每个长度为 d 的半闭区间至多包含一个点（否则必有两点距离小于 d），并且 m 是子集 S_1 和 S_2 的分割点，因此 $(m-d,m]$ 中至多包含 S 中的一个点。

由图 4-5 可以看出，如果 $(m-d,m]$ 中有 S 中的点，则此点是 S_1 中的最大点。同理，如果$(m,m+d]$中有S中的点，则此点是S_2中的最小点。显然，我们可以在线性时间内找到S_1中最大点和S_2中最小点，因此合并过程的时间复杂度为$O(n)$。

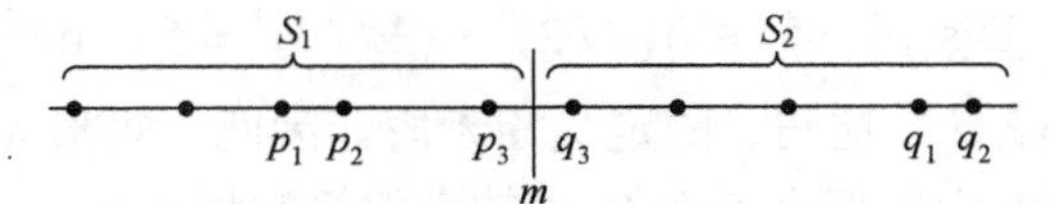

图 4-5　一维情形的最接近点对问题的分治算法求解

用线性时间就可以将S_1的解和S_2的解合并成为S的解。

对于二维的情况，我们可以应用类似的策略。依据平衡子问题原则，选取一垂直线$L:x=m$作为平面上点集S的分割线，其中m为S中各点X轴坐标的中位数。由此将S分割为$S_1=\{p\in S\mid x(p)\leqslant m\}$和$S_2=\{p\in S\mid x(p)>m\}$。由于$m$为$S$中各点$X$轴坐标的中位数，因此子集$S_1$和$S_2$中点的数目大致相等。

递归地在子集S_1和S_2上求解最接近点对问题，分别得到S_1和S_2中的最短距离d_1和d_2，假设$d=\min(d_1,d_2)$。如果S中最接近点对(p,q)之间的距离小于d，则p和q必分属于S_1和S_2。不失一般性，假定$p\in S_1$，$q\in S_2$，p和q距离直线L的距离均小于d。进一步假设P_1和P_2分别表示直线L的左边和右边宽度为d的两个垂直区域，可以得到$p\in P_1$，且$q\in P_2$，如图 4-6 所示。

在一维的情形，距分割点距离为d的两个区间$(m-d,m]$和$(m,m+d]$中最多只有一个点，因此这两个点是合并步骤时唯一需要验证的最接近点对候选者。二维的情形则要复杂一些，虽然P_1中点的横坐标限制在$(m-d,m]$区间，但是其纵坐标值没有任何限制。理论上，P_1中点的个数可以等于子集S_1中点的个数。同理可得，P_2中点的个数最多可以等于子集S_2中点的个数。在合并步骤时，如果对于P_1中的任一点，P_2中所有的点都与它配对构成候选点对，则在最坏情况下有$n^2/4$个候选者。其合并过程的时间复杂度为$O(n^2)$。显然，这不是一个高效的合并过程，需要缩小待验证的候选者的数目。

考虑P_1中的任一点p，它若与P_2中的某一点q构成最接近点对，则必有$\mathrm{Dis}(p,q)<d$。从几何角度分析，给定P_1中的点p，P_2中满足$\mathrm{Dis}(p,q)<d$的点q一定处于一个$d\times 2d$的矩形R中，如图 4-7 所示。

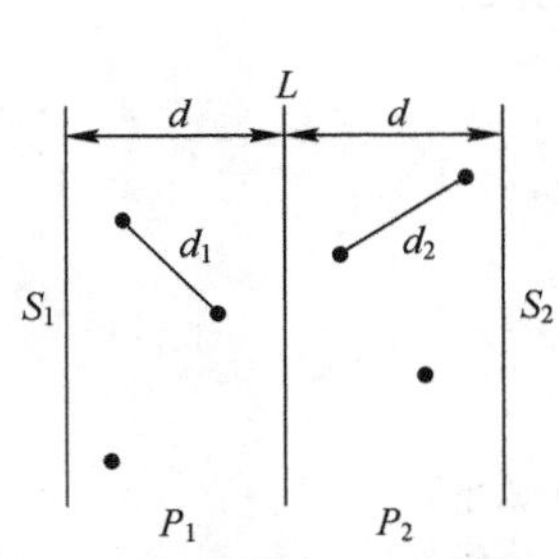

图 4-6　直线L的左边和右边宽度为d的两个垂直区域

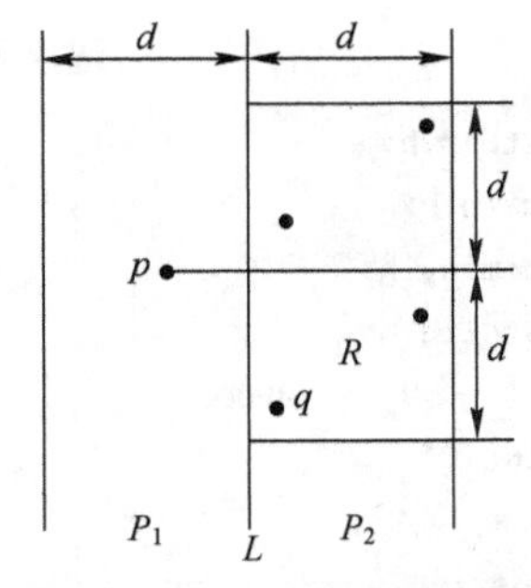

图 4-7　能与点p构成最接近点对的$d\times 2d$的矩形R

由距离d的定义可知，P_2中任何两个S_2中的点的距离都不小于d。由此可以推导出矩形R中最多只有 6 个S_2中的点。我们将矩形R的长为$2d$的边三等分，将它的长为d的边二等分，由此导出 6 个$(d/2)\times(2d/3)$的小矩形，如图 4-8(a)所示。若矩形R中有多于

6 个 S_2 中的点，则由鸽舍原理可得，至少有一个 $(d/2)\times(2d/3)$ 的小矩形中有 2 个以上 S_2 中的点。假设 p_2^1 和 p_2^2 是位于同一小矩形中的两个点，则

$$\text{Dis}(p_2^1, p_2^2) \leqslant \sqrt{(d/2)^2+(2d/3)^2}=5d/6$$

$\text{Dis}(p_2^1, p_2^2) \leqslant 5d/6<d$，这与 d 的定义相矛盾。因此，矩形 R 中最多只有 6 个 S_2 中的点。图 4-8(b) 是矩形 R 中恰好有 6 个 S_2 中的点的极端情形。

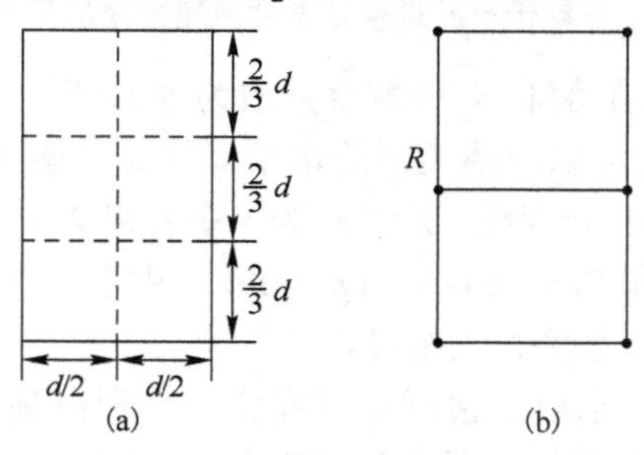

图 4-8　矩形 R 中点的分布

综上所述，对于 P_1 中的任一点 p，P_2 中最多只有 6 个点与它构成最接近点对的候选者。因此，在分治算法的合并步骤中，最多只需要验证 $6\times n/2=3n$ 个候选者，而不是 $n^2/4$ 个候选者。

对于 P_1 中的任一点 p，上述过程确定了候选者的个数上限为 6，但是没有明确验证哪 6 个点。为了解决这个问题，将 p 和 P_2 中所有 S_2 的点投影到垂直线 L 上。由于能与 p 点一起构成最接近点对候选者的 S_2 中点一定在矩形 R 中，因此它们在直线 L 上的投影点与 p 点在直线 L 上投影点之间的距离小于 d。由上面的分析可知，这种投影点最多只有 6 个。因此，若将 P_1 和 P_2 中所有 S 的点按其 Y 坐标排好序，则对 P_1 中所有点 p，对排好序的点列作一次扫描，就可以找出所有最接近点对的候选者，对 P_1 中每个点最多只要检查 P_2 中排好序的相继 6 个点。

2. 算法实现与分析

最接近点对问题实现的参考程序见程序 4-11。

程序 4-11　最接近点对求解

```
#include<stdio.h>
#include<math.h>
#include<memory.h>
#include<stdlib.h>
#define        N    100005
struct Point {
    double x, y;                                    // 点坐标
    int index;                                      // 点编号
};
double closestPair(Point *, Point *, Point *, int, int);
double calDistance(Point, Point);
int cmpX(const void *, const void*);
int cmpY(const void *, const void*);
int merge(Point *, Point *, int, int, int);
```

```
inline double min(double, double);
Point psSortX[N], psSortY[N], psBuff[N];
const double eps = 1e-15;                              // 浮点数比较时用
int main() {
    int n, i;
    double d;
    scanf("%d", &n);
    while (n) {
        if(n == -1)
            return 0;
        for (i=0; i < n; i++)
            scanf("%lf%lf", &(psSortX[i].x), &(psSortX[i].y));
        // 基于 X 轴坐标对输入点集排序
        qsort(psSortX, n, sizeof(psSortX[0]), cmpX);
        for (i=0; i < n; i++)
            psSortX[i].index=i;                        // 确定点编号
        memcpy(psSortY, psSortX, n *sizeof(psSortX[0]));
        // 基于 Y 轴坐标对点集排序
        qsort(psSortY, n, sizeof(psSortY[0]), cmpY);
        d=closestPair(psSortX, psSortY, psBuff, 0, n - 1);
        printf("%.2f\n", d);
        scanf("%d", &n);
    }
    return 0;
}
// 最接近点对分治算法, psSrc, psSortY, psBuff 都是容器, 其中 psSrc 中内容不会发生改变, 而
// psSortY 和 psBuff 可能改变。具体的处理范围由 ptrFirst 和 ptrLast 确定
double closestPair(Point psSrc[], Point psSortY[], Point psBuff[], int ptrFirst, int ptrLast) {
    if (ptrLast - ptrFirst == 1)                       // 递归边界, 此时集合中包含 2 个点
        return calDistance(psSrc[ptrFirst], psSrc[ptrLast]);
    if (ptrLast - ptrFirst == 2) {                     // 递归边界, 此时集合中包含 3 个点
        double dis1 = calDistance(psSrc[ptrFirst], psSrc[ptrLast]);
        double dis2 = calDistance(psSrc[ptrFirst+1], psSrc[ptrLast]);
        double dis3 = calDistance(psSrc[ptrFirst], psSrc[ptrFirst+1]);
        if (dis1 < dis2 && dis1 < dis3)
            return dis1;
        else if (dis2 < dis3)
            return dis2;
        else
            return dis3;
    }
    int i, j, k;
    int m = (ptrFirst+ptrLast) / 2;                             // 点集分割线
    // 点集划分, 子数组 psBuff[ptrFirst-m]保存分割线左边点, sBuff[m+1, ptrLast]保存分割线右
    // 边点, 而且 psBuff[ptrFirst-m]和 psBuff[m+1, ptrLast]中的点基于 Y 坐标轴升序排列
    for (i=ptrFirst, j=ptrFirst, k=m+1; i <= ptrLast; i++) {
        if (psSortY[i].index <= m)                             // 本质上是根据 X 轴坐标在划分
```

```
            psBuff[j++] = psSortY[i];
        else
            psBuff[k++] = psSortY[i];
    }
    double d1, d2;
    d1 = closestPair(psSrc, psBuff, psSortY, ptrFirst, m);   // 递归
    d2 = closestPair(psSrc, psBuff, psSortY, m+1, ptrLast);  // 递归
    double dm = min(d1, d2);
    // 把部分有序的 psBuff 合并成整体有序的 psSortY
    merge(psSortY, psBuff, ptrFirst, m, ptrLast);
    // 找出离分割线左右不超过 dm 的点，且仍然对 Y 坐标有序
    for(i=ptrFirst, k=ptrFirst; i <= ptrLast; i++)
        if(fabs(psSortY[i].x - psSortY[m].x)<dm)
            psBuff[k++] = psSortY[i];
    // 遍历可能的最接近候选点对
    for (i=ptrFirst; i < k; i++)
        for (j=i+1; j<k && psBuff[j].y-psBuff[i].y < dm; j++) {
            double temp = calDistance(psBuff[i], psBuff[j]);
            if (temp < dm)
                dm = temp;
        }
    return dm;
}
// 把有序的 psSrc[first, mid]和 psSrc[mid+1, last]合并成有序的 psDst[first, last]
int merge(Point psDst[], Point psSrc[], int first, int mid, int last) {
    int i, j, k;
    for (i=first, j=mid+1, k=first; i <= mid && j <= last; ) {
        if (psSrc[i].y > psSrc[j].y)
           psDst[k++] = psSrc[j++];
        else
           psDst[k++] = psSrc[i++];
    }
    while (i <= mid)
        psDst[k++] = psSrc[i++];
    while (j <= last)
        psDst[k++] = psSrc[j++];
    memcpy(psSrc+first, psDst+first, (last - first+1) *sizeof(psDst[0]));   // 按位复制
    return 0;
}
int cmpX(const void *p, const void *q) {                     // 基于 X 坐标轴的比较函数
    double temp = ((Point*)p)->x - ((Point*)q)->x;
    if (temp > eps)
       return 1;
    else if(fabs(temp) < eps)                                // 表示浮点数相等
       return 0;
    else
       return - 1;
```

```
    }
    int cmpY(const void *p, const void *q) {                    // 基于Y坐标轴的比较函数
        double temp = ((Point*)p)->y - ((Point*)q)->y;
        if (temp > eps)
          return 1;
        else if(fabs(temp) < eps)                               // 表示浮点数相等
          return 0;
        else
          return - 1;
    }
    double calDistance(Point p, Point q) {                      // 计算两个点的欧氏距离
        double x1 = p.x - q.x;
        double y1 = p.y - q.y;
        return sqrt(x1 *x1 + y1 * y1);
    }
    inline double min(double p, double q) {                     // 内联函数，取两个数中的较小值
        return (p>q) ? (q): (p);
    }
```

最接近点对问题的代码比较长，建议读者在计算机上调试，加深理解。需要注意的是，输入点集按照 Y 轴进行了排序，根据 X 轴的中位线把输入点集划分为两个子集后，子集中的元素需要保持在 Y 轴上的有序关系；在递归处理子集后，两个子集中的元素需要重新依据 Y 轴进行合并排序（merge）。

closestPair 算法包括两个子问题的递归调用，每个子问题的规模为 $n/2$，非递归调用部分的时间复杂度为 $O(n)$，依据 Master 定理，closestPair 算法的时间复杂度为 $O(n\log n)$。另外，在调用 closestPair 前还需要排序处理，其时间复杂度为 $O(n\log n)$。综合起来，最接近点对问题的时间复杂度为 $O(n\log n)$。

分治策略-指数运算

4.7 指数运算

问题描述： 计算 a^n $(0 < a \leqslant 2)$ 的值，n 为正整数，且 $n < 64$。

输入： 每个测试用例包括两个数 a 和 n；最后一行包含-1，表示输入结束。

输出： 输出指数运算的结果，每组测试数据的结果输出占一行。

样例输入：

```
3
-1
```

样例输出：

```
8
```

显然，规模为 n 的实例的解和规模为 $n-1$ 的实例的解之间的关系满足 $a^n = a^{n-1} \times a$。所以，指数问题可以利用它的递归定义

$$a^n = \begin{cases} a \times a^{n-1}, & n > 1 \\ a, & n = 1 \end{cases}$$

“自顶向下”地进行计算，也可以“自底向上”地把 a 自乘 $n-1$ 次。此时算法的时间复杂度为 $O(n)$。

对于指数运算，规模为 n 的实例计算的是 a^n 的值，规模减半的实例计算的就是 $a^{n/2}$ 的值。如果 n 是偶数，则 $a^n = a^{n/2} \times a^{n/2}$；如果 n 是奇数，则必须先使用偶数指数的规则来计算 a^{n-1}，再把结果乘以 a。综合起来，得到如下递归方程：

$$a^n = \begin{cases} a, & n=1 \\ (a^{n/2})^2, & n\text{是偶数} \\ a \times (a^{(n-1)/2})^2, & n\text{是奇数} \end{cases}$$

根据上述递归方程计算，每次递归调用就把原问题转换为规模只有一半的子问题，并且构造原问题的解最多只需要两次乘法运算，所以该算法的时间复杂度为 $O(\log n)$。程序 4-12 实现了上述复杂度为 $O(\log n)$ 的算法。

程序 4-12　复杂度为 $O(\log n)$ 的指数运算

```
float powerF1(float a, int n) {
    if (n == 1)
        return a;
    float rst;
    if(n%2 == 0) {
       rst = powerF1(a, n/2);                          // 保存子问题结果
       return rst*rst;                                 // 两个相同子问题结果的乘积
    }
    else {
       rst = powerF1(a, (n-1)/2);                      // 保存子问题结果
       return rst*rst*a;
    }
}
```

请注意该算法与普通分治策略的算法有所不同，普通分治算法对两个规模为 $n/2$ 的子问题分别求解，其递归公式为：

$$a^n = \begin{cases} a, & n=1 \\ a^{n/2} \times a^{n/2}, & n\text{是偶数} \\ a * a^{(n-1)/2} \times a^{(n-1)/2}, & n\text{是奇数} \end{cases}$$

根据上述递归方程计算，需要计算两个规模约为 $n/2$ 的指数问题实例，其时间复杂度为 $O(n)$。程序 4-13 实现了上述复杂度为 $O(n)$ 的算法。

程序 4-13　复杂度为 $O(n)$ 的指数运算

```
float powerF1(float a, int n) {
    if (n == 1)
        return a;
    if (n%2 == 0)
       return powerF1(a, n/2)* powerF1(a, n/2);                    // 每个子问题递归调用
    else
       return a*powerF1(a, (n-1)/2)* powerF1(a, (n-1)/2);      // 每个子问题递归调用

}
```

4.8 二分查找

问题描述：任意给定一个包含 n 个整数的集合，且 n 个整数已经按升序排列。任意给定一个整数 k，判断该整数是否在集合中。

输入：每个测试用例包括两行，第一行包含两个整数 k 和 n，其中，k 表示待查找的元素，n（$n \leqslant 10000$）表示集合中整数的个数，第二行输入 n 个整数，数与数之间用空格隔开。最后一行包含-1，表示输入结束。

输出：每组测试数据的结果输出占一行，如果元素 k 存在于数组中则输出其下标，否则输出-1。

样例输入：

```
38 7
13 27 38 49 65 76 97
-1
```

样例输出：

```
2
```

1．问题分析

比较自然的想法是一个一个地扫描集合 A 中的所有元素，直到找到 k 为止或者达到集合末尾。这种方法对于有 n 个元素的集合在最坏情况下需要 n 次比较，时间复杂度为 $O(n)$。显然，这种方法没有利用集合升序排列的特征。

二分搜索算法充分利用了元素间的次序关系，采用减治策略，在最坏情况下用 $O(\log n)$ 时间完成搜索任务。

把集合 $A=\{a[l],\cdots,a[r]\}$ 分成个数大致相同的两部分：$A_1=\{a[l],\cdots,a[(l+r)/2-1]\}$ 和 $A_2=\{a[(l+r)/2+1],\cdots,a[r]\}$。取 $a[(l+r)/2]$ 与 k 做比较，如果 $k>a[(l+r)/2]$，则在 A_2 中查找，而 A_1 可以减去不用再考虑；如果 $k<a[(l+r)/2]$，则在 A_1 中查找，而 A_2 可以舍弃；当然，如果 $k=a[(l+r)/2]$，则已经找到目标元素，输出其下标。此过程不断循环执行，直到找到目标元素或者子集合为空。

2．算法实现与分析

二分查找算法可以用递归实现，但是其递归程序可以容易地转换为非递归程序。二分查找的递归实现见程序 4-14，非递归实现见程序 4-15。

程序 4-14　二分查找的递归实现程序

```
int binarySearch(int[] a, int start, int end, int target) {
    if(start > end)
        return -1;
    int mid = start+(end - start)/2;
    if(a[mid] == target)
        return mid;
    else if(a[mid] > target)
        return binarySearch(a, start, mid-1, target);
    else
```

```
        return binarySearch(a, mid+1, end, target);
}
```

程序 4-15　二分查找的非递归实现程序

```
int binarySearch(int iDatas[], int iLen, int &k) {
    int iLeft = 0, iRight = iLen - 1, iMidd = 0;
    while(iLeft <= iRight) {
         iMidd = (iLeft+iRight)/2;
         if(k == iDatas[iMidd])
            return iMidd;
        if(k<iDatas[iMidd])
             iRight = iMidd - 1;
        else
            iLeft = iMidd+1;
    }
    return -1;
}
```

BinarySearch 程序中的 while 循环每执行一次，待搜索数组的大小减小一半。在最坏情况下，while 循环被执行了 $O(\log n)$ 次，循环体内运算需要时间为常数时间。因此，二分查找算法的时间复杂度为 $O(\log n)$ 。

习 题 4

4-1　整数分解

问题描述： 大于 1 的正整数 n 可以分解为 $n = x_1 \times x_2 \times \cdots \times x_m$ 。

例如，当 n=12 时，共有 8 种不同的分解式：

```
12=12
12=6 × 2
12=4 × 3
12=3 × 4
12=3 × 2 × 2
12=2 × 6
12=2 × 3 × 2
12=2 × 2 × 3
```

对于给定的正整数 n，编程计算 n 共有多少种不同的分解式。

输入： 有多组输入数据，每组数据占一行，包含一个正整数 n ($1 \leqslant n \leqslant 200000$)。

输出： 输入计算出的分解式的数目。每组数据后输出一个回车。

输入样例：

```
12
```

输出样例：

```
8
```

4-2　输油管道

问题描述：某石油公司计划建造一条由东向西的主输油管道，该管道要穿过一个有 n 口油井的油田。从每口油井都要有一条输油管道沿最短路经（或南或北）与主管道相连。如果给定 n 口油井的位置，即它们的 x 坐标（东西向）和 y 坐标（南北向），应如何确定主管道的最优位置，即各油井到主管道之间的输油管道长度总和最小的位置?

给定 n 口油井的位置，编程计算各油井到主管道之间的输油管道最小长度总和。

输入：多组测试数据。每组数据第一行是油井数 $n(1 \leqslant n \leqslant 10000)$；接下来的 n 行是油井的位置，每行 2 个整数 x 和 $y(-10000 \leqslant x, y \leqslant 10000)$。

输出：输出油井到主管道之间的输油管道最小长度总和。

输入样例：

```
5
1 2
2 2
1 3
3 -2
3 3
```

输出样例：

```
6
```

4-3　集合划分

问题描述：n 个元素的集合$\{1, 2, \cdots, n\}$可以划分为若干非空子集。例如，当 $n=4$ 时，集合$\{1, 2, 3, 4\}$可以划分为 15 个不同的非空子集：

```
{{1}, {2}, {3}, {4}}
{{1, 2}, {3}, {4}}
{{1, 3}, {2}, {4}}
{{1, 4}, {2}, {3}}
{{2, 3}, {1}, {4}}
{{2, 4}, {1}, {3}}
{{3, 4}, {1}, {2}}
{{1, 2}, {3, 4}}
{{1, 3}, {2, 4}}
{{1, 4}, {2, 3}}
{{1, 2, 3}, {4}}
{{1, 2, 4}, {3}}
{{1, 3, 4}, {2}}
{{2, 3, 4}, {1}}
{{1, 2, 3, 4}}
```

给定正整数 n，计算出 n 个元素的集合$\{1,2,\cdots, n\}$可以划分为多少个不同的非空子集。

输入：多组测试数据；每组有且仅有一行为一个正整数 $n(0<n<18)$。

输出：输出 n 个元素集合的非空子集数。

输入样例：

```
5
```

输出样例：

```
52
```

4-4　麦森数

问题描述：形如 2^P-1 的素数称为麦森数，这时 P 一定也是个素数。但反过来不一定，即如果 P 是个素数，则 2^P-1 不一定也是素数。到 1998 年底，人们已找到 37 个麦森数。最大的一个是 P=3021377，它有 909526 位。麦森数有许多重要应用，它与完全数密切相关。

现输入 P（1000<P<3100000），计算 2^P-1 的位数和最后 500 位数字（用十进制高精度数表示）。

输入：一个整数 P（1000<P<3100000）。

输出：第 1 行：十进制高精度数 2^P-1 的位数。

第 2～11 行：十进制高精度数 2^P-1 的最后 500 位数字（每行输出 50 位，共输出 10 行，不足 500 位时高位补 0）。不必验证 2^P-1 与 P 是否为素数。

输入样例：

```
1279
```

输出样例：

```
386
00000000000000000000000000000000000000000000000000
00000000000000000000000000000000000000000000000000
00000000000000104079321946643990819252403273640855
38615262247266704805319112350403608059673360298012
23944173232418484242161395428100779138356624832346
49081399066056773207629241295093892203457731833496
61583550472959420547689811211693677147548478866962
50138443826029173234888531116082853841658502825560
46662248318909188018470682222031405210266984354887
32958028878050869736186900714720710555703168729087
```

4-5　循环比赛

问题描述：N（$N=2^M$）个选手进行循环比赛，要求每名选手要与其他 N-1 名选手都赛一次，每名选手每天比赛一次，循环赛共进行 N-1 天，要求每天没有选手轮空。

输入：一个整数 M，多组测试数据。

输出：表格形式的比赛安排表，数字间空格隔开。

输入样例：

```
3
```

输出样例：

```
1 2 3 4 5 6 7 8
2 1 4 3 6 5 8 7
3 4 1 2 7 8 5 6
4 3 2 1 8 7 6 5
5 6 7 8 1 2 3 4
6 5 8 7 2 1 4 3
7 8 5 6 3 4 1 2
8 7 6 5 4 3 2 1
```

4-6　放苹果

问题描述：把 M 个同样的苹果放在 N 个同样的盘子里，允许有的盘子空着不放，问共有多少种不同的分法（用 K 表示）？5、1、1 和 1、5、1 是同一种分法。

输入：第 1 行是测试数据的数目 $t(0 \leqslant t \leqslant 20)$，以下每行均包含两个整数 M 和 N $(1 \leqslant M, N \leqslant 10)$，用空格分开。

输出：对输入的每组数据 M 和 N，用一行输出相应的 K。

输入样例：

```
1
7 3
```

输出样例：

```
8
```

4-7　Wi-Fi 选址

问题描述：大街上的居民开会决定要在他们居住的街上安装无线网络，让无线网络环境涵盖所有住户，请你帮忙选择无线网络基地台（AP）的地点，他们希望信号愈强愈好，但他们购买 AP 的预算有限，在有限的 AP 数量下，使得“所有房子与其最近的 AP 之间的距离”中的最大值能最小。假设大街是直线的，每间房子的门牌号码刚好等于与端点的距离，如 123 号的住户距离大街的起点为 123 米。

输入：输入的第 1 行有一个整数表示测试样例的组数。接下来每组测试数据的第 1 行有两个正整数 n 和 m，其中，n 表示居民所购买的 AP 总数，m 表示住户总数。接下来 m 行，每行表示一个住户的门牌号码。大街上不超过 10 万个住户且门牌号码不超过 100 万。

输出：每组数据输出一个数值，表示“所有房子与其最近的 AP 之间的距离”中的最大值，请四舍五入到小数点后一位。

输入样例：

```
1
2 3
1
3
10
```

输出样例：

```
1.0
```

4-8　语言区域

问题描述：对世界上所有地区使用的语言作个排行榜。

一个地图上会标示各地区以及所使用的语言。地图如下：

```
ttuuttdd
ttuuttdd
uuttuudd
uuttuudd
```

每个字符代表一种语言，并且区域被定义为同一个字符相连的地区。2 个字符“相连”指的是该 2 个字符有上、下、左、右 4 个方向邻近的关系。所以在图中有 3 个区域说 t 语言，有 3 个区域说 u 语言，有 1 个区域说 d 语言。

现在要求找出地图中每种语言被说的区域数，并且按照一定的顺序输出。

输入：输入的第 1 行有一个整数 N，代表有几组测试数据。每组测试数据的第 1 行有两个整数 H 及 W，代表此地图的高度及宽度。接下来的 H 行每行有 W 个字符。所有的字符均为小写的英文字母（a～z）。

输出：对每组测试数据，先输出"World #*n*"，*n* 是第几组测试数据。接下来输出在此地图中每种语言被说的区域数，降序排列。如果有两种语言区域数相同，则依字典序输出，如 i 语言在 q 语言之前。

输入样例：

```
2
4 8
ttuuttdd
ttuuttdd
uuttuudd
uuttuudd
9 9
bbbbbbbbb
aaaaaaaab
bbbbbbbab
baaaaacab
bacccccab
bacbbbcab
bacccccab
baaaaaaab
bbbbbbbbb
```

输出样例：

```
World #1
t: 3
u: 3
d: 1
World #2
b: 2
a: 1
c: 1
```

4-9　煎饼排序

问题描述：有一堆薄煎饼，所有的薄煎饼半径均不相同，要如何安排才能使这些薄煎饼由上到下依薄煎饼的半径由小到大排好。

要把薄煎饼排好序需要对这些薄煎饼做翻面（flip）的动作。方法是用一把刀插入薄煎饼堆中，然后做翻面的动作（也就是说，在刀上面的薄煎饼经翻面后，会依相反的次序排列）。若一堆薄煎饼共有 n 个，我们定义最底下的薄煎饼的位置为 1，最上面的薄煎饼位置为 n。当刀插入位置为 k 时，代表从位置 k 到位置 n 的薄煎饼要做翻面的动作。

开始时，这堆薄煎饼随意堆放，并以半径大小来表示。例如，以下 3 堆薄煎饼（最左边那一堆 8 是最上面一个薄煎饼的半径）：

```
8       7       2
4       6       5
6       4       8
7       8       4
5       5       6
2       2       7
```

对最左边那堆薄煎饼，如果把刀插在位置 3（就是半径为 7 的那块薄煎饼的下面）的地方做翻面，就会得到中间那堆，如果再把刀插在位置 1（就是半径为 2 的那块薄煎饼的下面）的地方做翻面，就会得到最右边那堆。

输入：每组测试数据一行，内容为这堆薄煎饼开始的状态。每行开始的整数（介于 1～100 之间）代表位于最上方薄煎饼的半径，以此类推。薄煎饼的数目介于 1 到 30 之间。

输出：对每 1 组测试数据输出两行。第 1 行为原来那堆薄煎饼。第 2 行为要使这堆薄煎饼由小到大排列所做的翻面的动作。数字代表刀所插入的位置（0 代表已完成）。如果已经排好了，则不需再有翻面的动作。

输入样例：

```
1 2 3 4 5
5 4 3 2 1
5 1 2 3 4
```

输出样例：

```
1 2 3 4 5
0
5 4 3 2 1
1 0
5 1 2 3 4
1 2 0
```

4-10　-2 进制数

问题描述：每个人都知道二进制数（binary）及十进制数（decimal），现在我们考虑-2 进制数，一个-2 进制数仅由 0 与 1 组成，并且下列等式必须成立：

$$n = b_0 + b_1(-2)^1 + b_2(-2)^2 + b_3(-2)^3 + \cdots$$

最酷的是每个整数（包含负数）都有一个唯一的-2 进制表达方式，而且不必用到负号。你的任务就是找出这样的表达方式。

输入：输入的第 1 行有一个整数代表以下有几组测试数据。每组测试资料一行有一个十进制的整数 n（$-1000000000 \leqslant n \leqslant 1000000000$）。

输出：每组测试数据输出这是第几组测试数据，然后输出 n 的-2 进制表达方式。

输入样例：

```
6
1
7
-2
0
-1
```

```
4
```

输出样例：

```
Case #1: 1
Case #2: 11011
Case #3: 10
Case #4: 0
Case #5: 11
Case #6: 100
```

4-11　猜数字游戏

问题描述： Stan 和 Ollie 在玩猜数字游戏。Stan 心中想一个数字（1～10），让 Ollie 来猜。在每回猜测后，Stan 会告诉 Ollie 他猜的太高、太低，或者猜中了。

在玩了一阵子之后，Ollie 开始怀疑 Stan 是不是可能欺骗。搞不好在游戏进行中，Stan 偷偷地把答案改变了。所以在每个回合进行过后，Ollie 都会小心翼翼地把每个结果都记录下来，借此来判断 Stan 是不是有欺骗的可能性。

输入： 输入含有多组游戏。每组游戏包含许多回合，每个回合包含 Ollie 的猜测和 Stan 的回应。Ollie 的猜测将会是 1～10 之中的一个数字，Stan 的响应将会是 too high、too low、right on 三种可能性（分别代表猜得太高、太低、猜中）。每组游戏以 right on 来判断这组游戏的结束。

最后一组游戏后有仅含有 0 的一列，代表输入结束。

输出： 每组游戏应该输出 Stan 是否说谎。如果 Stan 说谎，则输出"Stan is dishonest"，否则输出"Stan may be honest"。

输入样例：

```
10
too high
3
too low
4
too high
2
right on
5
too low
7
too high
6
right on
0
```

输出样例：

```
Stan is dishonest
Stan may be honest
```

4-12　复合字

问题描述： 字典中有许多字，找出其中所有的 2 字复合字。2 字复合字指的是由 2

个字所合成的字。例如，catfish 是由 cat 及 fish 这 2 个字所合成的。注意：这 2 个字也可以是同一个字。

输入：字典的内容，每个字一行，都是小写字母，且字典中的字已按照字母顺序升序排好了。字的数目最多不会超过 120000 个。

输出：输出字典中所有的 2 字复合字，按照字母顺序由小到大。

输入样例：

```
a
aa
aaa
aaaa
alien
born
less
lien
never
nevertheless
new
newborn
the
zebra
```

输出样例：

```
aa
aaa
aaaa
alien
newborn
```

第 5 章　动态规划

学习要点

- 理解动态规划算法的基本原理和求解步骤
- 理解基于划分策略的动态规划算法的典型特征，掌握矩阵连乘和最优二叉搜索树的设计策略
- 理解基于减一策略的动态规划算法的典型特征，掌握多段图最短路径和最长公共子序列的设计策略
- 掌握 0-1 背包问题、最大上升子序列的设计策略

【引导问题】 一个勇士参加一个有 n 关的闯关游戏，每通过一关，他就能得到一个奖品（贵金属块），第 i 关的奖品重量为 w_i 价值为 v_i。勇士随身携带一个总容量为 C 的背包，通过一关时，他可以选择接受过关的奖品并装入背包，或者选择放弃保留背包的剩余空间。假设勇士能通过所有关，且知道每关奖品的重量和价值，他闯关后能获取的奖品价值最大是多少？

该问题是一个多阶段决策问题，及勇士每闯过一关后，他需要决定是否领取奖品。勇士需要做 n 次这样的决策，并使得总领取的奖品价值最大。该决策过程具有如下性质：某阶段的决策一旦确定，则后续过程的演变不再受该阶段之前决策的影响。简单地说，“未来与过去无关”，当前状态是历史的一个完整总结，当前状态是未来演变的新起点，这个性质也称为**“无后效性”**。动态规划是“无后效性”的多阶段决策问题的高效求解算法。

另外，有些问题在应用分治策略求解时，划分的子问题往往不是独立的，相反它们存在一定的重叠。这种重叠会导致求解的子问题总数量爆炸式增长，相应地，分治算法的时间复杂度也变成指数级复杂度。动态规划对这种重叠子问题现象提供了高效的解决方案。

动态规划是运筹学的一个分支，是求解决策过程最优化的数学方法。20 世纪 50 年代初，理查德 · 贝尔曼（Richard E. Bellman）等人在研究多阶段决策过程的优化问题时，提出了著名的最优化原理，创立了解决多阶段最优化决策的新方法——**动态规划**。

5.1　动态规划的基本思想

【引导 1　斐波那契数列】 第 4 章介绍了斐波那契数列问题，它是一个简单而典型的分治问题。斐波那契数的递归方程表示为

$$\mathrm{Fib}(n)=\begin{cases}1, & n=0,1\\ \mathrm{Fib}(n-1)+\mathrm{Fib}(n-2), & n>1\end{cases}$$

其递归实现代码见程序 4-2。该程序实现简单，但是效率非常低。图 5-1 展示了求解斐波那契数 Fib(5)的递归调用树。不难发现，在递归调用过程中，每次产生的子问题并不是新问题，有些子问题被反复计算多次（如 Fib(3)调用了 2 次，Fib(2)调用了 3 次）。这种现象被称为**重叠子问题**。当输入参数 n 比较大时，其重复计算的子问题数目将爆炸式增长，最终需要计算的子问题个数（或者递归调用次数）为指数量级。

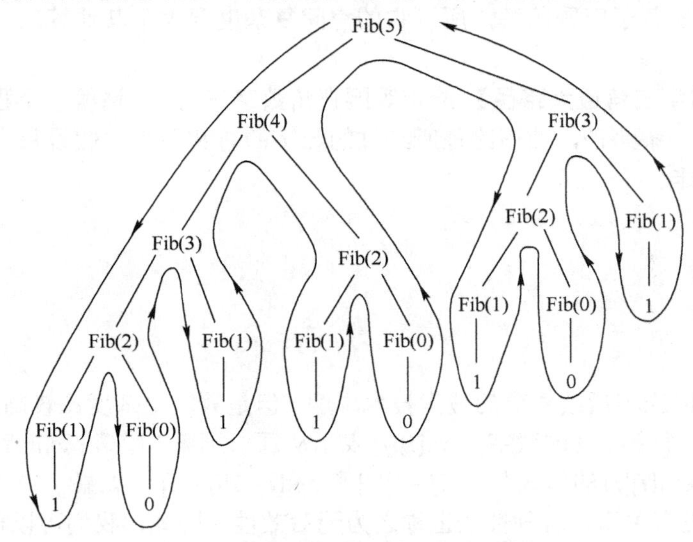

图 5-1　求解斐波那契数 Fib(5)的递归调用树

在上述问题中，Fib(n) 的求解过程中涉及的子问题集合为 $\{\mathrm{Fib}(n-1),\mathrm{Fib}(n-2),\cdots,\mathrm{Fib}(1),\mathrm{Fib}(0)\}$，子问题的总数目为 n，它远远小于递归程序实际求解的子问题数。怎样减少实际求解的子问题数目呢？

如果用一个数组保存已解决的子问题的答案，而在需要时从数组中查找已求得的子问题答案，这样就可以避免大量的重复计算，从而得到多项式复杂度算法。这就是动态规划算法的基本思路，实现代码见程序 5-1。

程序 5-1　Fibonacci 数列的动态规划程序

```
long fibonacci(int n) {
    long* fib = new long[n+1];
    fib[0] = 1;
    fib[1] = 1;
    for (int i=2; i <= n; i++)
        fib[i] = fib[i - 1]+fib[i - 2];
    return fib[n];
}
```

在程序 5-1 中，数组 fib 保存各子问题的解，如表 5-1 所示。首先，将 Fib(0)和 Fib(1)的解保存在 fib[0]和 fib[1]中。然后在求解 Fib(2)时，根据递归公式 $\mathrm{Fib}(2)=\mathrm{Fib}(1)+\mathrm{Fib}(0)$，只需直接从 fib 数组中取出 Fib(1)和 Fib(0)相加即可，并将 Fib(2)的值存入 fib[2]中。求解 Fib(3)时，只需从 fib 数组中取出 Fib(2)和 Fib(1)相加，并把求得的结果保存在 fib[3]中。

后续求解过程循环执行此操作即可。

表 5-1 斐波那契数列的存储数组

	Fib(0)	Fib(1)	Fib(2)	Fib(3)	Fib(4)	Fib(5)	…
fib	1	1	2	3	5	8	…

由斐波那契数列的例子可以得到，动态规划的关键在于解决重叠子问题的重复计算，将原来指数级复杂度的分治算法改造成多项式级复杂度的算法。在实现的过程中，动态规划算法需要存储各子问题的解，所以它的空间复杂度要大于其他算法，这是一种以**空间换时间**的策略。

【引导 2　数字三角最大路径】 给定等腰直角数字三角形，请编一个程序计算从顶至底的某个位置的一条路径，使该路径所经过的数字的总和最大。假设每一步可延直线向下或右斜线向下走。

```
7
3 8
8 1 0
2 7 4 4
4 5 2 6 5
```

这个问题可以应用后续章节的搜索技术求解，但是算法复杂度比较高。假设 $a[i][j]$ 表示数字三角中第 i 行第 j 列的数字，$opt[i][j]$ 表示从顶部到第 i 行第 j 列的路径数字最大总和，可以发现，$opt[i][j]$ 的值只与 $opt[i-1][j]$ 和 $opt[i-1][j-1]$（如果 $j-1$ 大于 0）有关，而与 $opt[i-2][]$ 没有关系，这种性质也称之为**无后效性**。因此，我们可以根据 $opt[i-1][j]$ 和 $opt[i-1][j-1]$ 的值构造 $opt[i][j]$，其递推方程表示如下。

$$opt[i][j]=\begin{cases}a[i][j]+opt[i-1][j], & j=1\\ a[i][j]+\max\{opt[i-1][j],opt[i-1][j-1]\}, & j>1\end{cases}$$

$opt[1][1]$是初始值，等于数字三角形的顶角元素，即 $opt[1][1]=7$。另外，原问题的答案等于最后一行 $opt[5][\,]$的最大值，表示为 $\max\{opt[5][j]\}(1\leqslant j\leqslant 5)$。

上述求解算法的时间复杂度为 $O(n^2)$，一般来说，其效率会优于搜索算法。新算法的关键在于发现这个问题的无后效性，构造 $opt[i][j]$、$opt[i][j-1]$ 之间的递推关系。

5.1.1　动态规划的基本要素

动态规划算法并非适用于所有的最优化问题，适用于动态规划求解的问题具备两个基本要素：最优子结构性质和子问题重叠性质。

1．最优子结构性质

最优子结构性质，通俗地讲就是问题的最优解包含其子问题的最优解。也就是说，如果把问题的最优解分解（如划分为两个或者多个部分，或者删除第一个或者最后一个分量），得到一个子解，那么这个子解是特定子问题的最优解。

最优子结构性质隐含了问题最优解和子问题最优解之间的一种递推关系。它是动态规划的基础，保障了问题的最优解可以由子问题的最优解构造得到，即得到动态规划算法的递推方程。如果一个问题不具备该性质，则不可能用动态规划方法来求解。

在分析问题的最优子结构性质时，人们一般采用**反证法**：先假设由问题最优解 S 导出的子问题的解不是最优的，再推导在这个假设下可构造出比 S 更好的解 S'，从而得到矛盾。

2．子问题重叠性质

分治算法求解问题时，每次产生的子问题并不总是新问题，有些子问题重复出现，这种性质称为子问题重叠性质。

在动态规划算法中，对于重复出现的子问题，只是在第一次遇到时执行求解过程，然后把求解结果保存在一个表格（可能是高维表格）中；再遇到这个子问题时，直接从表格中引用答案，从而避免重复计算，达到提高效率的目标。

需要提醒的是，子问题重叠性质不是动态规划适用的必要条件，但是如果该性质不满足，那么动态规划方法与其他方法相比就不具备优势。

5.1.2 动态规划的求解步骤

动态规划算法适合用于求解最优化问题，通常可按下列步骤来设计动态规划算法：

- ❖ 分析最优子结构性质。
- ❖ 确定**状态表示**和**状态递推方程**，递归地定义最优值。
- ❖ 确定状态转移顺序，以自底向上的方式计算出最优值。
- ❖ 根据计算最优值时得到的信息，构造最优解。

第 1 步是基础，也是关键。在分析最优子结构性质时，子解分解和子解对应的子问题描述是关键。本书将介绍两种子解分解方法：基于划分的方法和基于减一的方法。

在第一种方法中，问题的最优解依据问题性质划分成两个或者多个子解，其划分位置可能无法事先确定。

在第二种方法中，问题的最优解依据问题性质缩减规模，如减去最优解的第一个分量，或者最后一个分量，得到规模少 1 个单位的子解。得到子解后，分析和描述该子解对应的子问题，如果能证明该子解是对应子问题的最优解，则该问题满足最优子结构性质，转入第 2 步；否则，该问题不能用动态规划求解。

第 2 步是动态规划算法的核心，它是最优解的规划过程。状态表示本质上就是子问题的表示，形如 $f(x_1,\cdots,x_k)$，其中 $x_1,\cdots,x_k$ 是描述子问题的参数列表，每个参数都需要定义其取值范围；$f(\cdot)$ 的值域则体现问题的求解目标，一般地，$f(\cdot)$ 直接定义为待求解问题的目标值。注意，对于有些问题来说，$f(\cdot)$ 如果直接定义为原问题目标值，可能最优子结构性质不成立。此时 $f(\cdot)$ 往往定义为某个中间目标值，如最大上升子序列问题。在算法实现时，状态 $f(x_1,\cdots,x_k)$ 一般用一个 k 维的表格存储，动态规划过程就是表格操作过程。

第 3 步体现了动态规划算法的执行过程。通俗地讲，动态规划是一个由易至难的求解过程：先求解最简单的子问题的解，再利用简单子问题的解构造复杂一些的子问题的解，直至求解原问题。

第 4 步是可选步骤，只有要求构造最优解时才需要。

下面详细介绍 3 类典型问题的动态规划算法。在第一类中，基于划分策略构造子问题最优值与原问题最优值的递推关系，其中最佳划分位置需要枚举，如矩阵连乘和最优二叉搜索树。在第二类中，基于减一策略构造子问题最优值与原问题最优值的递推关系，子问题规模一般比原问题规模小一个单位，如多段图最短路径、最长公共子序列和 0-1 背包问题。在第三类中，状态值不是直接表示待求解问题的目标值，相反它定义了一个中间目标，然后通过中间目标值计算出原问题的最优解，如最大上升子序列。

矩阵连乘 1

5.2 矩阵连乘

矩阵连乘 2

问题描述：给定 n 个数字矩阵 $\boldsymbol{A}_1,\boldsymbol{A}_2,\cdots,\boldsymbol{A}_n$，其中，$\boldsymbol{A}_i$ 与 $\boldsymbol{A}_{i+1}$ $(i=1,2,\cdots,n)$ 是可乘的。用加括号的方式表示矩阵连乘的次序，不同加括号的方法所对应的计算次序是不同的，所需要的数乘次数也不一样。

矩阵连乘 3

考察两个矩阵相乘的情形：$\boldsymbol{C}=\boldsymbol{AB}$。如果矩阵 $\boldsymbol{A}$ 和 $\boldsymbol{B}$ 分别是 $p\times r$ 和 $r\times q$ 矩阵，则它们的乘积 $\boldsymbol{C}$ 将是 $p\times q$ 矩阵，其(i,j)位置的元素为

$$c_{ij}=\sum_{k=1}^{r}a_{ik}b_{kj} \qquad i=1,2,\cdots,p,\ j=1,2,\cdots,q$$

因而 $\boldsymbol{AB}$ 所用的数乘次数是 $p\times r\times q$。

如果有至少 3 个以上的矩阵连乘，则涉及乘积次序问题，即加括号方法。例如，3 个矩阵连乘的加括号方法有两种：$((\boldsymbol{A}_1\boldsymbol{A}_2)\boldsymbol{A}_3)$ 和 $(\boldsymbol{A}_1(\boldsymbol{A}_2\boldsymbol{A}_3))$。设 $\boldsymbol{A}_1$、$\boldsymbol{A}_2$、$\boldsymbol{A}_3$ 分别是 $p_0\times p_1$、$p_1\times p_2$、$p_2\times p_3$ 矩阵，则以上两种乘法次序所用的数乘次数分别为 $p_0\times p_1\times p_2+p_0\times p_2\times p_3$ 和 $p_0\times p_1\times p_3+p_1\times p_2\times p_3$。如果 $p_0=10$，$p_1=100$，$p_2=5$，$p_3=50$，则两种乘法所用的数乘次数分别为 7500 和 75000。

任意给定 n 个可乘的数字矩阵 $\boldsymbol{A}_1,\boldsymbol{A}_2,\cdots,\boldsymbol{A}_n$，以及矩阵的维度 $p_0\times p_1$、$p_1\times p_2$、$\cdots$、$p_{n-1}\times p_n$，求解给定矩阵链的最优计算次序使得所需要的数乘次数最少。

输入：多组测试数据，每组测试数据包括两行，第一行输入矩阵的个数 n（$n<1000$），第二行输入 n+1 个数，依次表示 p_0、p_1、p_2、$\cdots$、p_n。

输出：最少的数乘次数。

输入样例：

```
3
10 100 5 50
```

输出样例：

```
7500
```

1. 问题分析

因为矩阵乘法满足结合律，其相乘次序可以通过加括号的方式来改变。特别地，完全加括号的矩阵连乘积可递归地定义如下：

❖ 单个矩阵是完全加括号的。

❖ 矩阵连乘积 $\boldsymbol{A}$ 是完全加括号的，则 $\boldsymbol{A}$ 可表示为两个完全加括号的矩阵连乘积 $\boldsymbol{B}$ 和 $\boldsymbol{C}$ 的乘积并加括号，即 $\boldsymbol{A}=(\boldsymbol{BC})$。

显然，完全加括号的方案不同，矩阵连乘所用的数乘次数也可能不一样。如给定 4 个矩阵 $\boldsymbol{A}$、$\boldsymbol{B}$、$\boldsymbol{C}$、$\boldsymbol{D}$，其维度分别为 5×10、10×40、40×30、30×5，这 4 个矩阵的连乘对应以下 5 种完全加括号方案：$(\boldsymbol{A}((\boldsymbol{BC})\boldsymbol{D})), (\boldsymbol{A}(\boldsymbol{B}(\boldsymbol{CD}))), ((\boldsymbol{AB})(\boldsymbol{CD})), (((\boldsymbol{AB})\boldsymbol{C})\boldsymbol{D}), ((\boldsymbol{A}(\boldsymbol{BC}))\boldsymbol{D})$。

可以验证，它们所需要的数乘次数依次为：13750、8250、9000、8750、14250。

针对矩阵连乘问题，最容易想到的方法是枚举算法，即列举 n 个矩阵连乘的所有完全加括号方案，并计算每个方案的数乘次数，然后统计最小的数乘次数并得到最优加括号方案。这种方法的复杂度取决于完全加括号方案的数目，对于 n 个矩阵连乘，其完全加括号方案个数 $P(n)$是多少？

考察矩阵连乘，不管哪种完全加括号方案，最后一次乘法都是两部分结果矩阵相乘。不失一般性，假设从 $\boldsymbol{A}_k$ 和 $\boldsymbol{A}_{k+1}$（$1<k<n$）处将 n 个矩阵分成两部分：$(\boldsymbol{A}_1\cdots\boldsymbol{A}_k)$ 和 $(\boldsymbol{A}_{k+1}\cdots\boldsymbol{A}_n)$。然后进一步对两部分加括号，可得到一系列加括号方案。按照组合数学的乘法原理，这样划分的条件下，加括号方案个数等于 $P(k)P(n-k)$。因为划分位置 k 不是固定的，$P(n)$的值还需要累加在不同 k 值条件下的加括号方案数目，得如下递归方程：

$$P(n)=\begin{cases}1, & n=1\\ \sum_{k=1}^{n-1}P(k)P(n-k), & n>1\end{cases}$$

解此递归方程可得 $P(n)=C(n-1)$，其中 C 表示 Catalan 数：

$$C(n)=\frac{1}{n+1}\begin{vmatrix}2n\\ n\end{vmatrix}=\Omega(4^n/n^{3/2})$$

也就是说，$P(n)$是随 n 指数增长的。显然，枚举方法的复杂度太高。

事实上，矩阵连乘问题具有最优子结构性质，可以采用动态规划的方法，在多项式时间内找到最优的连乘次序。

（1）最优子结构性质

假设 n 个矩阵连乘的最优加括号方案为 $((\boldsymbol{A}_1\cdots\boldsymbol{A}_k)(\boldsymbol{A}_{k+1}\cdots\boldsymbol{A}_n))$（此处省略了 $\boldsymbol{A}_1\cdots\boldsymbol{A}_k$ 和 $\boldsymbol{A}_{k+1}\cdots\boldsymbol{A}_n$ 两个子矩阵链内部的括号），则加括号方案 $(\boldsymbol{A}_1\cdots\boldsymbol{A}_k)$ 是子矩阵链 $\boldsymbol{A}_1\cdots\boldsymbol{A}_k$ 的最优加括号方案，$(\boldsymbol{A}_{k+1}\cdots\boldsymbol{A}_n)$ 是 $\boldsymbol{A}_{k+1}\cdots\boldsymbol{A}_n$ 的最优加括号方案。

证明：（反证法）

显然，最优解 $((\boldsymbol{A}_1\cdots\boldsymbol{A}_k)(\boldsymbol{A}_{k+1}\cdots\boldsymbol{A}_n))$ 可在 $\boldsymbol{A}_k$ 前后划分为两个子解：$(\boldsymbol{A}_1\cdots\boldsymbol{A}_k)$ 和 $(\boldsymbol{A}_{k+1}\cdots\boldsymbol{A}_n)$。

设 $((\boldsymbol{A}_1\cdots\boldsymbol{A}_k)(\boldsymbol{A}_{k+1}\cdots\boldsymbol{A}_n))$ 的数乘次数为 a，$(\boldsymbol{A}_1\cdots\boldsymbol{A}_k)$ 的数乘次数为 b，$(\boldsymbol{A}_{k+1}\cdots\boldsymbol{A}_n)$ 的数乘次数为 c，$(\boldsymbol{A}_1\cdots\boldsymbol{A}_k)$ 和 $(\boldsymbol{A}_{k+1}\cdots\boldsymbol{A}_n)$ 的结果矩阵相乘所需的数乘次数为 d，可得到如下关系

$$a=b+c+d$$

因为结果矩阵 $(\boldsymbol{A}_1\cdots\boldsymbol{A}_k)$ 的行和列为 p_0 和 p_k，结果矩阵 $(\boldsymbol{A}_{k+1}\cdots\boldsymbol{A}_n)$ 的行和列为 p_k 和 p_n，可以得到两者相乘的数乘次数 $d=p_0p_kp_n$，并且 $(\boldsymbol{A}_1\cdots\boldsymbol{A}_k)$ 和 $(\boldsymbol{A}_{k+1}\cdots\boldsymbol{A}_n)$ 的加括号方式不影响 d 的大小。

如果 $(\boldsymbol{A}_1\cdots\boldsymbol{A}_k)$ 不是子矩阵链 $\boldsymbol{A}_1\cdots\boldsymbol{A}_k$ 的最优加括号方案，那么对于 $\boldsymbol{A}_1\cdots\boldsymbol{A}_k$ 来说，它至少存在另一个加括号方案，其数乘次数 b' 少于 b。把该方案替换 $((\boldsymbol{A}_1\cdots\boldsymbol{A}_k)(\boldsymbol{A}_{k+1}\cdots\boldsymbol{A}_n))$ 中

的 $(A_1 \cdots A_k)$，得到原矩阵链 $A_1 \cdots A_k \cdots A_n$ 的另一个加括号方案，其数乘次数为

$$a' = b' + c + d$$

显然有 $a' < a$，这说明 $((A_1 \cdots A_k)(A_{k+1} \cdots A_n))$ 不是原矩阵链的最优加括号方案，与前提矛盾，所以 $(A_1 \cdots A_k)$ 是子矩阵链 $A_1 \cdots A_k$ 的最优加括号方案。

同理可证，$(A_{k+1} \cdots A_n)$ 是 $A_{k+1} \cdots A_n$ 的最优加括号方案。

（2）状态表示和状态递推方程

状态表示本质上是子问题的表征。通过最优子结构分析可知，每个子矩阵链 $A_i \cdots A_j$ 对应一个子问题，它由开始矩阵和结束矩阵的下标决定，记为 $A[i:j]$。矩阵链 $A_i \cdots A_j$ 的最优计算次序对应的乘法次数表示为 $m(i,j)\ (1 \leqslant i, j \leqslant n)$，则原问题的最优值为 $m(1,n)$。

当 $i=j$ 时，为单一矩阵，无须计算，有 $m(i,i)\ (1 \leqslant i \leqslant n)$。

当 $i<j$ 时，可利用最优子结构性质来计算 $m(i,j)$。假设 $A[i:j]$的最优加括号方案在 A_k 和 A_{k+1}（$i \leqslant k < j$）之间划分为两部分，可得到以下递归方程：

$$m(i,j) = m(i,k) + m(k+1,j) + p_{i-1}p_k p_j$$

但是在计算 $A[i:j]$的最优值时不知道最优划分位置 k，所以还需要枚举 k，统计最优的划分位置。由 k 的取值范围可知，k 的位置只有 $j-i$ 种可能。$m(i,j)$ 可以递归定义为

$$m(i,j) = \begin{cases} 0, & i=j \\ \min\limits_{i \leqslant k < j}\{m(i,k) + m(k+1,j) + p_{i-1}p_k p_j\}, & i<j \end{cases}$$

$m(i,j)$ 存储了矩阵链 $A[i:j]$的最少数乘次数，还能确定 $A[i:j]$的最优加括号方案中的划分位置 k。我们可把最优划分位置 k 保存在另一个数组 $s(i,j)$中，这样可以通过 s 递归计算最优加括号方案。

（3）计算最优值

根据计算 $m(i,j)$ 的递归方程，容易写一个递归程序计算 $m(1,n)$。但是，这样会产生很多重叠的子问题，耗费指数级的计算时间。事实上，不同的有序对 $(i,j)\ (1 \leqslant i \leqslant j \leqslant n)$ 对应不同的子问题，子问题总数为 $C(n,2)+n=\Theta(n^2)$。在递归计算过程中，不同子问题的个数只有 $\Theta(n^2)$。

用动态规划算法求解此问题时可依据状态转移方程以自底向上的方式进行计算。在计算过程中，保存已解决的子问题答案，而在后面需要时直接从保存空间中读取。这样每个子问题只计算了一次，从而避免了大量的重复计算，最终得到多项式复杂度的算法。

最优值计算过程遵从自底向上的规律，也是一个从易至难求解的过程。下面通过例子展示其求解过程。

【例 5-1】 求以下 6 个矩阵连乘的最少数乘计算次数及所采用的乘法次序。

$$A_1:30\times35 \quad A_2:35\times15 \quad A_3:15\times5 \quad A_4:5\times10 \quad A_5:10\times20 \quad A_6:20\times25$$

计算过程如下。

步骤 1：初始化，令 $m(i,i)=0$，$s(i,i)=0\ (i=1,2,\cdots,6)$，其值对应表格 m 中的对角线。

步骤 2：按照状态转移方程计算矩阵 A_i和A_{i+1} 相乘时的最优值，并记录最优划分位置 k，且 $k=i$（$i=1,2,\cdots,5$）。比如：

$$m(1,2) = \min\{m(1,1) + m(2,2) + p_0 p_1 p_2\} = 15750$$

以此类推，计算 $m(2,3)$，$m(3,4)$，$m(4,5)$，$m(5,6)$，并把它们保存到表格 m 中的次对角线。

步骤 3：按照状态转移方程依次计算 3 个矩阵相乘、4 个矩阵相乘、5 个矩阵相乘和 6 个矩阵相乘时的最优值和最优划分位置，并填入表格 m 和 s 中的相应位置。比如：

$$m(2,5)=\min\begin{cases} m(2,2)+m(3,5)+p_1p_2p_5=13000 \\ m(2,3)+m(4,5)+p_1p_3p_5=7125 \\ m(2,4)+m(5,5)+p_1p_4p_5=11375 \end{cases}$$

$$s(2,5)=3$$

具体结果如图 5-2 所示。

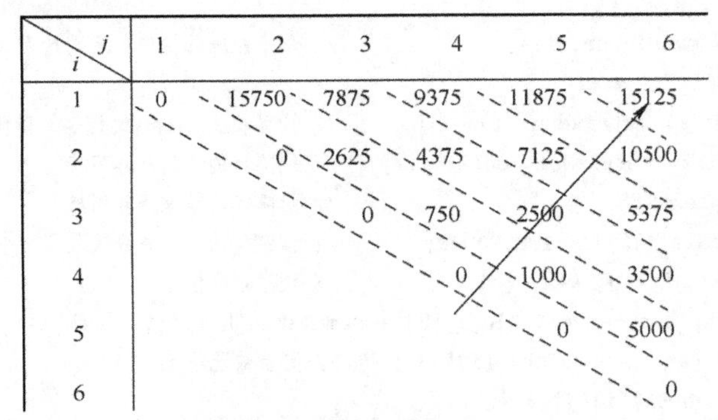

i \ j	1	2	3	4	5	6
1	0	15750	7875	9375	11875	15125
2		0	2625	4375	7125	10500
3			0	750	2500	5375
4				0	1000	3500
5					0	5000
6						0

图 5-2　矩阵连乘实例的最优值矩阵 m

（4）构造最优解

上述过程只是计算了矩阵最优加括号方案所用的数乘次数 $m(i,j)$，并未明确给出最优连乘次序，即完全加括号方法。根据最优划分位置矩阵 s 的定义，如果 $s(i,j)=k$，则矩阵链 $A[i:j]$ 的最佳方式应该在矩阵 A_k 和 A_{k+1} 之间断开，即最优加括号方式形如 $(A[i:k])(A[k+1:j])$。因此，我们可以自顶向下地构造矩阵链的最优完全加括号方案。

从 $s(1,n)$的值可知，计算 $A[1:n]$的最优加括号方式为 $((A_1\cdots A_{s(1,n)})(A_{s(1,n)+1}\cdots A_n))$。而 $A[1:s(1,n)]$的最优加括号方式为 $((A_1\cdots A_q)(A_{q+1}\cdots A_{s(1,n)}))$，其中 $q=s(1,s(1,n))$；同理可得，$A[(s(1,n)+1):n]$的最优加括号方案是 $((A_{s(1,n)+1}\cdots A_r)(A_{r+1}\cdots A_n))$，其中 $r=s(s(1,n)+1, n)$。

以此类推，最终可以确定 $A[1:n]$的完整加括号方式。例 5-1 的最优加括号方案为 $(A_1(A_2A_3))((A_4A_5)A_6)$。

2. 算法实现与分析

矩阵连乘的动态规则算法见程序 5-2。

程序 5-2　矩阵连乘的动态规划算法

```
#include<stdio.h>
#include<string.h>
#define        MaxNum    1000
long MatrixChain(int);
int dim[MaxNum];
long memoTable[MaxNum][MaxNum];                // 记录最优值的数组，表示理论分析部分的 m
int  bestK[MaxNum][MaxNum];                    // 记录最优划分位置 k 的数组，表示理论分析部分的 s
int main() {
```

```
    int i, matrixNum;
    while(EOF != scanf("%d", &matrixNum)) {   // 读入矩阵数量
        for (i=0; i <= matrixNum; i++)
            scanf("%d", &dim[i]);                // 读入矩阵的维度信息
        printf("%ld\n", MatrixChain(matrixNum));
    }
    return 0;
}
// 自底向上地计算最优值，结果保存在全局变量 memoTable 和 bestK 中
long MatrixChain(int matrixNum) {
    int i, j, len, k;
    for(i=1; i <= matrixNum; i++)              // 单个矩阵的情形，定义数乘次数为 0
        memoTable[i][i] = 0;
    for(len=2; len <= matrixNum; len++){       // 计算长度为 len 的矩阵链最优值
        for(i=1; i <= matrixNum-len+1; i++) { // 矩阵链的开始矩阵下标
            j = i+len-1;                       // 矩阵链的结束矩阵下标
            memoTable[i][j] = 100000000;       // 预定义的一个充分大数
            for(k=i; k < j; k++) {             // 枚举划分位置
                long ans = memoTable[i][k] + memoTable[k+1][j] + dim[i-1]*dim[k]*dim[j];
                if (ans < memoTable[i][j]){    // 更新最优信息
                    bestK[i][j] = k;
                    memoTable[i][j] = ans;
                }
            }                                  // end of for k
        }                                      // end of for i
    }                                          // end of for len
    return memoTable[1][matrixNum];
}
```

算法 MatrixChain 的主要计算量取决于程序中对 len、i 和 k 的三重循环，循环体内的计算量为 $O(1)$，三重循环的总次数是 $O(n^3)$，所以算法的时间复杂度为 $O(n^3)$。注意：MatrixChain 程序中最优值保存在 memoTable[1:n][1:n]中，也就是说，memoTable 中下标为 0 的行和列没有使用。

另外，动态规划算法也可以用递归程序实现，实现自顶向下的求解过程，这样的方法被称为**备忘录方法**。备忘录方法的程序结构与分治算法非常类似，区别在于备忘录方法为每个已求解的子问题建立了备忘录，以备需要的时候查找，从而避免了相同子问题的重复求解。

备忘录方法为每个子问题在备忘录中建立一个记录项。初始化时，该记录项存入一个特殊的值（如-1），表示该子问题尚未求解。在求解过程中，对每个待求的子问题，首先查看其相应的记录项：如果记录项中的值是-1，则该子问题是第一次求解，于是递归地求解此问题，并保存其求解结果到记录项中；如果记录项中的值不是-1，则该子问题已经被求解，记录项中的值就是该子问题的答案，因此读出记录项中的值即可，而不必重新计算。程序 5-3 是矩阵连乘问题的备忘录算法。

程序 5-3　矩阵连乘的备忘录算法

```
// 调用前用 memset(memoTable, -1, sizeof(memoTable))初始化备忘录，表为-1
```

```
long MatrixChainMemo(int i, int j) {
    if (memoTable[i][j] != -1)
        return memoTable[i][j];                          // 备忘录表中有答案
    if (i == j) {                                        // 单个矩阵的情形
           memoTable[i][j] = 0;
        return 0;
    }
    long ans, max = 100000000;                           // 预定义的一个充分大数
    for (int k=i; k < j; k++) {                          // 递归计算
        ans = MatrixChainMemo(i, k) + MatrixChainMemo(k+1, j) + dim[i-1]*dim[k]*dim[j];
        if (ans < max) {
            bestK[i][j] = k;
            max=ans;
        }
    }
    memoTable[i][j] = max;
    return max;
}
```

与 MatrixChain 算法一样，备忘录算法 MatrixChainMemo 时间复杂度为 $O(n^3)$。这两种方法都利用了子问题重叠性质。N个矩阵的矩阵连乘问题中共有 $O(N^2)$个不同的子问题，这两种方法都保证了每个子问题只计算了一次，因此提高了算法的效率。

一般来讲，当一个问题的所有子问题都至少要解一次时，自底向上的动态规划算法比自顶向下的备忘录方法效率高，因为前者没有递归调用的额外开销。如果一个问题的部分子问题不需要求解时，备忘录方法则更加有利，因为从其控制结构可以看出，该方法只求解那些实际需要求解的子问题。

5.3　最优二叉搜索树

问题描述：设 $S=\{s_1,s_2,\cdots,s_n\}$ 是有序集且 $s_1<s_2<\cdots<s_n$，有序集 S 用二叉搜索树来表示，即 S 中的每个元素都是二叉搜索树的结点。二叉搜索树具有下述性质：任意结点中的元素 s 大于其左子树（如果存在）中任一结点所存储的元素，小于其右子树（如果存在）中任一结点所存储的元素。不难推导，二叉搜索树按中续遍历后生成的序列是一个递增序列。

假设 S 中的元素 s_i 被查找的概率为 p_i $(0<p_i<1)$。因为某些查询值不包含于集合 S 中，所以在二叉搜索树中设置 n+1 个虚结点 $e_0,e_1,\cdots,e_n$，它们表示不在 S 中的那些查询值。其中，e_0 表示小于 s_1 的所有值，e_n 表示大于 s_n 的所有值，e_i $(i=1,2,\cdots,n-1)$ 表示 (s_i,s_{i+1}) 之间的所有值。同样，每个虚结点 e_i 对应一个查询概率 q_i。在构建的二叉搜索树中，s_i 为实结点（内部结点），e_i 为虚结点（叶子结点）。每次检索要么成功，查找到实结点 s_i；要么失败，即检索到虚结点 e_i。因此

$$\sum_{i=1}^{n}p_i+\sum_{i=0}^{n}q_i=1$$

显然，同一个有序集 S 可以构造出多个二叉搜索树。如何衡量二叉搜索树的查找效

率？通常采用平均比较次数作为衡量指标。设在表示$S=\{s_1,s_2,\cdots,s_n\}$的二叉搜索树T中，元素s_i的结点深度为$\mathrm{dp}(s_i)$（根结点的深度为0），查找概率为p_i（$1\leqslant i\leqslant n$）；虚结点e_j的结点深度为$\mathrm{dp}(e_j)$，查找概率为q_j（$0\leqslant j\leqslant n$）。根据二叉搜索树的特性，如果在深度为$\mathrm{dp}(s_i)$的实结点s_i处查找结束，需要比较$\mathrm{dp}(s_i)+1$次；如果在深度为$\mathrm{dp}(e_j)$的结点e_j处查找结束，需要比较$\mathrm{dp}(e_j)$次。那么，二叉搜索树T的平均比较次数定义为

$$C=\sum_{i=1}^{n}p_i(\mathrm{dp}(s_i)+1)+\sum_{j=1}^{n}q_j\mathrm{dp}(e_j) \tag{5-1}$$

最优二叉搜索树是指在所有表示有序集S的二叉搜索树中，具有最小平均比较次数的二叉搜索树。现在给定有序集S对应的概率p_i（$1\leqslant i\leqslant n$）和q_j（$0\leqslant j\leqslant n$），求解最优二叉搜索树。

输入：多组测试数据，每组测试数据包括三行。第一行输入有序集S中元素的个数n（n<1000）；第二行输入S中n个元素的查找概率p；第三行输入n+1个虚结点的查找概率q。

输出：最优二叉搜索树的平均比较次数，保留4位有效数字。每组测试样例输出一行。

输入样例：

```
3
0.5  0.1 0.05
0.15 0.1 0.05 0.05
```

输出样例：

```
1.5000
```

1．问题分析

基于平衡二叉搜索树的思想是最容易想到的思路，也就是说，我们把有序集S组织成一棵尽可能平衡的二叉搜索树。另外，可能还有读者考虑贪心策略（见第6章），即把概率大的元素尽可能安排在二叉搜索树靠近根结点的位置。这些方法是否正确？

【例5-2】 给定有序集$S=\{s_1,s_2,s_3\}$，其查找概率分布如表5-2所示。

表5-2 有序集S的查找概率分布

i	0	1	2	3
p_i		0.5	0.1	0.05
q_i	0.15	0.1	0.05	0.05

图5-3显示了该有序集对应的二叉搜索树的所有形态。其中，圆圈表示实结点，方框表示虚结点。按照平均比较次数的定义，五棵二叉搜索树的平均比较次数分别如下：

$$T(a)=1\times p_1+2\times p_2+3\times p_3+1\times q_0+2\times q_1+3\times(q_2+q_3)=1.5$$
$$T(b)=1\times p_1+3\times p_2+2\times p_3+1\times q_0+3\times(q_1+q_2)+2\times q_3=1.6$$
$$T(c)=1\times p_1+2\times(p_2+p_3)+2\times(q_0+q_1+q_2+q_3)=1.9$$
$$T(d)=2\times p_1+3\times p_2+1\times p_3+2\times q_0+3\times(q_1+q_2)+1\times q_3=2.15$$
$$T(e)=3\times p_1+2\times p_2+1\times p_3+3\times(q_0+q_1)+2\times q_2+1\times q_3=2.65$$

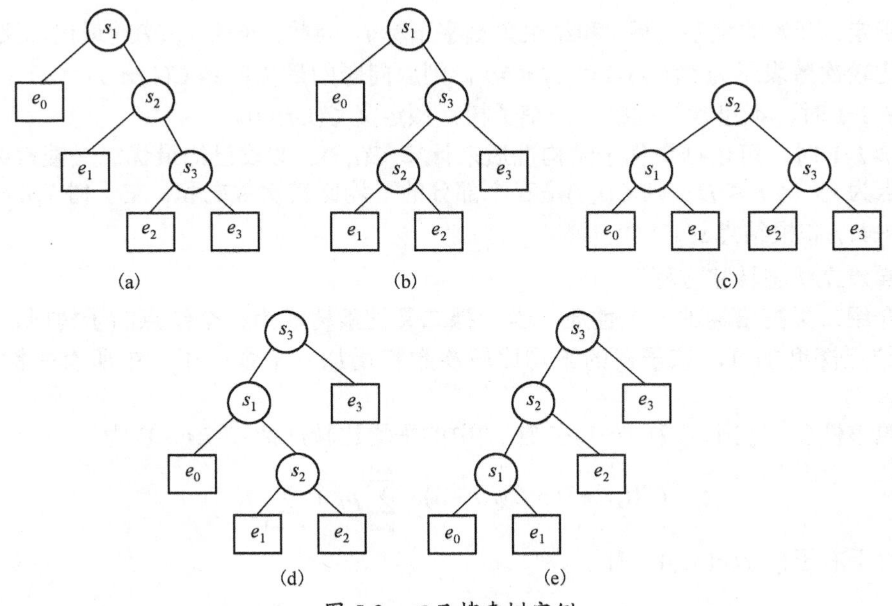

图 5-3　二叉搜索树实例

在这五棵二叉搜索树中，$T(a)$的平均比较次数最少，等于 1.5。虽然 $T(c)$最平衡，其树的高度也最低，但是它的平均比较次数比较大。这是因为元素的查找概率不均衡，所以最优二叉搜索树并不一定是高度最小的二叉搜索树。

另外，二叉搜索树中所有结点的顺序（指中序遍历时形成的顺序）是固定的，概率大的元素不一定能安排在二叉搜索树中靠近根结点的位置。因此，贪心策略也不能保证得到最优二叉搜索树。

如果应用枚举算法，我们会发现：n 个元素的有序集可构造指数量级的二叉搜索树。因此，枚举算法也是不可取的。下面介绍最优二叉搜索树的动态规划算法。

（1）最优子结构分析

将由实结点 $\{s_1,s_2,\cdots,s_n\}$ 和虚结点 $\{e_1,e_2,\cdots,e_n\}$ 构成的二叉搜索树记为 $T(1, n)$，它的根结点记为 $s_k(1\leqslant k\leqslant n)$，则 $T(1, n)$的左子树由实结点 $\{s_1,s_2,\cdots,s_{k-1}\}$ 和虚结点 $\{e_0,e_2,\cdots,e_{k-1}\}$ 组成，记为 $T(1, k-1)$；而右子树由实结点 $\{s_{k+1},s_{k+2},\cdots,s_n\}$ 和虚结点 $\{e_k,e_{k+2},\cdots,e_n\}$ 组成，记为 $T(k+1, n)$。假设 $T(1, n)$是 $\{s_1,s_2,\cdots,s_n\}$ 的最优二叉搜索树，则 $T(1, k-1)$是 $\{s_1,s_2,\cdots,s_{k-1}\}$ 的最优二叉搜索树，$T(k+1, n)$是 $\{s_{k+1},s_{k+2},\cdots,s_n\}$ 的最优二叉搜索树。

证明：（反证法）

如果 $T(1, k-1)$不是 $\{s_1,s_2,\cdots,s_{k-1}\}$ 的最优二叉搜索树，那么存在一棵二叉搜索树 $T'(1,k-1)$，它的平均比较次数更少。

另外，对于 $\{s_{k+1},s_{k+2},\cdots,s_n\}$ 来说，$T'(1,k-1)$、s_k 和 $T(k+1, n)$可组成另一棵二叉搜索树 $T'(1,n)$，而且它的平均比较次数比 $T(1, n)$更少。这与 $T(1, n)$是最优二叉搜索树的前提矛盾。

因此，最优二叉搜索树具有最优子结构性质。

（2）状态表示和状态转移方程

从最优子结构性质分析可知，一棵二叉搜索树的任意子树必定包含连续范围内的关键字 $\{s_i,s_{i+1},\cdots,s_j\}$ 和虚结点 $\{e_{i-1},e_{i+1},\cdots,e_j\}$ $(1\leqslant i,j\leqslant n)$。反过来，一棵子树可以通过两个参数来确定：开始关键字下标 i 和结束关键字下标 j。因此，子树 $T(i,j)$的最优二叉搜索树的平均比较次数表示为 $C(i,j)$（$1 \leqslant i,j \leqslant n$），则原问题的最优值是 $C(1,n)$。

当 $j=i-1$ 时，不包含关键字，是空子树，预定义 $C(i,j)=0$。

当 $j>i-1$ 时，可依据最优子结构性质来计算 $C(i,j)$。假设已知最优二叉搜索树 $T(i,j)$ 的根结点为 s_r（$i \leqslant r \leqslant j$），则 $C(i,j)$是三个部分的平均比较次数之和：左子树 $T(i,r-1)$，右子树 $T(r+1,j)$和根结点 s_r。

怎样建立状态转移方程？

先介绍二叉搜索树的一个**性质**：当一棵二叉搜索树成为一个结点的子树时，则子树中每个结点深度加 1，该子树的平均比较次数将增加一个量：子树中所有关键字的概率之和。

按照该性质，左子树 $T(i,r-1)$在 $T(i,j)$中的平均比较次数 $C'(i,r-1)$ 为

$$C'(i,r-1)=C(i,r-1)+\sum_{k=i}^{r-1}p_k+\sum_{k=i-1}^{r-1}q_k$$

同理，对于右子树 $T(r+1,j)$，有

$$C'(r+1,j)=C(r+1,j)+\sum_{k=r+1}^{j}p_k+\sum_{k=r}^{j}q_k$$

根结点的平均比较次数为 p_r。

综合这三部分的值，得到 $C(i,j)$的递归方程为

$$\begin{aligned}C(i,j)&=C'(i,r-1)+C'(r+1,j)+p_r\\&=C(i,r-1)+\sum_{k=i}^{r-1}p_k+\sum_{k=i-1}^{r-1}q_k+C(r+1,j)+\sum_{k=r+1}^{r-j}p_k+\sum_{k=r}^{j}q_k+p_r\\&=C(i,r-1)+C(r+1,j)+\sum_{k=i}^{j}p_k+\sum_{k=i-1}^{j}q_k\end{aligned}$$

为了表述方便，令 $\omega(i,j)=\sum_{k=i}^{j}p_k+\sum_{k=i-1}^{j}q_k$。$C(i,j)$的递归方程可简化为

$$C(i,j)=C(i,r-1)+C(r+1,j)+\omega(i,j) \tag{5-2}$$

但是方程(5-2)还不是最终的状态转移方程，因为最优二叉搜索树的根结点 s_r 无法事先确定。类似矩阵连乘的动态规划算法，我们枚举所有可能的根结点 s_r（$i \leqslant r \leqslant j$），并统计最小的平均比较次数，从而 $C(i,j)$ 的状态转移方程为

$$C(i,j)=\begin{cases}0, & j=i-1\\ \omega(i,j)+\min\limits_{i\leqslant r\leqslant j}\{C(i,r-1)+C(r+1,j)\}, & j\geqslant i\end{cases} \tag{5-3}$$

注意：为了提高效率，$\omega(i,j)$ 的值可提前计算保存在数组中，其计算的递推公式为

$$\omega(i,j)=\omega(i,j-1)+p_j+q_j \tag{5-4}$$

为了有助于记录最优二叉搜索树的结构，定义 root[i,j]为 s_r 的下标 r，s_r 是包含关键字 $\{s_i,s_{i+1},\cdots,s_j\}$ 的一棵最优二叉搜索树的根。

（3）计算最优值

给定关键字集合 $\{s_i,s_{i+1},\cdots,s_j\}$，计算其最优二叉搜索树的最少平均比较次数可以认为是一个子问题。显然，子问题的总数为 $\Theta(n^2)$。依据自底向上的求解顺序，先计算简单的

子问题，并保存简单子问题的答案，再利用简单子问题的答案求解复杂子问题的答案。

例 5-2 的计算过程大致如下。

步骤 1：初始化，设 $C(i,i-1)=0$，$\omega(i,i-1)=q_{i-1}(1\leqslant i\leqslant 3)$，$C(i,i-1)$ 对应反主对角线下方的斜线。

步骤 2：循环阶段，采用自底向上的方式逐步计算最优值。

2.1　关键字集合规模为 1 时，即 $S[i:i]=\{s_i\}$（$i=1,2,3$），这种规模的子问题有 3 个。按照式(5-4)求解 $\omega(i,i)$，按照式(5-3)求解 $C(i,i)$。

2.2　关键字集合规模为 2 时，即 $S[i:j]=\{s_i,s_j\}$（$i=1,2$，$j=i+1$），这种规模的子问题有 2 个，即要构造出 2 棵最优二叉搜索树 T(1, 2)和 T(2, 3)。同理，按照式(5-4)求解 $\omega(i,j)$，按照式(5-3)求解 $C(i,j)$。

2.3　关键字集合规模为 3 时，即 $S[1:3]=\{s_1,\cdots,s_3\}$。显然，只存在一个这样的子问题，也可以认为是原问题。它同样按照式(5-4)和式(5-3)求解。

计算过程的中间结果如图 5-4 所示。

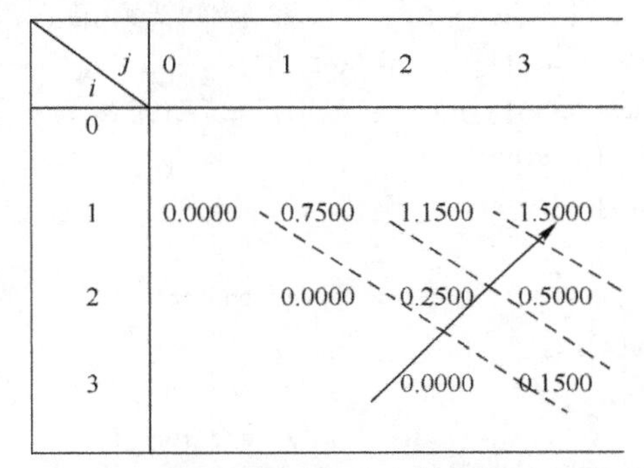

i \ j	0	1	2	3
0				
1	0.0000	0.7500	1.1500	1.5000
2		0.0000	0.2500	0.5000
3			0.0000	0.1500

图 5-4　最优二叉搜索树实例的最优值矩阵 C

2. 算法实现与分析

综上所述，最优二叉搜索树的动态规划算法实现见程序 5-4。

程序 5-4　最优二叉搜索树的动态规划算法

```
#include<stdio.h>
#include<string.h>
#define        MaxNum    1000
double C[MaxNum][MaxNum], root[MaxNum][MaxNum];
double w[MaxNum][MaxNum];
double OptimalBST(double *p, double *q, int n);
int main() {
    int n;
    double pProb[MaxNum], qProb[MaxNum];
    while(EOF != scanf("%d",&n)) {
        for (int i=1; i <= n; i++)
            scanf ("%lf", &pProb[i]);          // 注意从pProb[1]开始记录
        for (int i=0; i <= n; i++)
            scanf("%lf", &qProb[i]);
        printf("%1.4lf\n", OptimalBST(pProb, qProb, n));
```

```
    }
    return 0;
}
double OptimalBST(double *p, double *q, int n) {
    int i, j, r, k;
    for (i=0; i < n; i++) {                        // 初始化空树的情形
        w[i+1][i] = q[i];
        C[i+1][i] = 0;
    }
    for (r=0; r < n; r++) {                        // r 为树中实结点的个数
        for (i=1; i <= n-r; i++) {                 // i 为树中开始实结点编号
            j = i+r;                               // j 为树中末尾实结点编号
            w[i][j] = w[i][j-1]+p[j]+q[j];        // k=i 的情形
            C[i][j] = C[i+1][j];
            root[i][j] = i;
            for (k=i+1; k <= j; k++) {             // 枚举 k 的其他值
                double dTemp = C[i][k-1]+C[k+1][j];
                if (dTemp < C[i][j]) {             // 更新最优信息
                    C[i][j] = dTemp;
                    root[i][j] = k;
                }
            }                                      // end for (k
            C[i][j] += w[i][j];
        }                                          // end for (i
    }                                              // end for (r
    return C[1][n];
}
```

注意，数组 C[][]和 w[][]的大小至少是 n+1，而不是 n。算法 OptimalBST 的主要计算量取决于程序中对 r、i 和 k 的三重循环，循环体内的计算量为 $O(1)$，三重循环的总次数是 $O(n^3)$，所以算法的计算时间上界为 $O(n^3)$。另外，OptimalBST 也很容易改造为递归的备忘录方法，请读者自己完成。

5.4 多段图最短路径

问题描述：设 $G=(V,E)$ 是一个赋权有向图，其顶点集 V 被划分成 k（$k>2$）个不相交的子集 V_i $(1\leqslant i\leqslant k)$。其中，$V_1$ 和 V_k 分别只有一个顶点 s（称为源）和一个顶点 t（称为汇），所有的边 (u,v) 的始点和终点都在相邻的两个子集 V_i 和 V_{i+1} 中：$u\in V_i$，$v\in V_{i+1}$，且边 (u,v) 有一个正权重，记为 $w_{(u,v)}$。请设计一个算法，求解从源 s 到汇 t 的权重之和最小的路径。

输入：包含多组测试数据。每组测试数据第一行输入正整数 k（k<100），表示不相交子集的数目。第二行包含 k 个正整数 n_i $(1\leqslant i\leqslant k)$，分别表示每个顶点集 V_i $(1\leqslant i\leqslant k)$ 中顶点的数目（不超过 100）。紧接着 $k-1$ 行记录相邻顶点集合间边的权重。其第 i $(1\leqslant i\leqslant k)$ 行包含 $n_i\times n_{i+1}$ 个数，表示顶点集 V_i 和 V_{i+1} 之间边的权重（-1 表示没有边相连），权重矩阵

按行排列，也就是说，V_i 中第 $p\,(1 \leqslant p < n_i)$ 个顶点和 V_j 中第 $q\,(1 \leqslant q < n_j)$ 个顶点之间的权重对应该行第 $(p-1) \times n_j + q$ 个位置的值。

最后一行包含-1，表示输入结束。

输出：每组测试数据的结果输出占一行，输出其最小的权重值。

样例输入：

```
5
1 4 3 3 1
9 7 3 2
4 2 1 2 7 -1 -1 -1 11 -1 11 8
6 5 -1 4 3 -1 -1 5 6
4 2 5
-1
```

样例输出：

```
16
```

1．问题分析

多段图最短路径问题可以认为是有向图最短路径问题的一个特例，因此也可以用搜索算法（见第 7 章）求解最短路径。因为在最坏情况下，搜索算法的性能会等同于枚举算法，也就是说，要遍历从源 s 到汇 t 的所有可能路径。因为从源 s 到汇 t 的路径是多条边排列而成的，其可能路径总数会随着边数的增大而产生所谓的“组合爆炸”。如在图 5-5(a)中有多达数十条可能路径。

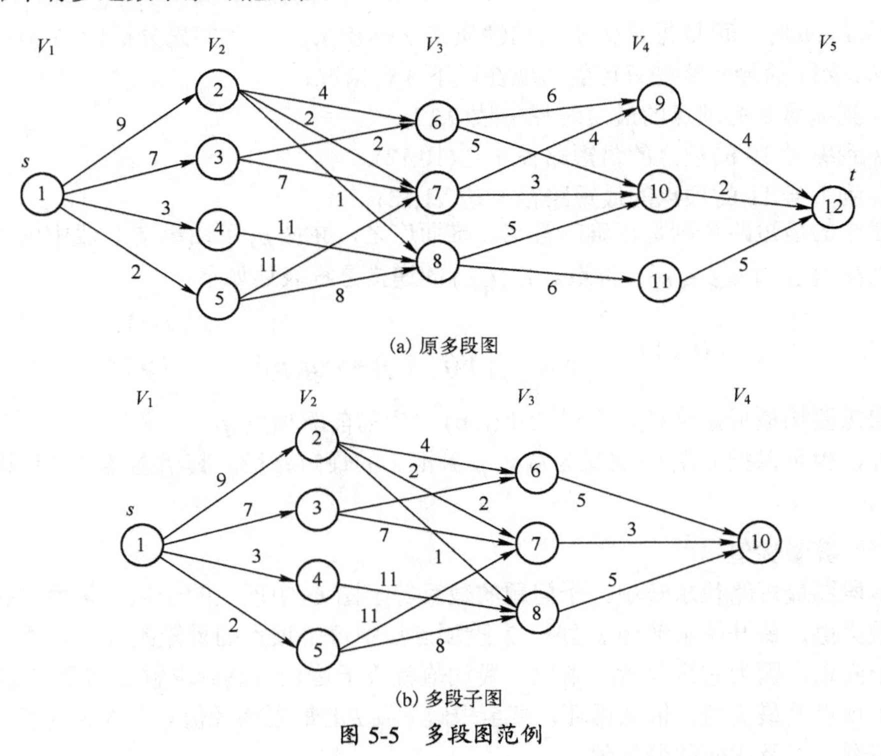

(a) 原多段图

(b) 多段子图

图 5-5　多段图范例

与普通有向图相比，多段图具有多阶段特性，这为动态规划算法设计提供了便利。

（1）最优子结构性质

给定多段图$G=(V,E)$，假设$s \to v_{(2,p_2)} \to \cdots \to v_{(k-1,p_{k-1})} \to t$是一条由$s$到$t$的最短路径，其中$v_{(k-1,p_{k-1})}$表示第 k-1 段顶点集中的顶点p_{k-1}，则$s \to v_{(2,p_2)} \to \cdots \to v_{(k-1,p_{k-1})}$是子图$G'=(V',E')$的最短路径，其中$V'=(V-V_k-V_{k-1}) \cup \{v_{(k-1,p_{k-1})}\}$，$E'$为$E$只包含$V'$中顶点的边集，$G'$的汇为顶点$v_{(k-1,p_{k-1})}$。比如，图 5-5(b)是图 5-5(a)的一个子图。

证明：（反证法）

假设$s \to v_{(2,p_2)} \to \cdots \to v_{(k-1,p_{k-1})}$不是$G'=(V',E')$的最短路径，则$G'$至少存在一条更短的路径，假设为$s \to v_{(2,q_2)} \to \cdots \to v_{(k-2,q_{k-2})} \to v_{(k-1,p_{k-1})}$。这条新路径加上顶点$v_{(k-1,p_{(k-1)})}$到汇$t$ 的边，则得到原图G的一条新路径$s \to v_{(2,q_2)} \to \cdots \to v_{(k-2,q_{k-2})} \to v_{(k-1,p_{k-1})} \to t$，显然这条新路径的长度比假设的最优路径更短。

这与前提矛盾，所以最优子结构性质成立。

（2）状态表示和状态转移方程

通过上述分析发现，每个包含源 s 的子图都可以认为是一个子问题，子图的源是固定的，汇是变化的。因此确定了汇的位置，则能确定一个子图。汇的位置包括两个参数：段的序号和该段顶点集合中汇顶点的序号。因此，$W(i,p)$表示从源 s 到$v_{(i,p)}$的最短路径长度，其中$i\,(1 \leqslant i \leqslant k)$表示段的序号，$p\,(1 \leqslant p < n_i)$表示第 i 段顶点集中的顶点序号。$W(n,1)$则表示输入多段图的最短路径长度。

当$i=1$，$p=1$时，$W(1,1)=0$，此时源和汇相同，最短路径为 0。

当$1<i \leqslant n$时，可依据最优子结构性质来求解$W(i,p)$。我们先分析图 5-5(a)中的多段图。从s到t的最短路径只可能出现在以下 3 种情况：

- ❖ s 到编号 9 的顶点的最短路径＋边(9,12)。
- ❖ s 到编号 10 的顶点的最短路径＋边(10,12)。
- ❖ s 到编号 11 的顶点的最短路径＋边(11,12)。

三者中的最短路径则是正确的答案。推而广之，$W(i,p)$可由第 i-1 段中的连接顶点最优值$W(i-1,q)\,(1 \leqslant q \leqslant n_{i-1})$构造。$W(i,p)$的递推方程表述如下：

$$W(i,p)=\begin{cases}0, & i=1 \\ \min\limits_{q \in V_{i-1},(q,p) \in E}\{W(i-1,q)+w(q,p)\}, & i>1\end{cases} \tag{5-5}$$

如果需要构造最短路径，则记录$W(i,p)$对应的前驱顶点q。

另外，也可以把$W(i,p)$定义为从$v_{(i,p)}$到汇s的最短路径，其状态转移方程请读者自己完成。

（3）计算最优值

在多段图最短路径求解中，子问题的数目等于图 G 中顶点的个数。采用自底向上的方法求最优值，最开始求解源 s 到第 2 段顶点集中每个顶点的最短路径。显然，这是最简单的子问题，因为它只包含一条边，最优值就等于边长。然后求解 s 到第 3 段顶点集中的每个顶点的最优值，依此循环，直至求解s到t的最短路径值。图 5-6 展示了求解的每个子问题，以及相应的最优值。

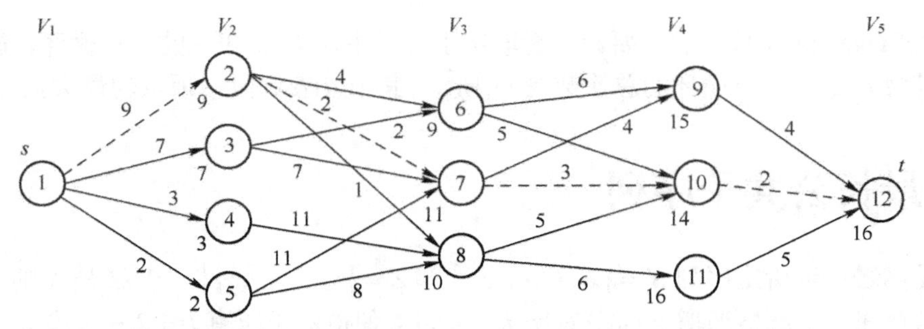

图 5-6 计算 $W(i,p)$，标记在顶点的左下方，虚线表示 s 到 t 的最优路径

2. 算法实现与分析

综上所述，多段图最短路径的动态规划算法实现见程序 5-5。

程序 5-5 多段图最短路径的动态规划算法

```
#include<math.h>
#include<stdio.h>
#include<memory.h>
#define MaxStage 100
int minRoad[MaxStage][MaxStage];
int MultiStageGraph(int, int*);
int main() {
    int ni[MaxStage], k, i;
    while(scanf("%d", &k), k != -1) {
        for(i=0; i < k; i++)
            scanf("%d", &ni[i]);
        printf("%d\n", MultiStageGraph(k, ni));
    }
    return 0;
}
int MultiStageGraph(int stageNum, int *numPerStage) {
    int i, q, p, weight, temp;
    memset(minRoad, 0x3f, sizeof(minRoad));         // 初始化为一个充分大的数 0x3f
    for(p=0; p < numPerStage[0]; p++)               // 初始化源顶点层
        minRoad[0][p] = 0;
    for(i=0; i < stageNum-1; i++) {                 // 按段计算，终止于汇顶点的前一段
        for(q=0; q < numPerStage[i]; q++) {         // 遍历第 i 段顶点
            for(p=0; p < numPerStage[i+1]; p++) {   // 遍历第 i+1 段顶点
                scanf("%d", &weight);               // 读取边(q, p)的权重 w(q, p)
                if(weight != -1) {                  // 存在边(q, p)
                    temp = minRoad[i][q]+weight;
                    if(temp < minRoad[i+1][p])      // 发现 s 到 p 的更短路径
                        minRoad[i+1][p] = temp;
                }
            }
        }
    }                                               // end for p
    return minRoad[stageNum-1][0];
}
```

MultiStageGraph 算法的主要计算量取决于程序中对 i、q 和 p 的三重循环，循环体内的计算量为 $O(1)$，三重循环的总次数是 $O(kn^2)$，其中 n 表示段中顶点的最大数目。

5.5　最长公共子序列

问题描述：若给定序列 $X=\{x_1,x_2,\cdots,x_m\}$ 和 $Z=\{z_1,z_2,\cdots,z_k\}$，若 Z 是 X 的子序列，当且仅当存在一个严格递增下标序列 $\{i_1,i_2,\cdots,i_k\}$，使得对于所有 j=1,2,…,k 有 $z_j=x_{i_j}$。例如，序列 Z={B, C, D, B}是序列 X={A, B, C, B, D, A, B}的子序列，相应的递增下标序列为{2, 3, 5, 7}。

给定序列 X 和 Y，如果序列 Z 既是 X 的子序列又是 Y 的子序列，则称 Z 是序列 X 和 Y 的**公共子序列**。例如，X={A, B, C, B, D, A, B}，Y={C, B, C, E, D, B}，则{B, C, D, B}是 X 和 Y 的公共子序列，当然{B, C}和{B, C, D}等也是 X 和 Y 的公共子序列。在两个序列的所有公共子序列中，包含元素最多的序列被称为**最长公共子序列**。

任意给定两个字符序列 $X=\{x_1,x_2,\cdots,x_m\}$ 和 $Y=\{y_1,y_2,\cdots,y_n\}$，设计算法求解它们的最长公共子序列。

输入：包含多组测试数据。每组测试数据包含两行：第一行输入字符序列 X，第二行输入字符序列 Y。X 和 Y 的字符长度不大于 1000000。

输出：最长公共子序列的长度，每组测试数据输出一行。

输入样例：

```
ABCBDAB
CBCEDB
```

输出样例：

```
4
```

1．问题分析

枚举算法是最容易想到的算法。列举 X 的所有子序列，然后检查它是否也是 Y 的子序列，从而确定它是否是 X 和 Y 的公共子序列。在列举的过程中，统计最长的公共子序列。X 的每个子序列对应下标集{1, 2, …, m}的一个子集，因此共有 2^m 个不同子序列。显然，枚举算法的时间复杂度为指数级复杂度。

分析最长公共子序列的性质，可以发现它具有最优子结构性质，因此能设计多项式复杂度的动态规划算法。

（1）最优子结构性质

设序列 $X=\{x_1,x_2,\cdots,x_m\}$ 和 $Y=\{y_1,y_2,\cdots,y_n\}$ 的最长公共子序列为 $Z=\{z_1,z_2,\cdots,z_k\}$，那么以下结论成立：

① 若 $x_m=y_n$，则 $z_k=x_m=y_n$，且 $Z_{k-1}=\{z_1,z_2,\cdots,z_{k-1}\}$ 是 $X_{m-1}=\{x_1,x_2,\cdots,x_{m-1}\}$ 和 $Y_{n-1}=\{y_1,y_2,\cdots,y_{n-1}\}$ 的最长公共子序列。

② 若 $x_m\neq y_n$ 且 $z_k\neq x_m$，则 Z 是 X_{m-1} 和 Y 的最长公共子序列。

③ 若 $x_m\neq y_n$ 且 $z_k\neq y_n$，则 Z 是 X 和 Y_{n-1} 的最长公共子序列。

证明：（反证法）

① 若 $z_k \neq x_m$，则 $\{z_1, z_2, \cdots, z_k, x_m\}$ 是 X 和 Y 的长度为 k+1 的公共子序列。这与 Z 是 X 和 Y 的最长公共子序列矛盾，所以有 $z_k = x_m$。同理可证，$z_k = y_n$。因为 $z_k = x_m = y_n$，易得 Z_{k-1} 是 X_{m-1} 和 Y_{n-1} 的公共子序列。如果 Z_{k-1} 不是 X_{m-1} 和 Y_{n-1} 的最长公共子序列，则 X_{m-1} 和 Y_{n-1} 至少存在一个长度为 k 的公共子序列，假设为 $Z' = \{z'_1, z'_2, \cdots, z'_k\}$。组合 Z' 和 z_k（即 $\{z'_1, z'_2, \cdots, z'_k, z_k\}$）可得到 X 和 Y 的一个长度为 k+1 的公共子序列，这与前提（X 和 Y 的最长公共子列长度为 k）矛盾。故 Z_{k-1} 是 X_{m-1} 和 Y_{n-1} 的最长公共子序列。

② 因为 $x_m \neq y_n$ 且 $z_k \neq x_m$，则 Z 是 X_{m-1} 和 Y 的公共子序列。如果 X_{m-1} 和 Y 有长度大于 k 的公共子序列 Z'，则 Z' 也是 X 和 Y 的公共子序列，这与前提（X 和 Y 的最长公共子序列长度为 k）矛盾。故 Z_{k-1} 是 X_{m-1} 和 Y_n 的最长公共子序列。同理可证，若 $x_m \neq y_n$ 且 $z_k \neq y_n$，则 Z 是 X 和 Y_{n-1} 的最长公共子序列。

（2）状态表示和状态递推方程

最优子结构分析过程表明，输入序列对 (X_{m-1}, Y_{n-1})、(X_{m-1}, Y_n) 和 (X_m, Y_{n-1}) 分别表示一个子问题。显然，一个子问题可以通过两个参数确定，即序列 X 的长度和序列 Y 的长度。因此，$C(i, j)$ 表示序列 $X_i = \{x_1, x_2, \cdots, x_i\}$ 和 $Y_j = \{y_1, y_2, \cdots, y_j\}$ 的最长公共子序列长度。$C(m, n)$ 表示原问题的最长公共子序列长度。

当 $i = 0$ 或 $j = 0$ 时，其中一个序列为空串，此时没有公共子序列，或者公共子序列长度为 0，即 $C(i, j) = 0$。

当 $i, j > 0$ 时，类似最优子结构分析，$C(i, j)$ 的求解需要分两种情况：

① $x_i = y_j$ 时，找出 X_{i-1}和Y_{j-1} 的最长公共子序列，然后在其尾部添加公共字符 x_i（$= y_j$），即可得 X_i 和 Y_j 的最长公共子序列。因此，$C(i, j) = C(i-1, j-1) + 1$。

② $x_i \neq y_j$ 时，必须解两个子问题，即 (X_{i-1}, Y_j) 的最长公共子序列和 (X_i, Y_{j-1}) 的最长公共子序列。这两个公共子序列的较长者为 X_i 和 Y_j 的最长公共子序列。因此，$C(i, j) = \max(C(i-1, j), C(i, j-1))$。

综上所述，$C(i, j)$ 的递推方程如下：

$$C(i, j) = \begin{cases} 0, & i = 0, j = 0 \\ C(i-1, j-1) + 1, & i, j > 0, x_i = y_j \\ \max\{C(i-1, j), C(i, j-1)\}, & i, j > 0, x_i \neq y_j \end{cases} \tag{5-6}$$

（3）计算最优值

在最长公共子序列求解中，总共有 $\Theta(nm)$ 个子问题。采用自底向上的方法求最优值，用一个二维数组 C[*i*][*j*]记录 $X_i = \{x_1, x_2, \cdots, x_i\}$ 和 $Y_j = \{y_1, y_2, \cdots, y_j\}$ 的最长公共子序列长度。另外，为了便于构造最长公共子序列，二维数组 B[*i*][*j*]记录 C[*i*][*j*]的值是由哪一个子问题的解得到的：

- B[*i*][*j*]=1，表示 C[*i*][*j*]的值从 C[*i*−1][*j*−1]得到，X[*i*]是公共字符。
- B[*i*][*j*]=2，表示 C[*i*][*j*]的值从 C[*i*−1][*j*]得到。
- B[*i*][*j*]=3，表示 C[*i*][*j*]的值从 C[*i*][*j*−1]得到。

最先初始化当有一个输入序列为空时的情形，即 $C(i, 0) = 0$，$C(0, j) = 0$。对应数组 C 的第一行和第一列。显然，这是最简单的子问题。

然后，计算 $i=1$ 和 $(j=1,2,\cdots,m)$ 时 $C(i,j)$ 的值。其计算过程依据式(5-6)进行。以此循环，分别计算 $i=2,\cdots,n$ 时 $C(i,j)$ 的值。

在上述计算过程中，数组 C 的值从上往下逐行填充。

【例 5-3】 应用动态规划算法求解 *X=ABCBDAB*，*Y=BDCABA* 的最长公共子序列。

其计算过程大致如下。

步骤 1：初始化，令 $C(i,0)=0$，$C(0,j)=0$，对应数组 C 的第一行和第一列。这对应一个输入序列为空时的情形，显然是最简单的子问题。

步骤 2：计算 $i=1$ 和 $j=1,2,\cdots,6$ 时 $C(i,j)$ 的值，其计算过程依据式(5-6)进行。对应图 5-7 中表格的第二行。

……

步骤 8：计算 $i=8$ 和 $j=1,2,\cdots,6$ 时 $C(i,j)$ 的值，其计算过程依据式(5-6)进行。对应图 5-7 中表格的最后一行。C[7][6]即为最大公共子序列的长度。

X[*i*]	*Y*[*j*]							
	0 -	1 - B	2 - D	3 - C	4 - *A*	5 - B	6 - A	
0 -	0	0	0	0	0	0	0	
1 - A	0	0 ↑	0 ↑	0 ↑	1 ↖	1 ←	1 ↖	
2 - B	0	1 ↖	1 ←	1 ←	1 ←	2 ↖	2 ←	→ B
3 - C	0	1 ↑	1 ↑	2 ↖	2 ←	2 ↑	2 ↑	→ C
4 - B	0	1 ↖	1 ↑	2 ↑	2 ↑	3 ↖	3 ←	→ B
5 - D	0	1 ↑	2 ↖	2 ↑	2 ↑	3 ↑	3 ↑	
6 - A	0	1 ↑	2 ↑	2 ↑	3 ↖	3 ↑	4 ↖	→ A
7 - B	0	1 ↖	2 ↑	2 ↑	3 ↑	4 ↖	4 ↑	

图 5-7　最长公共子序列的数组 C[*i*][*j*]和 B[*i*][*j*]，为便于观察，将 B[*i*][*j*]=1 标为斜箭头，B[*i*][*j*]=2 标为上箭头，B[*i*][*j*]=3 标为左箭头

得到数组 B 后，按下述过程构造最优解：B[7][6]=2，则公共子序列从 C[6][6]中找，访问 B[6][6]。B[6][6]=1，则输出公共子序列字符 A，并访问 B[5][5]。以此类推，如图 5-7 所示依次输出字符 B、C 和 B。

2. 算法实现与分析

最长公共子序列的动态规划算法实现见程序 5-6。

程序 5-6　最长公共子序列的动态规划算法

```
#include<stdio.h>
#include<string.h>
#define MAX 1000001
int lcsLength(char *strX, char *strY) {
    int C[MAX][MAX], B[MAX][MAX], i, j;
    int m = strlen(strX)+1;
    int n = strlen(strY)+1;
    for (i=0; i < m; i++)
```

```
        C[i][0]=  0;                             // 初始化第 1 行
    for (j=0; j < n; j++)
        C[0][j] = 0;                             // 初始化第 1 列
    for (i=1; i < m; i++) {
        for (j=1; j < n; j++) {
            if (strX[i-1] == strY[j-1]) {
                C[i][j] = C[i-1][j-1]+1;
                B[i][j] = 1;
            }
            else if(C[i - 1][j] >= C[i][j - 1]) {
                C[i][j] = C[i-1][j];
                B[i][j] = 2;
            }
            else {
                C[i][j] = C[i][j-1];
                B[i][j] = 3;
            }
        }                                        // end for(j
    }                                            // end for(i
    return C[m - 1][n - 1];
}
int main() {
    char strX[MAX], strY[MAX];
    while(EOF != scanf("%s%s", strX, strY)) {
        int ans = lcsLength(strX, strY);
        printf("%d\n", ans);
    }
    return 0;
}
```

lcsLength 程序的时间复杂度为 $O(nm)$，是多项式复杂度。算法的空间复杂度也为 $O(nm)$，需要两个二维数组来存储最优值和最优方案。

在算法 lcsLength 中，可进一步将数组 b 省去。事实上，数组元素 C[i][j]的值仅由 C[i−1][j−1]、C[i−1][j]和 C[i][j−1]这 3 个数组元素的值所确定。对于给定的数组元素 C[i][j]，可以在常数时间内确定 C[i][j]的值是由 C[i−1][j−1]、C[i−1][j]和 C[i][j−1]中哪一个值所确定的。或者说，计算出 C[i][j]后，C[i−1][j−1]就不再有用，因此我们可以用 C[i−1][j−1]保存 B[i][j]的值。

如果只需要计算最长公共子序列的长度，则算法的空间需求可大大减少。事实上，在计算 C[i][j]时，只用到数组 C 的第 i 行和第 i-1 行。因此，用两行的数组空间就可以计算出最长公共子序列的长度。

5.6　0-1 背包问题

0-1 背包问题 1

问题描述：给定 n 种物品和一个背包。物品 i 的重量是 w_i，其价值为 v_i，背包的容量为 C。问应如何选择装入背包的物品，使得装入背包中物品的总价值最大?

在选择装入背包的物品时，对每种物品 i 只有两种选择，即装入背包或不装入背包。不能将物品装入背包多次，也不能只装入部分的物品，因此称之为 0-1 背包问题。

输入： 多组测试数据。每组测试包括三行：第一行输入物品的总数 n（n<1000）和背包的容量 C（C<1000）。第二行输入 n 个整数，表示物品的重量。第三行输入物品的价值。

输出： 输出装入背包的总价值，每组测试数据输出一行。

输入样例：

```
3   6
4   3   2
5.0  4.0  1.0
```

输出样例：

```
6.0
```

1．问题分析

此问题可以形式化地描述为：给定 $C>0$，$w_i>0$，$v_i>0\,(1\leqslant i\leqslant n)$，要求找出 n 维的 0-1 向量 $(x_1,x_2,\cdots,x_n)$，$(x_i\in\{0,1\}$（$0\leqslant i\leqslant n$），满足 $\sum_{i=1}^{n} w_i x_i \leqslant C$，而且 $\sum_{i=1}^{n} v_i x_i$ 达到最大。本质上，0-1 背包问题是一个特殊的整数规划问题。

$$\max \sum_{i=1}^{n} v_i x_i$$

$$\text{st.} \quad \begin{cases} \sum_{i=1}^{n} w_i x_i \leqslant C \\ x_i \in \{0,1\}, \quad 1\leqslant i\leqslant n \end{cases} \tag{5-7}$$

此问题如果用枚举算法，则需要枚举 2^n 种可能的 n 维 0-1 向量，其时间复杂度为指数级。也许有读者会想到贪心策略，即优先装入价值最大的物品，或者优先装入单位重量价值最大的物品。这种方法不一定能得到最优解（见第 6 章）。下面介绍怎样用动态规划算法求解。

（1）最优子结构性质

如果 $(y_1,y_2,\cdots,y_n)$，$y_i\in\{0,1\}\,(0\leqslant i\leqslant n)$ 是 0-1 背包问题的一个最优解，则 $(y_1,y_2,\cdots,y_{n-1})$ 是下面相应子问题的一个最优解：

$$\max \sum_{i=1}^{n-1} v_i x_i$$

$$\text{st.} \quad \begin{cases} \sum_{i=1}^{n-1} w_i x_i \leqslant C - w_n y_n \\ x_i \in \{0,1\}, \quad 1\leqslant i\leqslant n-1 \end{cases} \tag{5-8}$$

证明：（反证法）

如果 $(y_1,y_2,\cdots,y_{n-1})$ 不是式(5-8)所示子问题的最优解，则该子问题存在更好的装包方案，其装入的价值更多，记为 $(y'_1,y'_2,\cdots,y'_{n-1})$。显然，以下结论成立：

$$\sum_{i=1}^{n-1} v_i y'_i + v_n y_n > \sum_{i=1}^{n-1} v_i y_i + v_n y_n = \sum_{i=1}^{n} v_i y_i$$

$$\text{st.} \quad \sum_{i=1}^{n-1} w_i y'_i + w_n y_n \leqslant C$$

上式说明$(y_1',y_2',\cdots,y_{n-1}',y_n)$是原0-1背包问题的一个更优解，这显然与前提矛盾。

（2）状态表示与递推方程

最优子结构性质表明，形如式(5-8)描述了一个0-1背包问题。该子问题可由两个参数确定：待考虑装包的物品集和背包的剩余容量。如果所有物品按照 1～n 标号，那么待考虑装包的物品集可以用物品集中末尾物品的标号来描述。因此，$\text{Val}(i,p)$，$1\leqslant i\leqslant n$（$0\leqslant p\leqslant C$），表示在背包剩余容量为 p，待考虑装包的物品集为$\{1,2,\cdots,i\}$时的最大装入物品价值。$\text{Val}(n,C)$则表示原问题的最优解。

当$i=1$时，此时待考虑装包的物品集为$\{1\}$，即只包含第1号物品。装入物品的价值分两种情况：

① 背包剩余容量p小于第1号物品重量w_1，显然该物品不能装入背包，价值为0。

② $p\geqslant w_1$时，则把该物品装入背包，价值为v_1。

当$i>1$时，此时待考虑装包的物品集为$\{1,2,\cdots,i\}$，根据剩余容量p与第i号物品的重量w_i的大小关系分两种情况讨论。

① $p<w_i$时，第 i 号物品不能装入背包，因此所有的剩余容量都用于装物品集$\{1,2,\cdots,i-1\}$，有$\text{Val}(i,p)=\text{Val}(i-1,p)$。

② $p\geqslant w_1$时，第i号物品可以选择装入背包，也可以选择放弃。如果选择装入背包，则最优装入价值$\text{Val}(i,p)$等于子问题最优值$\text{Val}(i-1,p-w_i)$与第i号物品的价值之和，即$\text{Val}(i,p)=\text{Val}(i-1,p-w_i)+v_i$。如果选择放弃，则所有的剩余容量 p 都用于装物品集$\{1,2,\cdots,i-1\}$，有$\text{Val}(i,p)=\text{Val}(i-1,p)$。显然，两者的最大值为最优的装入方案。

综上所述，建立$Val(i,p)$的递归公式如下：

$$\text{Val}(i,p)=\begin{cases}\text{Val}(i-1,p), & 0\leqslant p<w_i\\ \max(\text{Val}(i-1,p),\text{Val}(i-1,p-w_i)+v_i), & p\geqslant w_i\end{cases} \tag{5-9}$$

边界条件为

$$\text{Val}(1,p)=\begin{cases}0, & 0\leqslant p<w_1\\ v_1, & p\geqslant w_1\end{cases}$$

根据$\text{Val}(i,p)$的计算公式，我们还可以推导最优解：如果$\text{Val}(n,C)=\text{Val}(n-1,C)$，则第$n$个物品没有装入背包，有$x_n=0$，然后由$\text{Val}(n-1,C)$继续构造最优解；否则第$n$个物品装入背包，有$x_n=1$，然后由$\text{Val}(n-1,C-w_n)$继续构造最优解。

以此类推，可构造出相应的最优解$(x_1,x_2,\cdots,x_n)$。

（3）计算最优值

0-1背包问题包含$\Theta(nC)$个子问题，采用自底向上的方法求最优值，最优值保存在二维数组Val中。最开始的时候根据边界条件计算Val中第一行的值，这可以认为是最简单的子问题。然后，根据递推式(5-9)计算Val的第2行、第3行，一直到第n行。

2．算法实现与分析

分析状态递推方程(5-9)可以发现，计算$\text{Val}(i,p)$的值只需要Val数组中第i-1行中第p个分量之前的数值。如果计算$\text{Val}(i,p)$时按照p的值从大到小计算，那么只需Val数组的一行就可以完成计算过程，从而降低空间复杂度。实现代码见程序5-7。

程序 5-7　0-1 背包问题的动态规划算法

```
#include<stdio.h>
#include<string.h>
#define MaxN   1000
#define MaxC   1000
double binaryKnapsack(int numItems,int *w,double *v,int capacity){
    int i,j;
    double Val[MaxC];
    memset(Val,0,sizeof(Val));
    for(i=0; i < numItems; i++)
        for(j=capacity; j >= 0; j--)
            if(j >= w[i] && Val[j] < Val[j-w[i]]+v[i])            // 更新状态值的条件
                Val[j] = Val[j-w[i]] + v[i];
    return Val[capacity];
}
int main() {
    int i, n, C, w[MaxN];
    double v[MaxN];
    double ans;
    while(scanf("%d%d", &n, &C) != EOF) {
        for(i=0; i < n; i++)
            scanf("%d", &w[i]);
        for(i=0; i < n; i++)
            scanf("%lf", &v[i]);
        ans=binaryKnapsack(n, w, v, C);
        printf("%.1f\n", ans);
    }
    return 0;
}
```

binaryKnapsack 算法的时间复杂度为 $O(nC)$。注意，上述算法有两个明显的缺点：一是算法要求所给物品的重量 w_i 是整数；二是当背包容量 C 很大时，算法需要的时间和空间都比较大。因为 $\mathrm{Val}(i,p)$ 的递推公式是阶梯函数，所以可以采用跳跃点办法克服上述两个缺点。实现细节请参阅相关文献。

5.7　最大上升子序列

问题描述：给出一个整数序列 $S=[s_1,s_2,\cdots s_n]$，假定每个数字互不相同，如果其子序列 $[s(i_1),s(i_2),\cdots,s(i_k)]$ 满足 $1\leqslant i_1<i_2<\cdots<i_k\leqslant n$，$s(i_1)<s(i_2)<\cdots<s(i_k)$，则称为上升子序列。

请设计算法求解任意给定序列的最大上升子序列，即 k 最大的子序列。

输入：多组测试数据。每组测试数据包含两行：第一行输入序列长度 n（n<10000），第二行输入序列中的 n 个整数。

输出：输出最大上升子序列的长度。

输入样例：

```
8
1 3 4 2 7 9 6 8
```

输出样例：

```
5
```

1. 问题分析

此问题可设计如下枚举算法：按照从长到短的策略列举输入序列的所有子序列，并验证其是否为上升子序列，然后统计得到最大上升子序列。显然，在最好情况下，如输入序列本身就是上升子序列，枚举算法一次验证就可以了。但是，在最坏情况下，枚举算法差不多要验证所有的子序列，复杂度变为指数级别。

如果直接把最大上升子序列的长度作为规划目标，那么该问题不具备最优子结构性质。因此，采用间接方法，引入一些中间目标作为动态规划的对象。下面引入限界上升子序列的概念。

给定序列$S=[s_1,s_2,\cdots s_m]$，所有以s_m为上界的上升子序列定义为**限界上升子序列**，可描述为$[s(i_1),s(i_2),\cdots,s(i_{j-1}),s(m)]$满足$1\leqslant i_1<i_2<\cdots<i_j<m$，$s(i_1)<s(i_2)<\cdots<s(i_{j-1})<s(i_m)$。$S$的限界上升子序列中长度最大的称为**最大限界上升子序列。**

如果分别求解以$s_1,s_2,\cdots s_n$为上界的最大限界上升子序列后，那么取其中的最大值即可得到输入序列S的最大上升子序列。这个过程的时间复杂度为$O(n)$。

（1）最优子结构性质

如果针对最大上升子序列的定义分析，我们会发现最优子结构性质不成立。下面分析最大限界上升子序列的最优子结构性质。

如果$[s(i_1),s(i_2),\cdots,s(i_{k-1}),s(n)]$是序列$S=[s_1,s_2,\cdots s_n]$的最大限界上升子序列，则$[s(i_1),s(i_2),\cdots,s(i_{k-1})]$是子序列$S'=[s_1,s_2,\cdots s_{i_{k-1}}]$的最大限界上升子序列。

证明：（反证法）

假设$[s(i_1),s(i_2),\cdots,s(i_{k-1})]$不是子序列$S'=[s_1,s_2,\cdots s_{i_{k-1}}]$的最大限界上升子序列，则$S'$至少存在一个长度为 k 的限界上升子序列，记为$[s(i'_1),s(i'_2),\cdots,s(i'_{k-1}),s(i'_k)]$。该限界上升子序列加上元素$s(n)$，可得到序列$S$的更长的限界上升子序列。这与前提矛盾。

（2）状态表示与状态递推方程

在上述最优子结构中，任何一个形如$S'=[s_1,s_2,\cdots s_m]$ $(1\leqslant m\leqslant n)$的连续子序列都对应一个子问题。显然，子问题由末尾元素的下标决定。因此，$\text{Len}(m)$表示序列$[s_1,s_2,\cdots s_m]$的最大限界上升子序列的长度。

$m=1$时，输入序列只包含一个元素，其最大限界上升子序列长度为 1，$\text{Len}(1)=1$。

$m>1$时，根据限界上升子序列的定义可知，如果$s_m>s_i$ $(1\leqslant i<m)$，则s_m可与$\text{Len}(i)$对应的限界上升子序列组合而形成S'的一个限界上升子序列，但是它不一定是最大限界上升子序列。

怎样得到S'的最大限界上升子序列？枚举所有s_m与$\text{Len}(i)$ $(1\leqslant i<m)$构成的限界上升子序列，然后统计最大的限界上升子序列。当然，如果s_m小于所有s_i $(1\leqslant i<m)$，s_m自己构成限界上升子序列，有$\text{Len}(m)=1$。

综上所述，Len(m)的递归关系如下：

$$\text{Len}(m)=\begin{cases}1, & m=1\\ \max\{1,(\text{Len}(i)+1 \mid 1\leqslant i<m, s_m>s_i)\}, & m>1\end{cases} \tag{5-10}$$

易得，S 的最大上升子序列长度 L 为所有最大限界上升子序列长度的最大值，即

$$L=\max_{1\leqslant m\leqslant n}\text{Len}(m)$$

如果需要构造最大限界上升子序列，可采用数组 Pre(m) 记录 S' 的最大受限子序列中 s_m 的前驱元素下标。

（3）计算最优值和最优解

Len(m)的计算同样按照自底向上的顺序进行。从 Len(m)的定义可知，所有子问题的总数为 n 个；m 越小，其子问题求解的复杂度就越低。当所有的 Len(m)（$1\leqslant m\leqslant n$）计算完毕，统计其中最大值，即得到输入序列 S 的最大上升子序列。注意：最大上升子序列不一定等于 Len(n)。

假设 Len(k)（$1\leqslant k\leqslant n$）是最大的限界上升子序列长度，则 S 的最大上升子序列可按照自顶向下的顺序构造：首先，s_k 是最大上升子序列的末尾元素，输出 s_k；Pre(k) 记录了 s_k 在最大上升子序列中的前驱，表明 $s_{\text{Pre}(k)}$ 是最大上升子序列的次末尾元素，输出之；然后输出 $s_{\text{Pre}(\text{Pre}(k))}$……以此类推，得到最优解。

2. 算法实现与分析

最大上升子序列的动态规划算法见程序 5-8。

程序 5-8　最大上升子序列的动态规划算法

```
#include<stdio.h>
#include<string.h>
#define        MAXN      10000
int LISLength(int num, int* seqSrc) {
    int Len[MAXN], res=1;
    for (int m=0; m < num; m++) {                          // 求解限界上升子序列
        Len[m] = 1;
        for (int i=0; i < m; i++)
            if (seqSrc[i] < seqSrc[m] && Len[i]+1>Len[m])
                Len[m] = Len[i]+1;
        res = (res>Len[m] ? res : Len[m]);
    }
    return res;
}
int main() {
    int n, seq[MAXN];
    while(scanf("%d", &n) != EOF) {
        for (int i=0; i < n; i++) {
            scanf("%d", &seq[i]);
        }
        printf("%d\n", LISLength(n, seq));
    }
```

```
    return 0;
}
```

程序 5-8 包含两层嵌套的循环过程，其时间复杂度为$O(n^2)$。其中内层循环可以进一步优化，优化算法请读者参考文献[3]并自己实现。

习 题 5

5-1 凸多边形最优三角剖分

问题描述：在一个简单多边形中，边界上或内部的任意两点连成一条直线段，如果线段上的所有点都在该多边形的内部或边界上，则称为凸多边形。通常，用多边形顶点的逆时针序列来表示一个凸多边形，即$P_n=\{v_0,v_1,\cdots,v_{n-1}\}$表示具有 n 条边v_0v_1、v_1v_2、…、$v_{n-1}v_n$的一个凸多边形，其中约定$v_0=v_n$。

若v_i与v_j是多边形上不相邻的两个顶点，则线段v_iv_j称为多边形的一条弦。弦将多边形分割成凸的两个子多边形$\{v_i,v_{i+1},\cdots,v_j\}$和$\{v_j,v_{j+1},\cdots,v_i\}$。多边形的三角剖分是一个将多边形分割成互不相交的三角形的弦的集合 T。图 5-8 是一个凸多边形的两个不同的三角剖分。

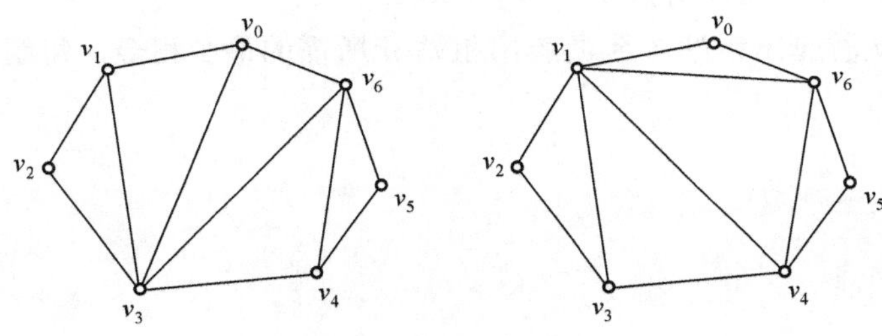

图 5-8 习题 5-1 图

凸多边形最优三角剖分的问题是：给定一个凸多边形$P_n=\{v_0,v_1,\cdots,v_{n-1}\}$以及定义在由多边形的边和弦组成的三角形上的权函数 w：

$$w(v_iv_jv_k)=|v_iv_j|+|v_iv_k|+|v_kv_j|$$

其中$|v_iv_j|$是点v_i到v_j的欧氏距离。要求确定该凸多边形的一个三角剖分，使得该三角剖分对应的权之和为最小。

输入：多组测试数据。每组测试数据包括两行，第 1 行输入多边形的边数 n，第 2 行输入多边形的每一个顶点坐标（限定为整数）。

输出：最优三角剖分的权重之和，保留 4 位小数，每组测试数组输出一行。

输入样例：

```
4
0 0 0 1 1 1 1 0
```

输出样例：

```
6.8284
```

5-2 石子合并

问题描述：在一个圆形操场的四周摆放着 N（$N\leqslant 1000$）堆石子，现要将石子有次序地合并成一堆。规定每次只能选取相邻的两堆合并成新的一堆，并将新的一堆的石子数记为该次合并的得分。请设计一种合并石子的方案，使得合并一堆过程中的总得分最大。

输入：多组测试数据，每组测试数据包含两行：第 1 行为石子堆数 N；第 2 行为每堆的石子数，每两个数之间用一个空格分隔。

输出：最大得分数，每组测试数据输出一行。

输入样例：

```
4
4 5 9 4
```

输出样例：

```
64
```

5-3　游艇租赁

问题描述：长江游艇俱乐部在长江上设置了 n 个游艇出租站 1, 2, …, n。游客可在这些出租站租赁游艇，并在下游的任何一个游艇出租站归还游艇。游艇出租站 i 到游艇出租站 j 之间的租金为 $r(i, j)$ $(1 \leqslant i < j \leqslant n)$。试设计一个算法，计算出从游艇出租站 1 到游艇出租站 n 所需的最少租金。

输入：多组测试数据。第一行中有 1 个正整数 n $(n \leqslant 200)$，表示有 n 个游艇出租站；后续 n-1 行中的第 i 行记录 $r(i, j)$ $(1 \leqslant i < j \leqslant n)$。

输出：输出从游艇出租站 1 到游艇出租站 n 所需的最少租金，每组测试数据输出单独一行。

输入样例：

```
3
5 15
7
```

输出样例：

```
12
```

5-4　数字三角形最短路径

问题描述：设有一个三角形的数塔，顶点结点称为根结点，每个结点有一个整数数值。从顶点出发，可以向左走，也可以向右走，如图 5-9 所示。

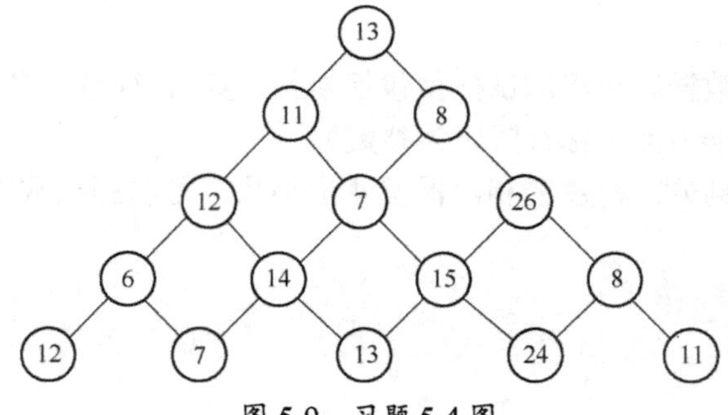

图 5-9　习题 5-4 图

给定三角形数塔，找出一条从第一层到达底层的路径，使路径的值最小。

输入：多组测试数据。每组测试数据第一行输入数塔的行数 n，后续 n 行依次输入每行的数字，数字间用空格分隔。

输出： 最短路径长度，每组测试数据输出一行。

输入样例：

```
5
13
11  8
12  7   26
6   14  15   8
12  7   13   24   11
```

输出样例：

```
49
```

5-5 低价购买

问题描述：“低价购买”建议是在奶牛股票市场取得成功的一半规则。要想被认为是伟大的投资者，你必须遵循以下建议：“低价购买，再低价购买”。每次你购买一只股票，你必须用低于你上次购买它的价格购买它。买的次数越多越好!你的目标是在遵循以上建议的前提下，求你最多能购买股票的次数。你将被给出一段时间内一只股票每天的出售价（216 范围内的正整数），你可以选择在任何一天购买这只股票。每次购买都必须遵循“低价购买，再低价购买”的原则。编写一个程序计算最大购买次数。

输入： 多组测试数据。每组测试数据包含两行：第一行输入股票发行天数 N（$1 < N \leqslant 5000$），第二行输入 n 个整数，表示股票的价格。

输出： 最大购买次数，每组测试数据输出一行。

输入样例：

```
12
68 69 54 64 68 64 70 67 78 62 98 87
```

输出样例：

```
4
```

5-6 合唱队形

问题描述： N 位同学站成一排，音乐老师请其中的 $N-K$ 位同学出列，使得剩下的 K 位同学排成合唱队形。合唱队形是指这样的队形：设 K 位同学从左到右依次编号为 1, 2, …, K，他们的身高分别为 $T_1, T_2, \cdots, T_K$，则他们的身高满足 $T_1 < T_2 < \cdots < T_i$ 且 $T_i > T_{i+1} > \cdots > T_k$。现在已知所有 N 位同学的身高，计算最少需要几位同学出列，可以使得剩下的同学排成合唱队形。

输入： 多组测试数据。每组测试数据包含两行：第 1 行是一个整数 N（$2 < N \leqslant 1000$），表示同学的总数；第 2 行有 N 个整数，第 i 个整数 T_i（$130 \leqslant i \leqslant 230$）是第 i 位同学的身高（厘米）。

输出： 出列的同学个数，每组测试数据输出一行。

输入样例：

```
8
186 186 150 200 160 130 197 220
```

输出样例：

```
4
```

5-7　买票问题

问题描述：一场演唱会即将举行。现有 n 个歌迷排队买票，一人买一张。而售票处规定，一个人每次最多只能买两张票。假设第 i 位歌迷买一张票需要时间 $T_i\ (1 \leqslant i \leqslant n)$，队伍中相邻的两位歌迷（第 j 个人和第 j+1 个人）也可以由其中一个人买两张票，而另一位就可以不用排队了，则这两位歌迷买两张票的时间变为 R_j，假如 $R_j < T_j + T_{j+1}$，这样就可以缩短后面歌迷等待的时间，加快整个售票的进程。现给出 n、T_j 和 R_j，求使每个人都买到票的最短时间。

输入：多组测试数据。每组测试包含三行：第 1 行输入歌迷个数 n；第 2 行输入时间 $T_i\ (1 \leqslant i \leqslant n)$，共 n 个整数；第 3 行输入时间 $R_j\ (1 \leqslant j < n)$，共 n-1 个数。

输出：每个人都买到票的最短时间，每组测试数据输出一行。

输入样例：

```
3
6 4 7
5 4
```

输出样例：

```
10
```

5-8　最大子段和

问题描述：给定 n 个整数（可能为负数）组成的序列 $a[1]$，$a[2]$，$a[3]$，…，$a[n]$，求该序列如 $a[i]+a[i+1]+\cdots+a[j]$的子段和的最大值。当所给的整数均为负数时定义子段和为 0。

输入：多组测试数据。每组测试数据包含 2 行：第 1 行输入序列的长度 n；第 2 行输入 n 个整数。

输出：最大子段和的值，每组测试数据输出一行。

输入样例：

```
6
-2 11 -4 13 -5 -2
```

输出样例：

```
20
```

5-9　装箱问题

问题描述：有一个箱子容量为 $V(0 \leqslant V \leqslant 20000)$，同时有 $n(0 < n \leqslant 3000)$ 个物品，每个物品有一个体积（正整数）。要求 n 个物品中，任取若干装入箱内，使箱子的剩余空间为最小。

输入：多组测试数据。每组测试数据包含 2 行：第 1 行输入容量 V 和物品个数 n；第 2 行输入每个物品的体积。

输出：箱子剩余空间的最小值。

输入样例：

```
24 6
8 3 12 7 9 7
```

输出样例：

```
0
```

5-10　表格乘法

问题描述：定义于字母表 $S=\{a, b, c\}$上的乘法表如下：

	a	b	c
a	b	b	a
b	c	b	a
c	a	c	c

依此乘法表，对任一定义于 S 上的字符串，适当加括号后得到一个表达式。例如，对于字符串 $x=bbbba$，它的一个加括号表达式为$(b(bb))(ba)$。依乘法表，该表达式的值为 a。试设计一个算法，对任一定义于 S 上的字符串 $X=\{x_1, x_2, \cdots, x_n\}$，计算有多少种不同的加括号方式，使由 x 导出的加括号表达式的值为 a。

输入：多组测试数据，每组测试由一行字符串组成（字符串长度小于等于 15）。

输出：输出每组测试数据的加括号方式数，每组测试数据输出单独一行。

输入样例：

```
bbbba
```

输出样例：

```
6
```

5-11　最长滑雪道

问题描述：Michael 很喜欢滑雪。为了要获得速度，滑雪一定要由高处往低处滑。Michael 想知道在某一个滑雪场最长的滑雪路径有多长。滑雪场区域是以数字形成的方块来表示的，数字的大小代表各点的高度。例如：

```
 1   2  3   4   5
16  17  18  19  6
15  24  25  20  7
14  23  22  21  8
13  12  11  10  9
```

我们可以从一点滑到相连的另一点，只要高度是由高到低。在这里我们说某一点与另一点相连指的是它们互为上、下、左、右四个方向相邻。例如，我们可以滑 24-17-16-1（从 24 开始，1 结束）。当然，如想滑 25-24-23-22-…-3-2-1 也可以，这比上一条路径长多了。事实上，这也是最长的路径了。

输入：输入的第一行有一个整数 N，代表有多少组测试数据。每组测试数据的第一行包含 S、R、C。S 代表这个滑雪场的名称（一个英文单词），R 代表行数，C 代表列数。接下来的 R 行每行有 C 个整数。此数字方块代表此滑雪场的地图。R 和 C 都不会比 100 大，N 不会比 15 大，并且所有的高度都介于 0～100 之间。

输出：对每组测试数据，请输出滑雪场的名称，以及在这个滑雪场你可以滑的最长路径的长度。

输入样例：

```
2
Feldberg 10 5
56 14 51 58 88
```

```
26 94 24 39 41
24 16 8 51 51
76 72 77 43 10
38 50 59 84 81
5 23 37 71 77
96 10 93 53 82
94 15 96 69 9
74 0 62 38 96
37 54 55 82 38
Spiral 5 5
1 2 3 4 5
16 17 18 19 6
15 24 25 20 7
14 23 22 21 8
13 12 11 10 9
```

输出样例：

```
Feldberg: 7
Spiral: 25
```

5-12 最大和矩形

问题描述：对于 $N \times N$ 数组，找出有最大和的子区域（sub-rectangle），输出其和。一个区域的和指的是该区域中所有元素值的和。一个区域是指相连的任意大小的子数组。例如，对以下二维数组：

```
 0  -2  -7   0
 9   2  -6   2
-4   1  -4   1
-1   8   0  -2
```

其最大和的子区域位于左下角，并且其和为 15。

```
 9   2
-4   1
-1   8
```

输入：每组测试数据第一行有一个正整数 N（$N \leqslant 100$），代表此二维数组大小为 $N \times N$。后续 N 行 N 列整数代表此数组的内容。每个整数都介于-127 到 127 之间，且以行为主的顺序排列。

输出：输出有最大和的子区域的和的值。

输入样例：

```
 4
 0  -2  -7   0
 9   2  -6   2
-4   1  -4   1
-1   8   0  -2
```

输出样例：

```
15
```

第 6 章　贪心算法

学习要点

- 理解贪心算法的基本原理和设计步骤
- 掌握贪心算法正确性的证明方法
- 掌握典型范例的贪心算法，包括活动安排、小数背包问题、最优前缀码、单源最短路径和最小生成树

【引导问题】 设有 n 个正整数，将它们连接成一排，组成一个最大的多位整数。例如，n=3 时，3 个整数 13、312、343 连成的最大整数为 34331213。又如，n=4 时，4 个整数 7、13、4、246 连成的最大整数为 7424613。

该问题满足最优子结构性质，但是其动态规划算法比较复杂，是否存在效率更高的算法？答案就是本章将介绍的贪心算法。

贪心算法是一种对某些求最优解问题的更简单、更迅速的设计技术。在多阶段决策过程中，贪心算法以当前状态为基础根据特定贪心准则（也称为优化测度）进行局部最优决策，而不考虑各种可能的整体情况。贪心算法采用自顶向下，以迭代的方法做出相继的贪心选择，每做一次贪心选择，就将所求问题简化为一个规模更小的子问题。把上述连续的局部最优决策组合起来，我们就可以得到原问题的一个全局解。注意，如果贪心准则设计不合理，贪心算法得到的全局解不一定是最优解。虽然贪心算法不能对所有问题都得到整体最优解，但对许多问题它能产生整体最优解，如单源最短路径问题、最小生成树问题等。在一些情况下，即使贪心算法不能得到整体最优解，其最终结果却是近似的最优解。正因如此，贪心算法在对 NP 问题的求解中发挥着越来越重要的作用。

6.1　贪心算法的基本要素

贪心算法类似分治算法和动态规划，也是一种基于子问题思想的策略。

【找零钱问题 1】 假设有面值为 5 元、2 元、1 元、5 角、2 角、1 角的货币，需要找给顾客 4 元 6 角现金，使付出的货币的数量最少。

典型的贪心策略求解过程如下：首先选出 1 张面值不超过 4 元 6 角的最大面值的货币，即 2 元；然后选出 1 张面值不超过 2 元 6 角的最大面值的货币，即 2 元；继续选出 1 张面值不超过 6 角的最大面值的货币，即 5 角；最后选出 1 张面值不超过 1 角的最大面值的货币，即 1 角，总共付出 4 张货币。

概括起来，在上述过程中，每次总是选择面值最大且不超过应付金额的货币，并没有考虑这种选择对于后续找零是否合理。这就是一种典型的贪心策略，每次做出局部最优的决策，直至得到问题的一个解。贪心算法的求解过程通常包括如下 3 个步骤：

① 分解，将原问题求解过程划分为连续的若干决策阶段。

② 决策，在每个阶段依据贪心策略进行贪心决策，得到局部的最优解，并缩小待求解问题的规模。

③ 合并，将各阶段的局部解合并为原问题的一个全局可行解。

依据上述步骤，贪心算法的设计模式如程序 6-1 所示。

程序 6-1　贪心算法的设计模式

```
Greedy(C) {                                       // C是问题的输入集合即候选集合
    S={ };                                        // 初始解集合为空集
    while (not Solution(S)) {                     // 集合S没有构成问题的一个可行解
        x = Select(C);                            // 在候选集合C中做贪心决策
        S = S + {x};
        C = C - {Collection(x)};                  // 减去一个与x关联的集合
    }
    return S;
}
```

在程序 6-1 中，候选集合 C 是构造问题解（包括最优解）的对象集合；解集合 S 表示问题的解，它随着贪心选择的进行不断扩展，直到构成一个满足问题的完整解；可行解函数 Solution()是问题可行解的判定函数，判定 S 是否满足问题的要求；选择函数 Select()是贪心策略的实现过程，这是贪心算法的关键，它指出哪个候选对象最有希望构成问题的最优解，选择函数通常和目标函数有关。在找零钱问题中，各种面值的货币构成候选集合 C，而已付出的货币构成解集合 S；可行解函数 Solution()是已付出的货币金额恰好等于应找零钱，贪心策略是在候选集合中选择面值最大且不超过应付金额的货币。

从程序 6-1 可以看出，贪心算法的求解是一个多阶段决策的过程，而且每步的决策只需要根据某种“只顾眼前”的贪心策略来执行，并不需要考虑其对子问题的影响。因此，贪心算法的执行效率一般都比较高。但是，在有些情况下，这种“短视”的贪心决策只能导致近似最优，而不是全局最优，如下述找零钱问题。

【找零钱问题 2】 假设有面值为 1.1 元、5 角和 1 角的货币，现在要找给顾客 1 元 5 角钱，怎么找使得货币数目最少？

如果仍然按照贪心策略：在不超过应付金额的条件下，选择面值最大的货币，那么得到的找零方案为 1 个 1.1 元货币和 4 个 1 角货币。显然，这不是最优的方案，因为 3 个 5 角的货币是更优的方案。

什么样的问题能用贪心算法求解？或者说，能用贪心算法求解的问题具有怎样的性质？这个问题很难给予肯定的回答。但是，从许多可以用贪心算法求解的问题中，可以总结出这些问题一般具备一个重要的性质：贪心选择性质。

所谓贪心选择性质，是指所求问题的整体最优解可以通过一系列局部最优的决策得到，这是贪心算法可行的基本要素。贪心选择性质的证明一般采用数学归纳法，包括两个基本步骤。

① 基础步：在多步的贪心决策过程中，第一步贪心决策可以导出最优解，或者存在一个全局最优解包含第一步选择。

② 归纳步：如果贪心算法的前 k 步都可以导出最优解，那么第 k+1 步的贪心决策也能导出最优解。

除了数学归纳法，也可以使用交换论证方法证明贪心选择性质。

交换论证的思想是：从任意一个最优解出发，不断用贪心选择的对象（符合贪心准则）替换最优解中的相应要素，得到问题新的解；通过有限步改造，把这个最优解改变成贪心算法的解。如果替换过程中的每步能保证解的最优值不发生变化，则证明了贪心算法的解也是最优的。交换论证方法包括如下两个基本步骤。

① 基础步：给定任意一个最优解，根据贪心准则对最优解进行改造，也就是把第一步贪心选择的对象替换最优解中的特定要素，然后证明替换后的新解也是最优解。

② 交换步：证明上述交换过程可以循环进行。也就是说，依次替换最优解的其他要素，直到新解的每个分量都符合贪心准则，并且证明新解也是最优的。

在贪心算法中，原问题经过第一次贪心决策后将转变为一个规模减小的子问题，如果最优解的部分解（除去第一次决策对象的剩余部分）是该子问题的最优决策，则基础步可在该部分解和子问题递归操作，且不影响解的最优性。本质上，交换步需要证明"最优解的部分解是子问题的最优解"，即最优子结构性质。

更多的证明范例见后续典型问题。

6.2 活动安排问题

贪心算法-活动安排1　　贪心算法-活动安排2

问题描述：假设某社团某一天要组织 n 个活动 $E=\{e_1, e_2,\cdots, e_n\}$，其中每个活动都要求使用同一礼堂，而且在同一时间内只有一个活动能使用这个礼堂。每个活动 e_i 都有一个要求使用礼堂的起始时间 s_i 和结束时间 f_i，且 $s_i < f_i$。如果选择了活动 e_i，则它在半开时间区间$[s_i, f_i)$内占用资源。若区间$[s_i, f_i)$与区间$[s_j, f_j)$不相交，则称活动 i 与活动 j 是相容的。现在给定 n 个活动的开始时间和结束时间，请设计一个活动安排方案，使得安排的相容活动数目最多。

输入：多组测试数据。每组测试数据包含 3 行。第 1 行输入活动数目 n（n<1000）；第 2 行输入 n 个活动的开始时间；第 3 行输入 n 个活动的结束时间。这里规定所有的时间取值范围为 1～1000 间的整数。

输出：最多安排的相容活动数目，每组测试数据输出一行。

输入样例：

```
11
1 0 3 3 5 5 6  2  8  8  12
4 6 5 8 7 9 10 13 11 12 14
```

输出样例：

```
4
```

1. 问题分析

根据给定活动的开始时间、结束时间，活动安排问题有三种比较容易想到的贪心策略可供选择。

策略一：选择具有最早开始时间且不与已安排的活动冲突的活动，这样似乎可以增大资源的利用率。

策略二：选择具有最短使用时间且不与已安排的活动冲突的活动，这样看似可以安排更多的活动。

策略三：选择具有最早结束时间且不与已安排的活动冲突的活动，这样可以使得下一个活动尽早开始。

选择这三种策略中的哪一种？如果在活动集中有一个活动开始时间最早，但是使用时间占满整整一天，则无论其他活动状态怎样，策略一都只能安排 1 个活动。选择策略二也不一定能得到最优解，如活动集为{[1, 5), [4, 7), [6, 10)}，按照策略二只能安排 1 个活动（对应[4, 7)），而最优值为 2（对应{[1, 5), [6,10)}）。综合策略一和策略二，人们容易想到一种更好的策略："选择开始时间最早且使用时间最短的活动"。因为活动结束时间等于开始时间加上使用时间，显然这个组合策略就是策略三。直观上，策略三可以给未安排的活动留下尽可能多的时间。也就是说，该算法的贪心策略是使得剩余的可安排活动时间段极大化，以便安排尽可能多的相容活动。

2. 算法设计与实现

根据问题描述和所设计的贪心策略，求解活动安排问题的贪心算法设计思路如下：

① 预处理。把所有的活动按照结束时间进行升序排列，有 $f_1 \leqslant f_2 \leqslant \cdots \leqslant f_n$。

② 根据贪心策略，首先选择活动 E[1]，并记录该选择在数组 A 中，令 A[1] = true。

③ 依次扫描每个活动 E[i]：如果 E[i]的开始时间晚于最后一个选入 A[]的活动 E[j]的结束时间，则将 E[i]选入 A[]中，A[i] = true；否则放弃 E[i]，即 A[i] = false。

根据上述描述，活动安排问题的贪心算法 GreedySelector 实现参阅程序 6-2。

程序 6-2 活动安排问题的贪心算法

```
#include<stdio.h>
#include<algorithm>
#define        MaxEvent  1000
using namespace std;
int greedyEventSchedule(int n, int *timeStart, int *timeFinish) {
    int i, j, selected, ans=0;
    // 冒泡排序，使得活动按结束时间升序排列
    for(i=0; i < n; i++)
        for(j=0; j+1<n; j++)
            if(timeFinish[j]>timeFinish[j+1]) {
                swap(timeFinish[j],timeFinish[j+1]);
                swap(timeStart[j],timeStart[j+1]);       // 开始时间也需一致移动
            }
    selected = 0;                                         // 选择第一个活动
    ans = 1;
    for(i=1; i<n; i++)
```

```
        if(timeStart[i] >= timeFinish[selected]) {
            selected = i;                               // 选择相容的最早结束活动
            ans++;
        }
    return ans;
}
int main() {
    int i, n, ans, s[MaxEvent], f[MaxEvent];
    while(scanf("%d", &n) != EOF) {
        for(i=0; i < n; i++)
            scanf("%d",&s[i]);
        for(i=0; i < n; i++)
            scanf("%d",&f[i]);
        ans = greedyEventSchedule(n, s, f);
        printf("%d\n", ans);
    }
    return 0;
}
```

算法 greedyEventSchedule 的主要计算时间在于将活动按照结束时间从小到大排序。程序 6-2 采用冒泡排序，时间复杂度为 $O(n^2)$，贪心算法的循环过程时间复杂度为 $O(n)$，因此 GreedySelector 算法的时间复杂度为 $O(n^2)$。当然，排序过程可以选择快速排序等，降低整个程序的时间复杂度。另外，如果需要输出安排的活动，则设计数组 A[]记录安排的活动。

【例 6-1】 输入样例中的活动，按结束时间 F[*i*]升序排列如表 6-1 所示。

表 6-1　11 个活动按照结束时间的升序排列表

E[*i*]	1	2	3	4	5	6	7	8	9	10	11
S[*i*]	1	3	0	5	3	5	6	8	8	2	12
F[*i*]	4	5	6	7	8	9	10	11	12	13	14

根据贪心策略可知，贪心算法每次从剩下未安排的活动中选择结束时间最早且不与已安排活动冲突的活动。因为活动 1 具有最早的结束时间，贪心算法首先选择活动 E[1]加入解集合 A[]。由于 E[2]和 E[3]的开始时间 S[2]和 S[3]都早于 F[1]，显然活动 E[2]和 E[3]与活动 E[1]不相容，因此放弃它们。继续向前扫描，因为 S[3]晚于 F[1]，即活动 E[4]与活动 E[1]相容，所以把活动 E[4]加入集合 A[]。然后，在剩余活动中选择具有最早结束时间且与活动 E[4]相容的活动。以此类推，最终选定的解集合 A[]=[1,0,0,1,0,0,0,1,0,0,1]，即选定的活动集合为[1,4,8,11]。具体的求解过程如图 6-1 所示，灰色长条表示已经选入集合 A[]中的活动，空白长条表示当前正在验证相容性的活动。

3．算法正确性证明

贪心算法并不能保证最终的最优解，但对于活动安排问题，贪心算法却总能求得问题的最优解。下面用数学归纳法给出一个简单的证明。证明对任意正整数 *k*，算法的前 *k* 步选择都能导致一个最优解，即证明以下命题。

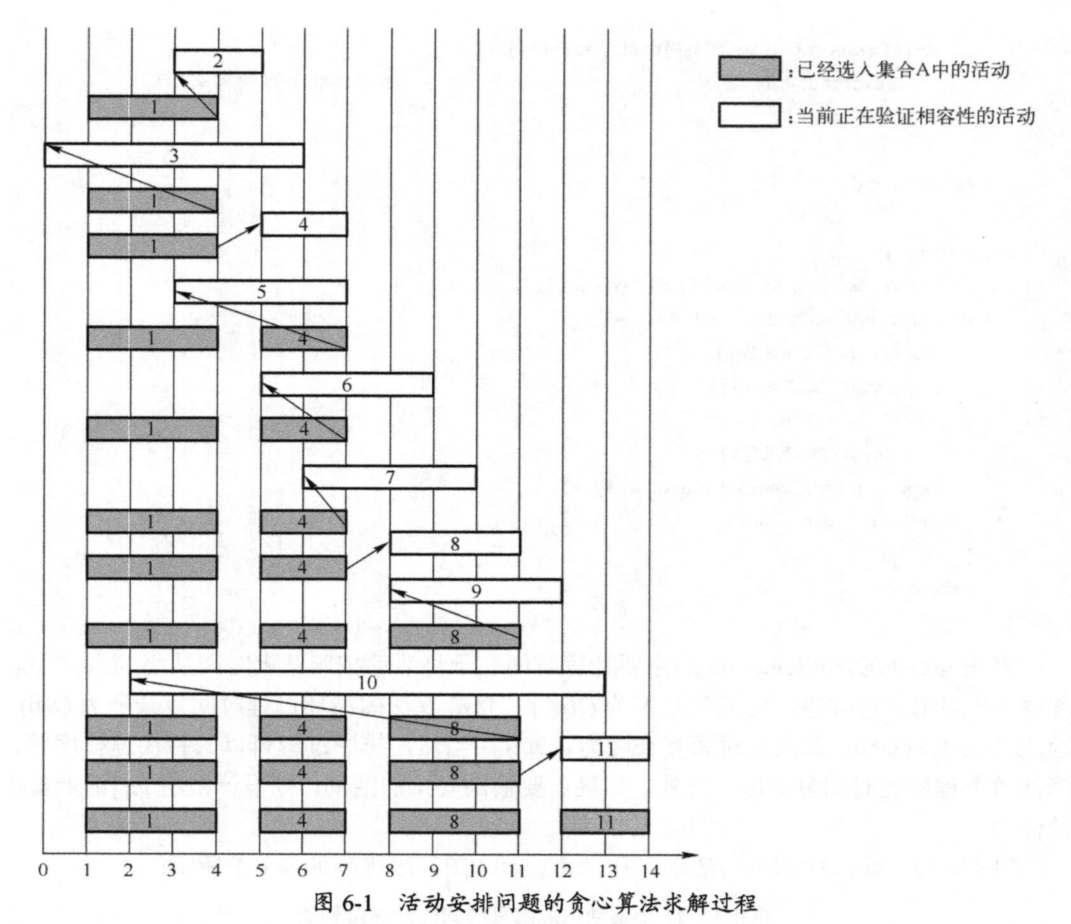

图 6-1　活动安排问题的贪心算法求解过程

【命题 6-1】 算法 GreedySelector 执行到第 k 步，选择 k 项活动 $i_1 = 1, i_2, \cdots, i_k$，那么存在一个最优解包含 $i_1 = 1, i_2, \cdots, i_k$。

证明：先将集合 S 中的活动按照结束时间递增顺序排列，即 $S = \{1, 2, \cdots, n\}$。设 $A = \{j_1, j_2, \cdots, j_m\}$ 是 S 的一个最优解，其中活动也按照结束时间递增顺序排列。

① **基础步**：$k=1$ 时，算法选择了活动 1。我们仅需证明：存在一个最优解包含了活动 1。

如果 $j_1 = 1$，即最优解 A 包含了活动 1，显然结论成立。

如果 $j_1 \neq 1$，那么用活动 1 替换 j_1，得到 A'，即

$$A' = \{A - \{j_1\}\} \cup \{1\}$$

因为活动 1 的结束时间比活动 j_1 早，所以它与活动集合 $\{j_2, \cdots, j_m\}$ 相容，而且 A' 与 A 的活动个数相等。所以，活动 A' 也是问题的一个最优解。

② **归纳步**：假设对于正整数 k，命题正确。令 $i_1 = 1, i_2, \cdots, i_k$ 是贪心算法前 k 步顺序选择的活动，那么存在一个最优解：

$$A = \{i_1 = 1, i_2, \cdots, i_k\} \cup \mathrm{B}$$

假设 S' 是 S 中剩下的与 $i_1, i_2, \cdots, i_k$ 相容的活动，即

$$S' = \{j \mid s_j \geqslant f_{i_k}, j \in S\}$$

那么 B 是 S' 的一个最优解。否则，S' 至少存在一个解 B'，有 $|B'|>|B|$，那么用 B' 替换 A 中的 B，得到 S 的一个相容活动安排 $\{i_1=1,i_2,\cdots,i_k\}\cup B'$，它安排的活动比 A 更多。这与 A 是 S 的最优解矛盾。

根据归纳基础的证明，算法第一步选择结束时间最早的活动总是导致一个最优解，因此子问题 S' 存在一个最优解 $B''=\{i_{k+1},\cdots\}$，其中 i_{k+1} 为 S' 中结束时间最早的活动。由于 B'' 与 B 都是 S' 的最优解，因此 $|B''|=|B|$。于是

$$A'=\{i_1=1,i_2,\cdots,i_k\}\cup B''=\{i_1=1,i_2,\cdots,i_k,i_{k+1}\}\cup\{B''-\{i_{k+1}\}\}$$

与 A 的活动数目一样多，也是一个最优解，而且它包含贪心算法的前 k+1 步选择的活动。

综上所述，命题得证。

在上述证明过程中，归纳基础表明活动安排问题总存在一个以贪心选择开始的最优活动安排。归纳步骤则保证该贪心选择能在子问题中延续，且不影响解的最优性质，归纳步骤的核心是证明活动安排问题满足最优子结构性质。

6.3 小数背包问题

问题描述：给定 n 种物品和一个背包，物品 i 的重量是 w_i，其价值为 v_i，背包的容量为 C，应如何选择装入背包的物品使得装入背包中物品的总价值最大？在选择物品 i 装入背包时，可以选择物品 i 的一部分，而不一定要全部装入背包。

输入：多组测试数据。每组测试包括 3 行：第 1 行输入物品的总数 n（n<1000）和背包的容量 C（C<1000）；第 2 行输入 n 个整数，表示物品的重量；第 3 行输入物品的价值。

输出：输出装入背包的总价值，每组测试数据输出一行。

输入样例：

```
3 50
10 20  30
60 100 120
```

输出样例：

```
240
```

1. 问题分析

此问题非常类似第 5 章中的 0-1 背包问题，唯一的差别是在小数背包问题中，每一个物品可以取部分。小数背包问题可以形式化为如下模型：

$$\max\sum_{i=1}^{n}v_ix_i$$
$$\text{st.}\quad\begin{cases}\sum_{i=1}^{n}w_ix_i\leqslant C\\0\leqslant x_i\leqslant 1,\quad 1\leqslant i\leqslant n\end{cases}\tag{6-1}$$

人们很容易想到以下三种贪心策略。

策略一：在不超出当前背包的剩余容量前提下，优先选择价值最大的物品，这样使得装入价值增长最快。

策略二：在不超出当前背包的剩余容量前提下，优先选择重量最轻的物品，这样使得背包容量增长最慢。

策略三：在不超出当前背包的剩余容量前提下，优先选择价值率（价值除以重量）最大的物品，这样使得背包中单位重量价值增长最快。

这三种贪心策略看似都有道理，选择哪一种贪心策略？下面看一个例子。

【例 6-2】 对于 n=3，c=20，v=(25, 24, 15)，w= (18, 15, 10)，表 6-2 列举了该实例的 4 个可行解。

表 6-2　例 6-2 的 4 个可行解

序号	(x_1,x_2,x_3)	$\sum w_i x_i$	$\sum v_i x_i$
①	(1/2, 1/3, $\frac{1}{4}$)	16.5	24.5
②	(1, 2/15, 0)	20	28.2
③	(0, 2/3, 1)	20	31
④	(0, 1, $\frac{1}{2}$)	20	31.5（最优解）

由表 6-2 可知，如果按照策略一，则得到可行解②；如果按照策略二，则得到可行解③。显然，它们都不是最优解。按照策略三，则能得到最优解④。

2．算法设计与实现

根据问题描述和贪心策略三，求解小数背包问题的贪心算法设计思路如下：

① 预处理，把物品按照价值率进行降序排列。

② 根据贪心策略，首先选择价值率最大的物品，并记录该物品装入的重量。

③ 依次扫描每个物品：在没有超出背包容量的条件下，尽可能多地装入当前价值率最高的物品，并记录该物品装入的重量。

根据上述描述，小数背包问题的贪心算法 greedyKnapsack 实现见程序 6-3。

程序 6-3　小数背包问题的贪心算法

```
#include<stdio.h>
#include<algorithm>
using namespace std;
#define        MaxItems  1000
struct item{
    int weight;
    int value;
    bool operator <(const item& bb) const {                   // 定义比较函数（小于号）
        return value/(1.0*weight) > (1.0*bb.value)/bb.weight;  // 为什么乘以1.0?
    }
};                                                              // 定义物品的结构体

double greedyKnapsack(int n,int capacity,item* itemSet) {
    double ans = 0;
    sort(itemSet, itemSet+n);                                   // STL 中的快速排序算法
    for(int i=0; i < n; i++) {
        if(capacity >= itemSet[i].weight) {
```

```
            ans += itemSet[i].value;                  // 选择单价最大的物品
            capacity-=itemSet[i].weight;
        }
        else {
            ans+=capacity*(itemSet[i].value*1.0)/itemSet[i].weight;  // 最后一个物品只能装部分
            break;
        }
    }
    return ans;
}
int main() {
    int i, n, c;
    item itemSet[MaxItems];
    double ans;
    while(scanf("%d%d", &n, &c) != EOF) {
        for(i=0; i < n; i++)
            scanf("%d", &(itemSet[i].weight));
        for(i=0; i < n; i++)
            scanf("%d", &(itemSet[i].value));
        ans = greedyKnapsack(n, c, itemSet);
        printf("%.0f\n", ans);
    }
    return 0;
}
```

greedyKnapsack 算法的主要计算时间在于 sort()函数（快速排序）将各种物品依价值率从大到小排序，其时间复杂度为 $O(n\log n)$，贪心选择的循环过程时间复杂度为 $O(n)$，因此 greedyKnapsack 算法的时间复杂度为 $O(n\log n)$。

对于 0-1 背包问题，贪心算法为什么不能得到最优解？因为在 0-1 背包问题中，贪心算法无法保证最终能将背包装满，因此部分闲置的背包空间将降低单位空间的装入物品价值。事实上，在考虑 0-1 背包问题时，应比较选择该物品和不选择该物品所导致的最终方案，再做出最好选择。表 6-3 列出了贪心算法和动态规划的区别。

表 6-3　贪心算法和动态规划的区别

贪心算法	动态规划
每步的决策都是当前问题的局部最优解	每步的决策由当前问题的子问题的最优解递推得到
最优值求解顺序为自顶向下，子问题后求解	最优值求解顺序为自底向上，子问题先求解
算法简单高效	算法相对较复杂

3. 算法正确性证明

下面用交换论证法证明上述贪心算法满足贪心选择性质。

（1）基础步

贪心算法第一次选择了价值率最大的物品，而且是满额装入（如果背包容量大于该物品重量，则把整个物品装入背包，否则用该物品把背包装满）。我们需要证明存在一个最优的装包方案，它满额装入价值率最大的物品，即证明以下命题。

【命题 6-2】 假设所有的物品按照价值率递减顺序排列，即 $v_1 / w_1 \geqslant v_2 / w_2 \geqslant \cdots \geqslant$

v_n / w_n，则存在小数背包问题的一个最优解 $X = \{x_1, x_2, \cdots, x_n\}$，尽可能多地装入了物品 1，即如果 $w_1 \leqslant C$，则 $x_1 = 1$，否则 $x_1 = C / w_1$。

证明：令 $Y = \{y_1, y_2, \cdots, y_n\}$ 是一个最优解，$k = \min\limits_{1 \leqslant i \leqslant n}\{i | y_i > 0\}$。

① 如果 $k = 1$ 且 $y_k = 1$，Y 是一个满足贪心策略的最优解。

② 如果 $k = 1$ 且 $y_k > 0$ 和 $y_i = 0$ （$i>k$），Y 也是一个满足贪心策略的最优解。

③ 如果 $k > 1$，$w_1 \leqslant y_k w_k$，则取 $x_1 = 1$，$x_k = (y_k w_k - w_1) / w_1$，$x_i = y_i$（$1 < i \leqslant n$，$i \neq k$）。也就是说，把物品 1 装入，把物品 k 取出重量为 w_1 的部分，其他物品的状态保持不变。显然，可以得以下关系式：

$$\sum_{i=1}^{n} x_i v_i \geqslant \sum_{i=1}^{n} y_i v_i, \qquad \sum_{i=1}^{n} x_i w_i = \sum_{i=1}^{n} y_i w_i$$

因为 Y 是最优解，则 $\sum\limits_{i=1}^{n} y_i v_i \geqslant \sum\limits_{i=1}^{n} x_i v_i$，所以 $\sum\limits_{i=1}^{n} y_i v_i = \sum\limits_{i=1}^{n} x_i v_i$，即 X 也是一个最优解。

当 $w_1 > y_k w_k$ 时，采用类似替换过程（此时需要用物品 1 替换解 Y 中更多的物品），也可以证明替换后的解也是最优解。

（2）交换步

此过程本质上是证明小数背包问题满足最优子结构性质，即证明下述命题。

【命题 6-3】 假设 $X = \{x_1, x_2, \cdots, x_n\}$ 是小数背包问题的满足贪心策略的最优解，则有 $X = \{x_2, \cdots, x_n\}$ 是背包剩余容量为 $C - w_1 x_1$、待装入物品为 $\{2, 3, \cdots, n\}$ 时相应子问题的最优解。

该结论容易用反证法证明，请读者参考 0-1 背包问题的证明自行完成。

6.4 最优前缀码

问题描述：在计算机中需要用 0-1 字符串作为代码来表示信息，为了正确解码必须要求任何字符的代码不能作为其他字符代码的前缀，这样的编码称为**二元前缀码**。考虑字符集 $C=\{a, b, c, d\}$，如果其代码集合为 $Q=\{001, 00, 010, 01\}$，容易验证 Q 不是二元前缀码。因为接收到编码序列 0100001 时，存在两种解码方法：

① 分解为{01, 00, 001}，译码为$\{d, b, a\}$；

② 解码为{010, 00, 01}，译码为$\{c, b, d\}$。

由于译码的歧义，这种编码是不能用的。二元前缀码则不存在译码的歧义问题。其译码过程为：从第一个字符开始依次读入每个字符（0 或者 1），如果发现读到的子串与某个代码相等，就将这个字串译作相应代码的字符。注意：这里不会出现歧义，因为这个子串不可能是任何其他代码的前缀。然后从下一个字符开始继续这个过程，直到读完输入的字符串为止。

二元前缀码的存储通常采用二叉树结构，令每个字符作为树叶，对应这个字符的前缀码看作根到这个树叶的一条路径。规定每个节点通向左儿子的边记为 0，通向右儿子的边记为 1。图 6-2 展示了两种二元前缀码，左树代码集合为{000, 001, 010, 011, 100, 101}，右树代码集合为{0, 100, 101, 1100, 1101, 111}。

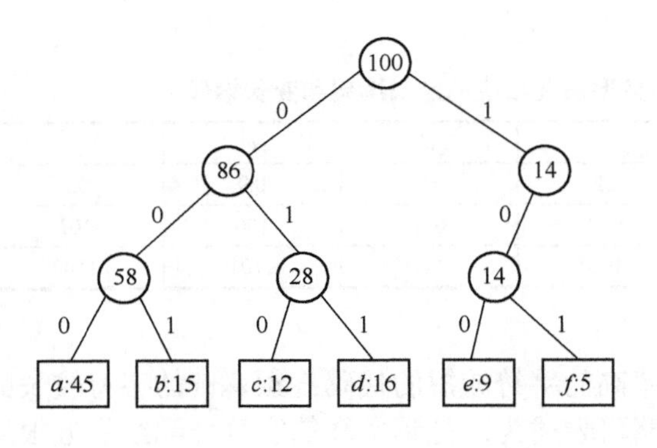

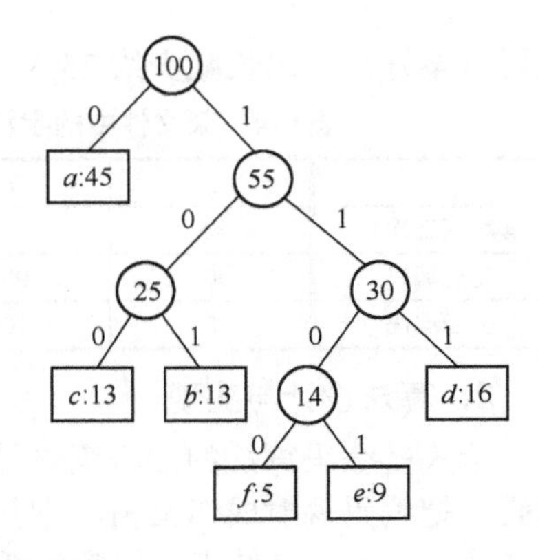

图 6-2　二元前缀码

在一个文件中，字符集中字符出现的频次往往不尽相同。设$C=\{x_1,x_2,\cdots,x_n\}$是n个字符的集合，x_i的频次是$f(x_i)(i=1,2,\cdots,n)$。在一个二元前缀码中，x_i的码长定义为其代码的二进制位数，或者二叉编码树中其对应叶子结点的深度，记为$d(x_i)$，则该编码方案的平均码长定义为

$$B(T)==\frac{\sum_{i=1}^{n}f(x_i)d(x_i)}{\sum_{i=1}^{n}f(x_i)}$$

在给定字符集的诸多二元前缀码中，平均码长最小的前缀码方案被称为**最优前缀码**。现在给定字符集和字符集中每个字符的频次，请设计算法构造其最优前缀码。

输入：多组测试数目。每组测试数据包含 2 行：第 1 行输入字符集中字符的个数 n（n<1000）；第二行输入每个字符出现的频次（小于 10000）。

输出：最优前缀码的平均码长，保留 4 位小数；每组测试数据输出一行。

输入样例：

```
6
45 13 12 16 9 5
```

输出样例：

```
2.2400
```

哈夫曼编码-1

1．问题分析

如果字符集中的每个字符用相同码长的代码表示，这样的编码方案称为**定长编码**。比如，ASCII 是计算机中的一种最常用定长编码，其中所有字符用 8 位的二进制串表示。任意给定 n 个字符的字符集合，我们都可以构造最多$\lceil \log_2^n \rceil$位的定长编码方案。

定长编码把每个字符同等看待，忽略字符频率的差别，因此其平均码长难以达到最优。字符集中的每个字符也可用不同码长的代码表示，这样的编码方案称为**变长编码**。直观地，人们容易想到如下变长编码的贪心策略：给频率高的字符较短的代码，给频率低的字符较长的代码，达到平均码长减少的目的。这就是**哈夫曼编码**的基本思想。

表 6-4 展示了给定一个字符集的定长编码和变长编码范例。使用定长码时，表示 6 个不同的字符需要 3 位：a=000，b=001，…，f=101。用这种方法对整个文件进行编码需要 30 万位。使用变长码时，字符 a 用 1 位串 0 表示，而字符 f 用 4 位串 1100 表示。整个文件的总码长为(45×1+13×3+12×3+16×3+9×4+5×4)×1000=22.4 万位。变长编码比用定长

编码方案好，总码长减少约 25%。

表 6-4 某文件中的字符集和字符频率表及相应的定长编码和变长编码

	a	*b*	*c*	*d*	*e*	*f*
频率（万次）	45	13	12	16	0.9	0.5
定长编码	000	001	010	011	100	101
变长编码	0	101	100	111	1101	1100

2．算法设计与实现

哈夫曼编码算法的贪心策略是：给频率高的字符较短的代码；频率低的字符较长的代码。把编码映射成二叉树，则其贪心策略可表述为：把频率高的字符分配给靠近根结点（较浅）的叶子结点，把频率低的字符放置在远离根结点（较深）的叶子结点。

哈夫曼编码算法则按照上述贪心策略构造二叉编码树。哈夫曼算法以自底向上的方式构造最优编码树 T。最开始时，每个字符构成一棵只包含一个结点的树，共$|C|$棵。然后，合并频率最低的两棵树，并产生一棵新的树，其频率为合并的 2 棵树的频率之和，并将新树插入优先队列 Q。经过 $n-1$ 次这样的合并后，优先队列中只剩下一棵树，即最优二叉编码树 T。假设编码字符集中字符 c 的频率是 $f(c)$，为了便于找到频次最低的字符，哈夫曼算法建立一个以字符频率为键值的优先队列 Q。

对于表 6-4 中给定的字符集和字符频率表，其哈夫曼编码算法的执行过程如图 6-3 所示。第一步合并频率最低的树 f 和 e，然后生成新的树（频率为 14）并加入优先队列 Q。第二步合并更新后的 Q 中频率最低的树 c 和 b，同样生成新的频率为 25 的树，并加入 Q。后续过程以此类推，直到生成最终的最优前缀码树。

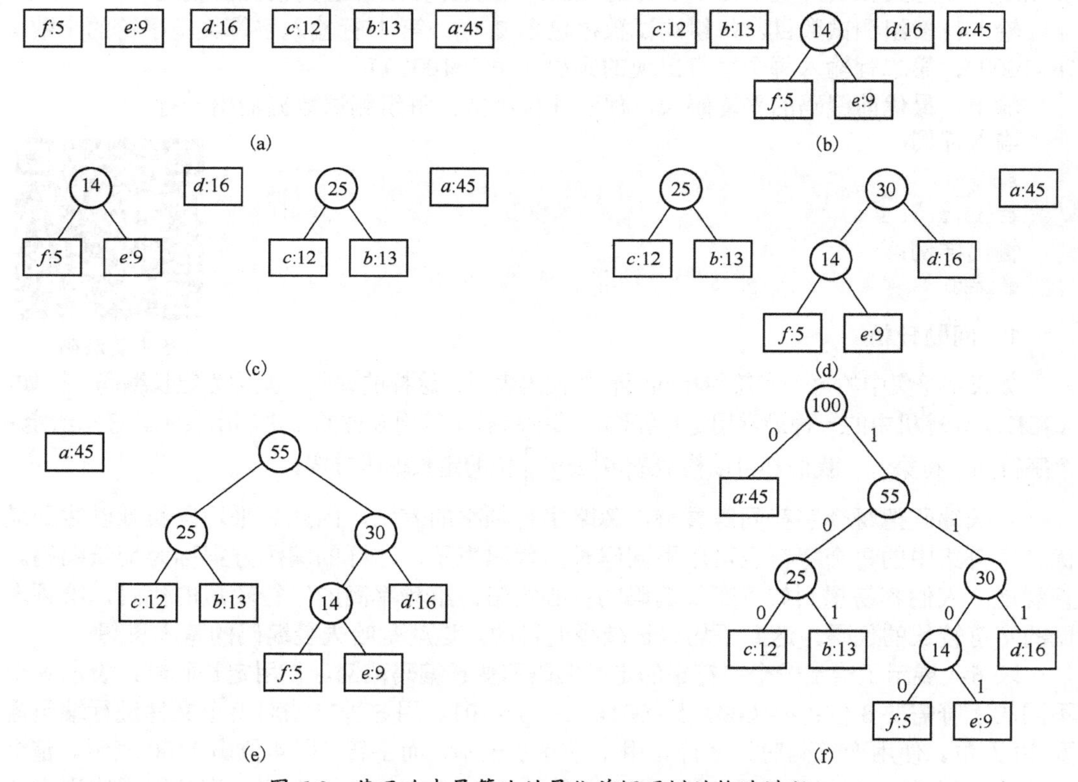

图 6-3 基于哈夫曼算法的最优前缀码树的构造过程

基于上述思路，最优前缀码的贪心算法实现代码见程序 6-4。

程序 6-4　最优前缀码的贪心算法程序

```
#include<stdio.h>
#include<vector>
#include<queue>
#include<algorithm>
#include<iostream>
#define        MaxChac    1000
using namespace std;
struct cmp {
    bool operator ()(const int &x,const int &y) {
        return x > y;
    }
};                                                          // 定义优先队列需要的比较函数
double haffmanCoding(int n, int* freq) {
    int i, total = 0, sumFreq = 0, jointFreq;
    priority_queue<int, vector<int>, cmp> heap;             // 优先队列，最小值优先
    for(i=0; i < n; i++) {
        total += freq[i];                                   // 频次总和
        heap.push(freq[i]);
    }                                                       // 形成优先队列
    while(heap.size() > 1) {                                // 循环选择队列中频次最少的两个元素合并
        jointFreq = 0;                                      // 合并后结点的频次
        for(i=0; i < 2; i++) {                              // 删除频次最少的两元素
            jointFreq += heap.top();
            heap.pop();
        }
        sumFreq += jointFreq;
        heap.push(jointFreq);                               // 优先队列中插入合并结点
    }
    return sumFreq/(1.0*total);                             // 返回平均码长
}
int main() {
    int n, i, freq[MaxChac];
    while(scanf("%d", &n) != EOF) {
        for(i=0; i < n; i++)
            scanf("%d", freq+i);
        double codeLength = haffmanCoding(n, freq);
        printf("%.4f\n", codeLength);
    }
    return 0;
}
```

算法 huffmanCoding 直接调用 STL 中的优先队列 priority_queue。哈夫曼编码共需 $2n-1$ 次 pop 和 push 操作，这两个操作的时间复杂度为 $O(\log(n))$。因此，n 个字符的哈夫曼算法的时间复杂度为 $O(n\log(n))$。

3．算法正确性证明

下面用交换论证法证明哈夫曼算法满足贪心选择性质。

（1）基础步

最优前缀码的贪心算法第一次选择频率最低的两个字符对应的树合并，可以推导出，这两个字符在二叉编码树中将处于底层，代码长度最长。我们需要证明存在一个最优前缀码符合上述规则。即证明以下命题。

【命题 6-4】 设字符集 C 中每个字符 c 的频率为 $f(c)$，x 和 y 是 C 中频率最低的两个字符，则存在 C 的最优前缀码使得 x 和 y 的代码长度相同（最后一位编码不同），且它们的代码长度是所有字符中最长的。

证明： 设二叉树 T 表示字符集 C 的一个最优前缀码，证明可以对 T 作适当修改后得到一棵新的二叉树 T''，在 T'' 中 x 和 y 是最深叶子结点且为兄弟，同时 T'' 表示的前缀码也是 C 的最优前缀码。

设 a 和 b 是二叉树 T 的最深叶子结点且互为兄弟。不失一般性，假设 $f(a)\leqslant f(b)$，$f(x)\leqslant f(y)$，因为 x 和 y 是频率最低的两个字符，可得 $f(x)\leqslant f(y)\leqslant f(a)\leqslant f(b)$。

首先在树 T 中交换叶子结点 b 和 x 的位置得到树 T'，然后在树 T' 中再交换叶子结点 a 和 y 得到树 T''，如图 6-4 所示。

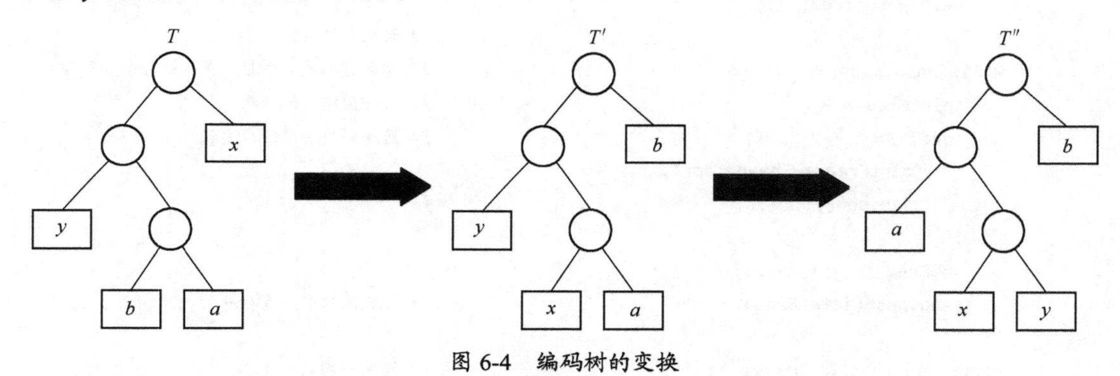

图 6-4 编码树的变换

根据平均码长的定义，树 T 和 T′ 的前缀码的平均码长之差为

$$
\begin{aligned}
B(T)-B(T') &= \sum_{c\in C} f(c)d_T(c)-\sum_{c\in C} f(c)d_{T'}(c) \\
&= f(x)d_T(x)+f(b)d_T(b)-f(x)d_{T'}(x)-f(b)d_{T'}(b) \\
&= f(x)d_T(x)+f(b)d_T(b)-f(x)d_T(b)-f(b)d_T(x) \\
&= (f(b)-f(x))(d_T(b)-d_T(x)) \\
&\geqslant 0
\end{aligned}
$$

其中，$d_{T'}(x)=d_T(b)$，$d_{T'}(b)=d_T(x)$。为了简洁，上述推导中平均码长的计算省略了分母 $\sum_{i=1}^{n} f(x_i)$。

类似地，可以证明在 T' 中交换 y 和 a 的位置也不增加平均码长，即 $B(T')-B(T'')\geqslant 0$。综合这两步交换，得 $B(T)\geqslant B(T')\geqslant B(T'')$。另一方面，前提条件是 T 所表示的前缀码是最优前缀码，即 $B(T) \leqslant B(T'')$。因此，$B(T)=B(T'')$，T'' 表示的前缀码也是最优前缀码，且 x 和 y 具有最长的、相同的码长，同时仅最后一位编码不同。

（2）交换步

最优前缀码问题的最优子结构性质等价于以下命题。

【命题 6-5】 二叉树 T 表示字符集 C 的一个最优前缀码，x 和 y 是树 T 中的两个叶子结点且为兄弟，z 是它们的父亲。若将 z 当作具有频率 $f(z)=f(x)+f(y)$ 的字符，则树 $T'=T-\{x,y\}$ 表示字符集 $C'=C-\{x,y\} \cup \{z\}$ 的一个最优前缀码。

证明： 首先证明 T 的平均码长 $B(T)$ 可用 T' 的平均码长 $B(T')$ 表示。

对于任意字符 $c \in C-\{x,y\}$，有 $d_T(c)=d_{T'}(c)$，故 $f(c)d_T(c)=f(c)d_{T'}(c)$。

对于字符 x 和 y，$d_T(x)=d_T(y)=d_{T'}(z)+1$，可得到

$$\begin{aligned} f(x)d_T(x)+f(y)d_T(y) &= (f(x)+f(y))(d_{T'}(z)+1) \\ &= f(x)+f(y)+f(z)d_{T'}(z) \end{aligned}$$

综合起来，$B(T)=B(T')+f(x)+f(y)$。

若 T' 不是字符集 C' 的最优前缀码，则 C' 至少存在一棵前缀码树 T''，使得 $B(T'')<B(T')$。因为 z 被看作 C' 中的一个字符，所以 z 在 T'' 中是叶子结点。若将 x 和 y 加入树 T'' 中作为 z 的儿子结点，则得到表示字符集 C 的前缀码树 T'''，而且下述关系式成立：

$$\begin{aligned} B(T''') &= B(T'')+f(x)+f(y) \\ &< B(T')+f(x)+f(y) \\ &= B(T) \end{aligned}$$

这与 T 是 C 的最优前缀码矛盾。所以，T' 是 C' 的最优前缀码。

6.5 单源最短路径

问题描述： 给定带权有向图 $G=(V,E)$，其中每条边的权是非负实数，V 中的一个顶点称为源。现在要计算从源到所有其他各顶点的最短路径长度，假设从源可以到达任何一个顶点。这里路径的长度是指路径上各边权之和。这个问题通常被称为单源最短路径问题。

输入： 多组测试数据。每组测试数据的第一行输入图 G 中顶点的个数 n（$n<1000$）；后续 n 行 n 列输入图 G 的权值矩阵，其中第 i 行第 j 列的值表示从第 i 个顶点到第 j 个顶点的有向边的权值，如果为-1，则表示从第 i 个顶点到第 j 个顶点没有边相连。默认第一个顶点为源。

输出： 从源到所有其他各顶点的最短路径长度之和；每组测试数据输出一行。

输入样例：

```
5
-1 10 -1 30 100
-1 -1 50 -1  -1
```

```
-1  -1  -1  -1   10
-1  -1  20  -1   60
-1  -1  -1  -1   -1
```

输出样例：

```
150
```

1．问题分析

先回顾第 5 章所讲的多段图最短路径问题，在该问题中所有的顶点和边具有明显的阶段性，而且只求从源到汇的最短路径，它用动态规划求解。在单源最短路径问题中，图不具有阶段性，而且它求解从源到任何一个其他顶点的最短路径。直观地，我们可以分别求解从源到顶点 v_i 的最短路径，也就是分解为 $n-1$ 条最短路径问题。但是，怎样求解这 $n-1$ 条最短路径？

如果按照顶点的编号次序求解，则最坏情况下需要 $n-1$ 次搜索图 G，效率比较低。

其实，从源到任意顶点的最短路径具有类似最优子结构性质的特征，即最短路径的子路径也是源到相应顶点的最短路径。如在图 6-5 中，路径 $a\rightarrow c\rightarrow f\rightarrow i$ 是源到顶点 i 的最短路径，用反证法可以证明其子路径 $a\rightarrow c\rightarrow f$ 是源到 f 的最短路径。汇集所有顶点的最短路径就可以得到一棵**最短路径树**。在最短路径树中，从源到任意顶点的路径就是图 G 中从源到该顶点的最短路径。那么求解单源最短路径问题就可以转换为构造图 G 的一棵最短路径树。

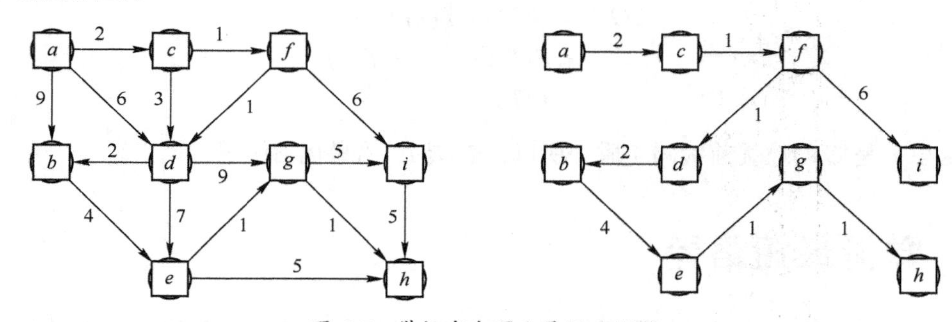

图 6-5　带权有向图和最短路径树

Dijkstra 最早提出了单源最短路径问题的贪心算法：按照从源到各顶点之间路径长度递增的次序，向最短路径树中添加新的顶点和边。根据最短路径树的性质，树中每添加一个顶点，则得到一条从源到加入顶点的最短路径。循环这个过程，直到图 G 中的所有顶点都加入最短路径树中。

2．算法设计与实现

在最短路径树 T 构造的过程中，图 G 中的顶点集合 V 划分为两部分：集合 S 和 $V-S$，其中 S 是已加入 T 中的顶点集合，其最短路径已经确定；而集合 V-S 是未加入 T 的顶点集合，其最短路径待定。对于集合 V-S 中的任意顶点 u，从源到 u 且中间顶点都属于 S 的路径定义为从源到 u 的**受限路径**。如在图 6-5 中，如果 $S=\{a, c\}$，那么 $a\rightarrow d$ 和 $a\rightarrow c\rightarrow d$ 都是受限路径，而 $a\rightarrow c\rightarrow f\rightarrow d$ 则不是受限路径，因为路径中的顶点 f 不属于 S。

Dijkstra 算法的贪心策略是选择集合 $V-S$ 中受限路径长度最短的路径，并把相应顶点加入 S 中，相应地，最短路径树 T 也增加一条边。

Dijkstra 算法的求解步骤设计如下。

步骤 1：设计合适的数据结构，设置带权邻接矩阵 linkMatrix，如果 $<u,x>\in E$，则令 linkMatrix[u][x]的值等于边 $<u,x>$ 的权值，否则 linkMatrix[u][x] $=\infty$。设置一维数组 lowLR 记录从源到其他顶点的最短受限路径长度，如 lowLR[x]表示从源到顶点 x 的最短受限路径长度。当然，如果顶点 x 已加入最短路径树，则 lowLR[x]就是从源到顶点 x 的最短路径长度。为了便于构造最短路径，采用一维数组 preV 记录最短路径中的前驱顶点，假设 preV[x] = u，则在 x 的最短路径中，u 是 x 的前驱顶点。

步骤 2：初始化，把源加入集合 S，即 $S=\{v\}$，对于集合 $V-S$ 中的所有顶点 x，设置 lowLR[x] = linkMatrix[v][x]，preV[x] = v。

步骤 3：在集合 $V-S$ 中依照贪心策略寻找 lowLR[x]最小的顶点 t，即 lowLR[t] = min {lowLR[x]|$x\in(V-S)$}。此时，顶点 t 是集合 $V-S$ 中距离源 v 最近的顶点。

步骤 4：将顶点 t 加入 S，同时更新集合 $V-S$，以及集合中顶点的最短受限路径。对于 $V-S$ 中的顶点 x，如果新加入顶点 t 与 x 有边相连，则按下述公式更新 lowLR[x] 的值：

$$\text{lowLR}[x]=\text{lowLR}[t]+\text{linkMatrix}[t][x]$$
$$\text{st.}\quad \text{lowLR}[x]>\text{lowLR}[t]+\text{linkMatrix}[t][x]$$

并设置 preV[x] = t。循环步骤 3 和 4，直至集合 $V-S$ 为空，则算法结束。

表 6-5 和图 6-6 显示了图 6-5 中带权有向图的单源最短路径的求解过程，圆圈中的数字标明 lowLR 的值，阴影中的顶点代表集合 S，图 6-6 中，每个顶点内标定的数字为最短受限路径长度∞为设置的初始值。

表 6-5 Dijkstra 算法的贪心选择过程（其中 99 表示预定义的无穷大）

循 环	S	t	lowLR[$a, b, c, d, e, f, g, h, i$]
0	{}	a	{0, ∞, ∞, ∞, ∞, ∞, ∞, ∞, ∞}
1	{a}	c	{0, **9**, **2**, **6**, ∞, ∞, ∞, ∞, ∞}
2	{a, c}	f	{0, 9, 2, **5**, ∞, **3**, ∞, ∞, ∞}
3	{a,c,f}	d	{0, 9, 2, **4**, ∞, 3, ∞, ∞, **9**}
4	{a,c,f,d}	b	{0, **6**, 2, 4, 11, 3, **13**, ∞, 9}
5	{a,c,f,d,b}	i	{0, 6, 2, 4, **10**, 3, 13, ∞, 9}
6	{a,c,f,d,b,i}	e	{0, 6, 2, 4, 10, 3, 13, **14**, 9}
7	{a,c,f,d,b,i,e}	g	{0, 6, 2, 4, 10, 3, **11**, 14, 9}
8	{a,c,f,d,b,i,e,g}	h	{0, 6, 2, 4, 10, 3, 11, **12**, 9}
	{a,c,f,d,b,i,e,g,h}		

基于上述思路，单源最短路径的贪心算法实现代码见程序 6-5。

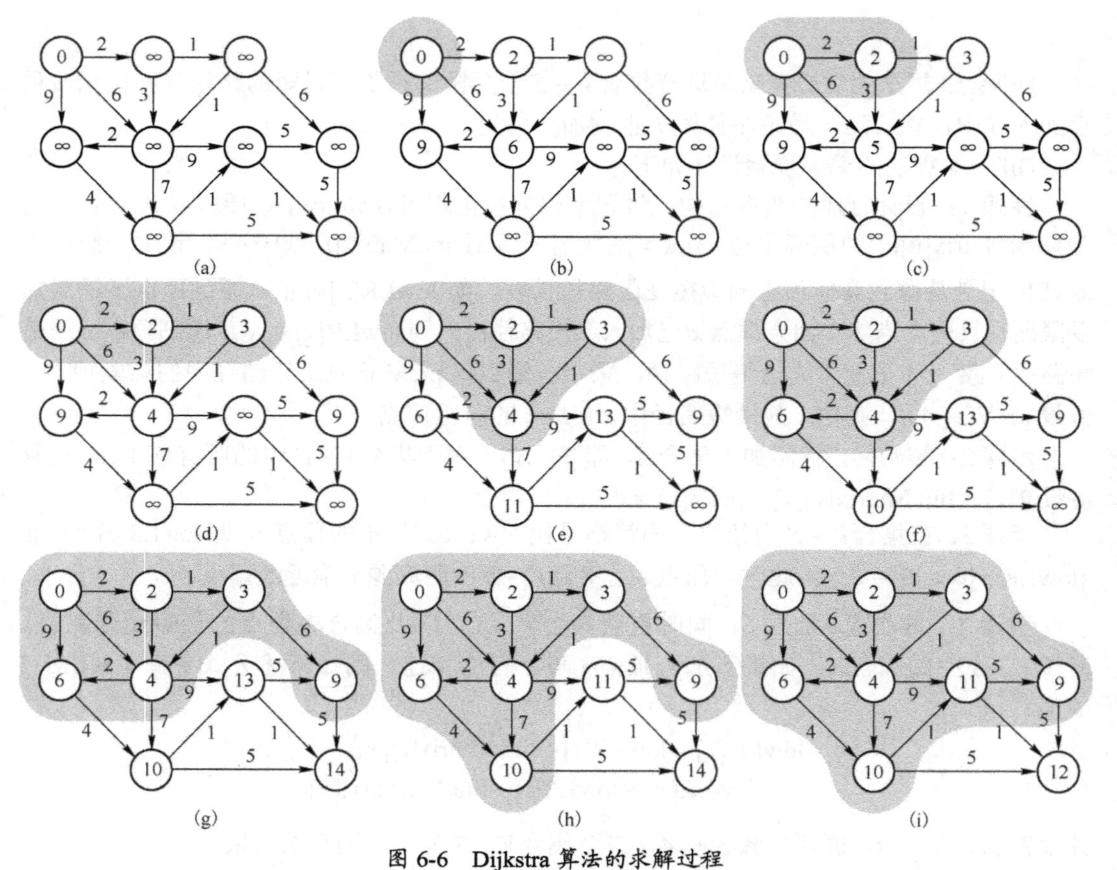

图 6-6　Dijkstra 算法的求解过程

程序 6-5　单源最短路径的贪心算法程序

```
#include <stdio.h>
#include <string.h>
#define        INF        0x03F3F3F3F            // 预定义的充分大的值
#define        MaxV          100
int preV[MaxV];                                  // 最短路径树中的前驱结点信息表
int visited[MaxV];                               // 结点是否加入 S 的标记表，0 是未加入，1 是已加入
void Dijkstra(int linkMatrix[][MaxV], int lowLR[MaxV], int numV, int beginV) {
    int i, j, min, newCost;
    memset(visited, 0, sizeof(visited));         // 初始化，所有结点未加入
    // 开始结点 beginV 加入 S
    visited[beginV] = 1;
    for (i=0; i<numV; i++) {
        lowLR[i] = linkMatrix[beginV][i];
        preV[i] = beginV;
    }
    lowLR[beginV] = 0;
    preV[beginV] = -1;                           // 树根的标记
    int selectV = beginV;
    for (i=1; i < numV; i++) {
        for (j=0; j < numV; j++) {               // 更新受限路径
```

```
            newCost = lowLR[selectV]+linkMatrix[selectV][j];
            if (visited[j]==0 && newCost<lowLR[j]) {
                lowLR[j] = newCost;
                preV[j] = selectV;
            }
        }
        min = INF;
        for (j=0; j < numV; j++){                // 贪心选择最短受限路径
            if (visited[j] == 0 && lowLR[j] < min) {
                min = lowLR[j];
                selectV = j;
            }
        }
        visited[selectV] = 1;                   // 更新被选择顶点的状态
    }
}
int main() {
    int n, i, j, totalCost, cost[MaxV][MaxV], ans[MaxV];
    while(EOF != scanf("%d", &n)) {
        for(i=0; i < n; i++) {
            for(j=0; j < n; j++) {
                scanf("%d", &cost[i][j]);
                if(cost[i][j] == -1)
                    cost[i][j] = INF;
            }
        }
        Dijkstra(cost, ans, n, 0);
        totalCost = 0;
        for(i=0; i < n; i++)                    // 计算路径的总和
            totalCost += ans[i];
        printf("%d\n", totalCost);
    }
    return 0;
}
```

不难发现，Dijkstra 算法的关键操作在于更新 lowLR 的值和贪心比较，其执行的次数为 $O(n^2)$，因此 Dijkstra 算法的时间复杂度为 $O(n^2)$。

3．算法的正确性证明

要证明 Dijkstra 算法的正确性，等价于证明以下命题。

【命题 6-6】 设 G=<V, E, W>是有向带权图，且任意边的权重为非负数，即 $w(e)>0$，$\forall e\in E$。令 $v\in V$ 是源顶点，short[x]是从 v 到 x 的最短路径长度。顶点集 S 是当前最短路径树中的顶点集，对于 V-S 中的任意顶点 u，dist[u]表示从源顶点 v 到 u 的最短受限路径长度。那么，对于任意正整数 k，当 Dijkstra 算法执行到第 k 步时，$\forall i\in S$，有 dist[i] = short[i]。

证明：（数学归纳法）

对执行步数 k 进行归纳。

归纳基础：$k=1$，S={v}时，显然，dist[v] = short[v] = 0。

归纳步骤：假设对于 k，命题为真，即算法前 k 步选择的结点 i 都有 $\text{dist}[i]=\text{short}[i]$ 。算法在第 k+1 步，选择了顶点 u，且加入最短路径树的边为 $<p,u>$（$p\in S$），如图 6-7 所示。如果 $\text{dist}[u]\neq\text{short}[u]$ ，则至少存在一条从 v 到 u 的更短路径 L，L 中第一次离开 S 的边记为 $<x, y>$（ $x\in S, y\in V-S$ ）。显然，路径 L 的长度由两部分组成：

$$d(L)=\text{dist}[y]+d(y,u)$$

其中，$d(y,u)$ 表示子路径从 y 到 u 的路径长度，有 $d(y,u)>0$ ，易得 $d(L)>\text{dist}[y]$ 。

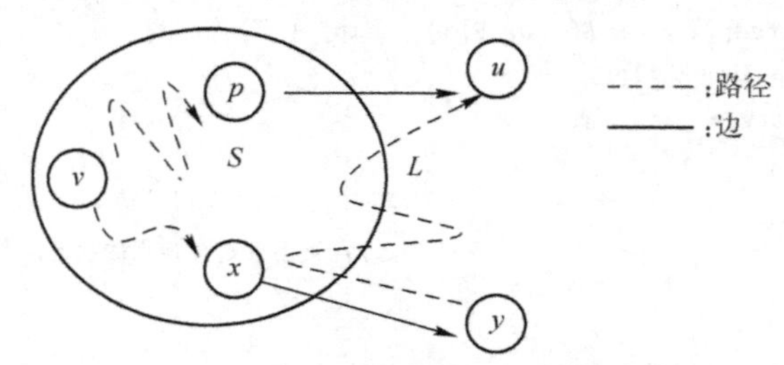

图 6-7 Dijkstra 算法第 k+1 步顶点状态

另外，在第 k+1 步，u 是被选择的顶点，而 y 没有被选中，那么

$$\text{dist}[u]\leqslant\text{dist}[y]$$

综合上述两式，得到 $\text{dist}[u]\leqslant\text{dist}[y]<d(L)$ ，这与假设矛盾。所以，Dijkstra 算法的第 k+1 步选择 u 时，有 $\text{dist}[u]=\text{short}[u]$ 。

根据归纳法，命题得证。

6.6 最小生成树

问题描述： 设 $G=(V, E)$是无向连通带权图。E 中每条边 (v,w) 的权为 $C(v, w)$。如果 G 的子图 G'是一棵包含 G 的所有顶点的树，则称 G'为 G 的生成树。生成树上各边权的总和称为该生成树的耗费。在 G 的所有生成树中，耗费最小的生成树称为 G 的最小生成树。请设计算法计算 G 的最小生成树的权重总和。

输入： 多组测试数据。每组测试数据的第一行输入图 G 中顶点的个数 n（n<1000）；后续 n 行输入图 G 的权值矩阵 C。第 i 行第 j 列（$j\leqslant i$）的值表示边(i, j)的权值，如果为 −1，则表示从第 i 个顶点到第 j 个顶点没有边相连。

输出： 最小生成树权重之和，每组测试数据输出一行。

输入样例：

```
6
0
6 0
1 5 0
5 -1 5  0
-1 3 6 -1 0
-1 -1 4 2 6 0
```

输出样例：

```
15
```

1. 问题分析

最小生成树问题是图论中最经典的问题之一，它有非常广泛的应用。最小生成树问题具有一个非常重要的性质，即最小生成树性质，因此可以设计非常高效的贪心算法求解。

最小生成树（Minimum Spanning Trees，MST）**性质**：设 $G=(V, E)$是连通带权图，U 是 V 的真子集。如果$(u,v)\in E$，其中$u\in U$，$v\in (V-U)$，且在所有这样的边中，(u, v)的权 $C(u, v)$最小，那么一定存在 G 的一棵最小生成树，它包含边(u,v)。

证明：（反证法）

假设 G 的任何一棵最小生成树都不含边(u, v)。将边(u, v)添加到 G 的一棵最小生成树 T 上，将产生含有边(u, v)的圈，并且在这个圈上有一条不同于(u, v)的边(u', v')，有 $u'\in U$，$v'\in V-U$，如图 6-8 所示。

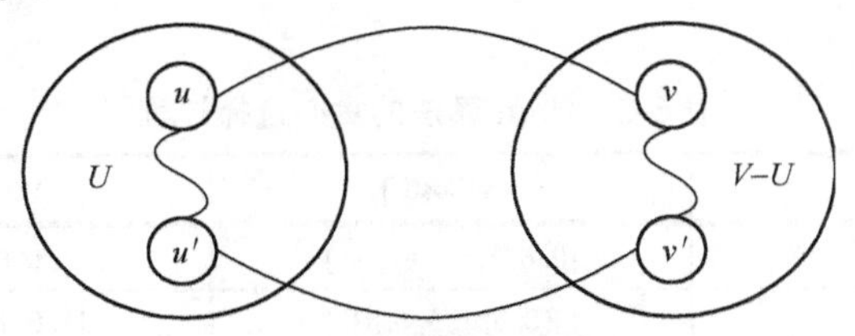

图 6-8　包含边(u, v)的回路

将边(u', v')删除，得到 G 的另一棵生成树 T'。由于 $C(u, v)\leqslant C(u', v')$，因此 T'的权重总和小于 T 的权重总和。于是 T'是一棵含有边(u, v)的最小生成树，这与假设矛盾。

因此，MST 性质成立。

基于 MST 性质，人们设计了非常高效的贪心算法，下面介绍 Prim 算法和 Kruskal 算法。

6.6.1　Prim 算法

设 $G=(V, E)$是无向带权图，$V=\{1, 2, \cdots, n\}$。图 G 的最小生成树可以采用类似 Dijkstra 算法的策略来逐步构造，该最小生成树记为 MST = (U, TE)，其中$U\subseteq V$，$TE\subseteq E$。首先，把任意顶点u_0加入 U 中，得到$U=\{u_0\}$，$\text{TE}=\{\}$。然后执行如下贪心策略：选取满足条件$i\in U$，$j\in V-U$，且边(i, j)是连接 U 和 $V-U$ 的所有边中的最短边，并把顶点 j 加入集合 U，边(i, j)加入集合 TE。继续上面的贪心选择，直至 $U=V$。上述贪心策略选取到的所有顶点和边恰好构成 G 的一棵最小生成树 T。

注意，贪心选择步骤在算法中会执行 $n-1$ 次，每执行一次，集合 U 和 TE 都将发生变化。也就是说，U 和 TE 是两个动态的集合，这在设计算法时要密切注意。

Prim 算法的关键是如何有效地找出连接 U 和 $V-U$ 的所有边中的最短边。设计数组 closest[]和 lowCost[]维护满足$i\in U$，$j\in V-U$ 的边(i,j)的相关信息。其中，lowCost[j]是满足 $j\in V-U$，$i\in U$ 的最短边(j,i)的权值，closest[j]记录上述最短边(j,i)中的顶点标号 i，它们满足$\text{lowCost}[j]=C(j,\text{closest}[j])$。

Prim 算法的求解步骤设计如下。

步骤 1：设计合适的数据结构。设置带权邻接矩阵 linkMatrix，如果$<i,j>\in E$，则令 linkMatrix[i][j]和 linkMatrix[j][i]的值等于边(i,j)的权值，否则 linkMatrix[i][j]和 linkMatrix[j][i]的值等于∞。设置数组 closest[ ]和 lowCost[ ]。

步骤 2：初始化，把顶点 1 加入 U，得到 $U=\{1\}$，$TE=\{\}$，并初始化数组 closest[ ] 和 lowCost[ ]。如果 $(1,i)\in E$（$i>1$），则 lowCost[i] = linkMatrix[1][i]，closest[i] = 1；否则，lowCost[i] $=\infty$，closest[i] = −1。

步骤 3：在集合 $V-U$ 中寻找使得 lowCost 最小的顶点 t，将 t 加入集合 U，边(t, cloest[t]) 加入集合 TE；对 $V-U$ 中的所有顶点 k，按下述规则更新数组 closest 和 lowCost：

```
if(linkMatrix[t][k]<lowCost[k])
    lowCost[k]=linkMatrix[t][k]
    closest[k]=t
```

循环执行步骤 3，直至 $V-U$ 为空。

表 6-6（Visited 数组记录对应结点是否加入集合 U）和图 6-9 演示了 Prim 算法中最小生成树的构造过程。

表 6-6　Prim 算法的贪心选择过程

循　环	U	lowCost[ ]	Visited[ ]	t
1	{1}	[0, 6, 1, 5, ∞ , ∞]	[1, 0, 0, 0, 0, 0]	3
2	{1, 3}	[0, 5, 1, 5, 6, 4]	[1, 0, 1, 0, 0, 0]	6
3	{1, 3, 6}	[0,5, 1, 2, 6, 4]	[1, 0, 1, 0, 0, 1]	4
4	{1, 3, 6, 4}	[0, 5, 1, 2, 6, 4]	[1, 0, 1, 1, 0, 1]	2
5	{1,3, 6, 4, 2}	[0, 5, 1, 2, 3, 4]	[1, 1, 1, 1, 0, 1]	5
6	{1,3, 6, 4, 2, 5}	[0, 5, 1, 2, 3, 4]	[1, 1, 1, 1, 1, 1]	

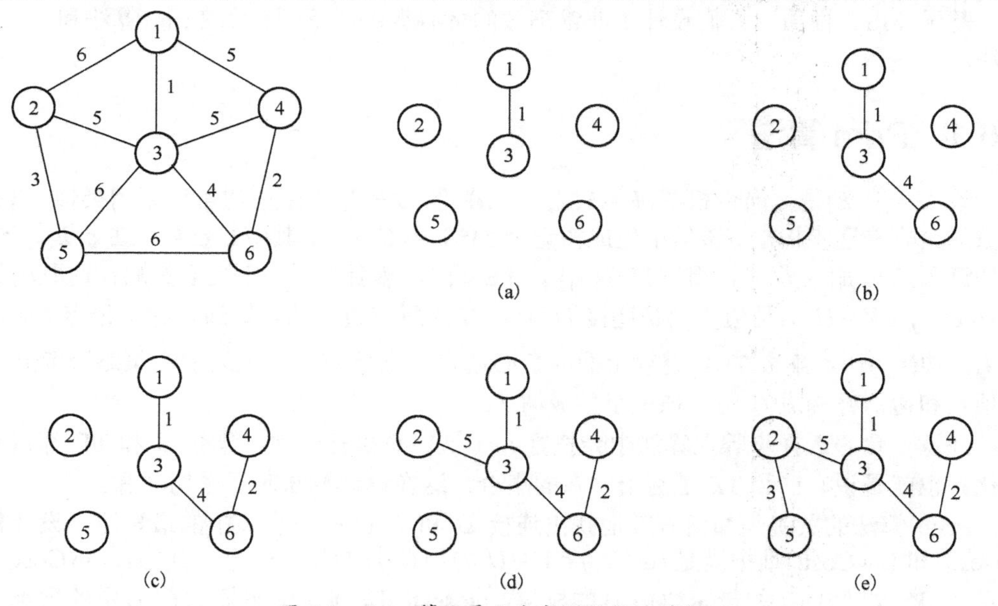

图 6-9　Prim 算法最小生成树的构造过程

基于上述思路，Prim 算法的实现见程序 6-6。

程序 6-6　Prim 算法程序

```
#include<stdio.h>
#include<memory.h>
```

```
#define        MaxV      1000
#define        INF       0x03F3F3F3F          // 预定义的充分大的值
int prim(int linkMatrix[][MaxV], int numV) {
    int visited[MaxV] = {0};                  // 结点是否加入 MST 的标记表，0 是未加入，1 是已加入
    int lowCost[MaxV], closest[MaxV];
    int i, k;
    int min, costMST = 0;
    visited[0] = 1;                           // 顶点加入 MST
    closest[0] = -1;                          // 树根的标记
    for(i=1; i < numV; i++) {
        lowCost[i] = linkMatrix[0][i];
        closest[i] = 0;
    }
    for(i=0; i < numV-1; i++) {
        min = INF;
        int selectV = 0;
        for(k=1; k < numV; k++) {             // 贪心选择最短的边
            if(!visited[k] && lowCost[k] < min) {
                min = lowCost[k];
                selectV = k;
            }
        }
        costMST += min;                       // 更新 MST 树权重
        visited[selectV] = 1;
        for(k=1; k < numV; k++) {             // 更新信息
            if(!visited[k] && linkMatrix[selectV][k] < lowCost[k]) {
                lowCost[k] = linkMatrix[selectV][k];
                closest[k] = selectV;
            }
        }
    }
    return costMST;
}
int main() {
    int i, j, n;
    int linkMatrix[MaxV][MaxV];
    while(scanf("%d", &n) != EOF) {
        for(i=0; i < n; i++)
            for(j=0; j < n; j++)
                linkMatrix[i][j] = INF;
        for(i=0; i < n; i++) {
            for(j=0; j <= i; j++) {
                scanf("%d", &linkMatrix[i][j]);
                if(linkMatrix[i][j] == -1)
                    linkMatrix[i][j] = INF;
                linkMatrix[j][i] = linkMatrix[i][j];
            }
        }
```

```
        printf("%d\n", prim(linkMatrix,n));
    }
    return 0;
}
```

从上述程序可分析得到，Prim 算法的关键操作是数组 closest[]和 lowCost[]的更新过程，最多执行 $O(n^2)$。因此，Prim 算法的时间复杂度为 $O(n^2)$。

Prim 算法的正确性很容易用数学归纳法证明。类似 Dijkstra 算法的证明，对执行步数 k 进行归纳。因此需要证明以下命题。

【命题 6-7】 对于任意正整数 k（$k<n$），存在一棵最小生成树包含 Prim 算法前 k 步选择的边。

证明： $k=1$ 时，有 $U=\{1\}$，根据 MST 性质，存在一棵最小生成树包含边(1, i)，该边是所有关联顶点 1 的边中权重最小的。

假设算法执行了 k-1 步，生成树的边为 $\{e_1,e_2,\cdots,e_{k-1}\}$，这些边的 k 个顶点构成集合 U。由归纳假设存在 G 的一棵最小生成树 T 包含这些边。

假设算法第 k 步选择了顶点 i_{k+1}，则 i_{k+1} 关联 U 中顶点的边的权最小，令该边为 $e_k=(i_{k+1},i_l)$（$i_{k+1}\in V-U$，$i_l\in U$）。假设 T 中不含有边 e_k，将它加入 T 中形成一条回路，这条回路一定有另一条连接 U 与 $V-U$ 的边，假设为 e。用 e_k 替换 e，得到一棵树 T'，即

$$T'=(T-\{e\})\cup\{e_k\}$$

显然，T'是一棵生成树，而且包含边 $\{e_1,e_2,\cdots,e_{k-1},e_k\}$。$e_k$ 的权重小于等于 e，得到 $W(T')\leqslant W(T)$。另外，由前提条件 T 是最小生成树，故 $W(T)\leqslant W(T')$。因此，$W(T)=W(T')$，即 T'是一棵最小生成树。

根据数学归纳法，命题得证。

6.6.2 Kruskal 算法

设 $G=(V, E)$是无向带权图，$V=\{1, 2, \cdots, n\}$，最小生成树 MST=(V, TE)，该树的初始状态为只有 n 个顶点而无边的非连通图 $T=(V, \{\})$，Kruskal 算法将这 n 个顶点看成 n 个孤立的连通分支。它首先将所有的边按权值从小到大排序，然后做如下贪心选择：在边集 E 中选择权值最小的边(i, j)，如果将边(i, j)加入 TE 中不产生回路，则将边(i, j)加入 TE，即用边(i, j)将 T 中的两个连通分支合并成一个联通分支；否则，继续选择下一条最短边。继续上述贪心选择，直到 T 中所有顶点都在同一个连通分支上为止。此时，选取到的 n-1 条边恰好构成 G 的一棵最小生成树。

Kruskal 算法俗称避环法，实现关键是在加入边时避免出现环路。那么，怎么判断加入某条边后图 T 中不会出现回路？这个判断可以应用集合的性质实现：T 中每个连通分支中的顶点用一个集合表示，如果贪心选择的边的起点和终点都在 T 的某一个集合中，那么加入这条边会形成一个回路。

并查集（Union-Find Set）是实现上述操作的一种理想数据结构。并查集是一种树结构，常用于处理一些不相交集合（Disjoint Sets）的合并及查询问题。并查集是一种非常简单的数据结构，它主要涉及两个基本操作：合并两个不相交集合，以及判断两个元素

是否属于同一个集合。更多关于并查集的内容参阅第2章。

Kruskal 算法的求解步骤设计如下。

步骤1：初始化。把图 G 中的所有边按照权值从小到大排序，MST 的边集 TE 初始化为空集。每一个顶点初始化为一个孤立的连通分支，对应并查集中的一个子集合。

步骤2：在 E 中寻找权值最小的边 (i,j)。

步骤3：如果顶点 i 和 j 位于两个不同的集合，则将边 (i,j) 加入边集 TE，并把顶点 i 和 j 所在的两个子集合并成一个子集。将边 (i,j) 从 E 中删除。

步骤4：如果连通分支的数目大于1，则转步骤2；否则，算法结束，TE 即为最小生成树。

图 6-10 演示了 Kruskal 算法最小生成树的构造过程。

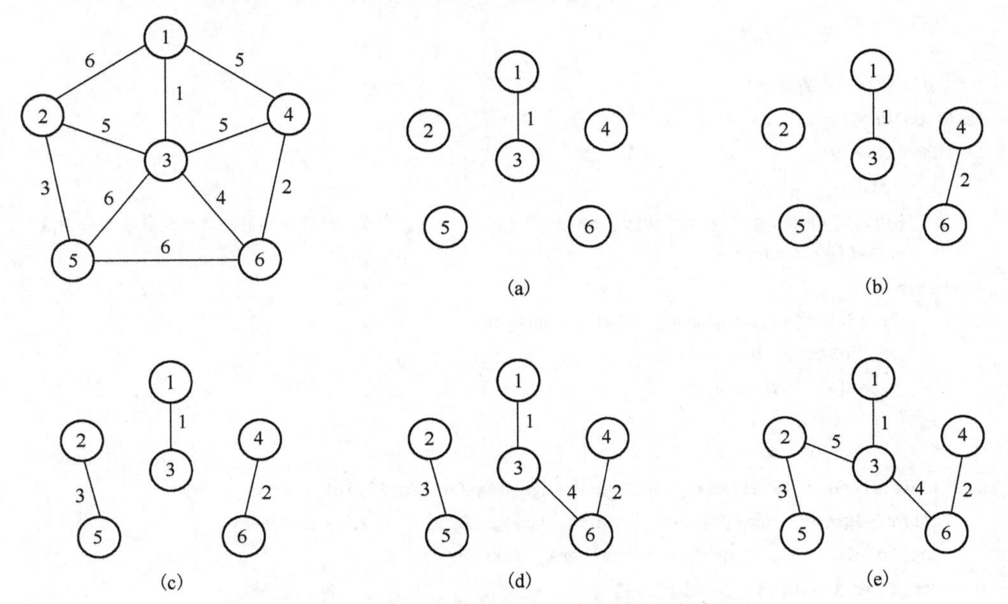

图 6-10　Kruskal 算法最小生成树的构造过程

基于上述思路，Kruskal 算法的实现代码见程序 6-7。

程序 6-7　Kruskal 算法程序

```
#include <stdio.h>
#include <stdlib.h>
#define        MaxV      100
#define        MaxE      10000
struct edge {
    int x, y;
    int w;
};
struct node {
    int father;
    int height;
};
node juSet[MaxV];
```

```
// 比较函数，按权值(相同则按 x 坐标)非降序排序
int cmp(const void *a, const void *b) {
    if ((*(struct edge *) a).w == (*(struct edge *) b).w) {
        return (*(struct edge *) a).x - (*(struct edge *) b).x;
    }
    return (*(struct edge *) a).w - (*(struct edge *) b).w;
}
// 查找 x 元素所在的集合
int Find_Set(int x) {
    while (x != juSet[x].father) {
        x = juSet[x].father;
    }
    return x;
}
//合并 x 和 y 所在的集合
void Union(int x, int y) {
    if (x == y)
        return;
    if (juSet[x].height > juSet[y].height)              // 将秩较小的树连接到秩较大的树后
        juSet[y].father = x;
    else {
        if (juSet[x].height == juSet[y].height)
            juSet[y].height++;
        juSet[x].father = y;
    }
}
int kruskal(node juSet[MaxV],int numV,edge edgeSet[MaxE],int numE) {
    qsort(edgeSet, numE, sizeof(struct edge), cmp);     // 将边排序
    int totalCost = 0, cntE = 0, fatherX, fatherY;
    for (int i = 0; i < numE; i++) {                    // 贪心选择边
        fatherX = Find_Set(edgeSet[i].x);
        fatherY = Find_Set(edgeSet[i].y);
        if (fatherX != fatherY) {
            Union(fatherX, fatherY);
            totalCost += edgeSet[i].w;
            cntE++;
        }
        if(cntE == numV-1)                              // 已得到 MST
            return totalCost;
    }                                                   // end for (i
    return totalCost;
}
int main() {
    int numV,numE = 0;
    edge edgeSet[MaxE];
    while (scanf("%d", &numV) != EOF) {
        int i, j, w;
```

```
        for (i = 0; i < numV; i++) {                          // 初始化并查集
            juSet[i].father = i;
            juSet[i].height = 0;
        }
        for(i=0; i < numV; i++) {                             // 读取边信息并初始化集合
            for(j=0; j <= i; j++) {
                scanf("%d", &w);
                if(i != j && w != -1) {
                    edgeSet[numE].x = i;
                    edgeSet[numE].y = j;
                    edgeSet[numE].w = w;
                    numE++;
                }
            }
        }
        printf("%d\n", kruskal(juSet, numV, edgeSet, numE));
    }
    return 0;
}
```

从上述程序可分析得到，Kruskal 算法中耗时最多的过程是边集的排序过程，其时间复杂度为 $O(e\log(e))$。因此，Kruskal 算法的时间复杂度为 $O(e\log(e))$。

Kruskal 算法的正确性也用数学归纳法证明。不同于 Prim 算法，对连通图 G 的阶 n（或者说顶点的个数）进行归纳。因此需要证明以下命题。

【命题 6-8】 给定任意的 $n(n>1)$ 阶连通带权图 G，Kruskal 算法都能生成 G 的一棵最小生成树。

证明：（数学归纳法）当 $n=2$ 时，图中只有两个顶点，显然命题成立。

假设对于任意 $n(n>2)$ 阶图，Kruskal 算法是正确的。给定 $n+1$ 阶图 G，设图 G 中的最小权的边 $e=(i,j)$。从 G 中短接（或者说合并）顶点 i 和 j，得到 n 阶的图 G'。根据归纳假设，Kruskal 算法可以得到 G'的一棵最小生成树 T'。令 $T=T'\cup\{e\}$（把被短接的顶点恢复原状），则可证 T 是关于 G 的最小生成树。

如果 T 不是关于 G 的最小生成树，那么存在 G 的一棵最小生成树 T^*，有 $W(T^*)<W(T)$，而且根据 MST 性质，T^*包含边 e。显然，短接 T^*中的顶点 i 和 j，就得到 G'的生成树 $T^*-\{e\}$，且

$$W(T^*-\{e\})=W(T^*)-W(e)<W(T)-W(e)=W(T')$$

这与 T'是 G'的最小生成树矛盾。所以，$T=T'\cup\{e\}$是关于 G 的最小生成树。

根据归纳法，命题对任何自然数 $n(n>1)$ 都成立。

另外，Kruskal 算法也可以用交换论证法证明以下命题。

【命题 6-9】 给定任意的 $n(n>1)$ 阶连通带权图 G，Kruskal 算法的输出 T 是一棵最小生成树。

证明：（交换论证法）

第一步：T 是一棵生成树，因为：

① T 是森林，没有回路；

② T 包括所有结点（G 是连通的，Kruskal 算法保障连接所有结点）；

③ T 是连通的（G 是连通的，Kruskal 算法保障连接所有结点）。

第二步：T 是一棵最小生成树。

假设 $T=(V, E)$ 是 Kruskal 算法得到的生成树，$T^*=(V, E^*)$是一棵最小生成树。

如果 $T=T^*$，则命题成立。

如果 $T \neq T^*$，则 $E \neq E^*$，$W(T^*) \leqslant W(T)$，T 和 T^*至少存在一条**不相同的边** e，$e \in E^*$，$e \notin E$。把 e 加入树 T，则得到回路 C，可以证明在 C 中 e 的权重是最大的。因为 e 不包含在 E 中，意味着 Kruskal 算法考虑 e 时，C 中所有结点已经处于一个分支，也就是说，其他边先于 e 被考虑，其权重较小。不要忘记边是按照权重升序排列和考虑的。

C 中至少存在一条边（记为 f），连接 $T^*-\{e\}$的两个分支，且 $w(f) \leqslant w(e)$。此时，把边 f 加入非连通子图 $T^*-\{e\}$，则得到**新生成树** $T_1=T^*-\{e\} \cup \{f\}$，而且 $W(T_1)=W(T^*)-w(e)+w(f) \leqslant W(T^*)$，即 T_1 也是最小生成树，但是 T_1 中**多了一条 Kruskal 算法选择的边**。

我们类似处理 T 和 T_1 的非公共边，得到最小生成树 T_2，T_2 与 T 的公共边又增加了 1 条。这个交换过程可以**循环执行，最多 $n-1$ 次**交换得到 T，满足：

$$W(T^*) \geqslant W(T_1) \geqslant \cdots \geqslant W(T_{n-1}) \geqslant W(T)$$

习题 6

6-1　删数问题

问题描述：给定一个高精度的正整数 n（$n \leqslant 240$ 位），去掉其中任意 s 个数字后剩下的数字按原左右次序将组成一个新的正整数。对给定的 n 和 s，寻找一种方案，使得剩下的数字组成的新数最小。

输入：多组测试数据。每组测试数据包括一行，输入 n 和 s。

输出：最后剩下的最小数；每组测试数据输出一行。

输入样例：

```
178543    4
```

输出样例：

```
13
```

6-2　取数游戏

问题描述：给出 $2n$（$n \leqslant 100$）个自然数（数小于等于 30000）。游戏双方分别为 A 方（计算机方）和 B 方（对弈的人）。只允许从数列两头取数。A 先取，然后双方依次轮流取数。取完时，谁取得的数字总和最大为取胜方；双方和相等，属于 A 胜。假设 B 方的取数策略总是取当前数列两头中较大的数，试设计 A 方必胜的策略。

输入：多组测试数据。每组测试数据包含 2 行：第 1 行输入 n，第 2 行输入 $2n$ 个自然数。

输出：A 方获胜方案的数字总和，每组测试数据输出一行。

输入样例：

```
4
7  9  3  6  4  2  5  3
```

输出样例：

```
20
```

6-3　独木舟问题

问题描述：某社团计划组织一个独木舟旅行。租用的独木舟都是一样的，费用也一样，最多乘两人，而且载重有一个限度。现在要节约费用，所以要尽可能地租用最少的舟。

输入：多组测试数据。每组测试数据包括 2 行：第 1 行输入独木舟的载重量 w（$80 \leqslant w \leqslant 2000$）和旅行者数目 n（$1 \leqslant n \leqslant 30000$）；第 2 行输入 n 个数，表示每个旅行者的体重。

输出：最小租用的独木舟数目，每组测试数据输出一行。

输入样例：

```
100  9
90 20 20 30 50 60 70 80 90
```

输出样例：

```
6
```

6-4　排队问题

问题描述：在一家医院，有 n 个人要做不同身体部位的 B 超，已知每个人需要处理的时间为 t_i（$0<i \leqslant n$），请求出一种排列次序，使每个人就医时间总和最小。

输入：多组测试数据。每组测试数据包含 2 行：第 1 行输入 B 超检查人数 n（$n \leqslant 100000$），第 2 行输入 n 个不超过 1000 的正整数 t_i，表示每个人需要的处理时间。

输出：n 个人排队时间最小总和，一组测试数据输出一行。

输入样例：

```
4
5 10 8 7
```

输出样例：

```
67
```

6-5　汽车加油

问题描述：一辆汽车加满油后可行驶 n 千米。旅途中有若干加油站。设计一个有效算法，指出应在哪些加油站停靠加油，使沿途加油次数最少。对于给定的 n 和 k 个加油站位置，编程计算最少加油次数。

输入：多组测试数据。每组测试数据第一行有 2 个正整数 n 和 k（$k \leqslant 1000$），表示汽车加满油后可行驶 n 千米，且旅途中有 k 个加油站。接下来的一行中有 $k+1$ 个整数，表示第 k 个加油站与第 $k-1$ 个加油站之间的距离。第 0 个加油站表示出发地，汽车已加满油。第 $k+1$ 个加油站表示目的地。

输出：输出最少加油次数。如果无法到达目的地，则输出“No Solution”。

输入样例：

```
7 7
1 2 3 4 5 1 6 6
```

输出样例：

```
4
```

6-6　会场安排

问题描述：假设要在足够多的会场里安排一批活动，并希望使用尽可能少的会场。对于给定的 k 个待安排的活动，编程计算使用最少会场的时间表。

输入：多组测试数据。每组测试数据第 1 行有一个正整数 k（$k \leqslant 50000$），表示有 k 个待安排的活动。接下来的 k 行中，每行有两个正整数，分别表示 k 个待安排的活动的开始时间和结束时间。时间以 0 点开始的分钟计。

输出：输出计算出的最少会场数，每组测试数据输出单独一行。

输入样例：

```
5
1 23
12 28
25 35
27 80
36 50
```

输出样例：

```
3
```

6-7 区间覆盖

问题描述：给定 X 轴上 n 个闭区间，去掉尽可能少的闭区间，使剩下的闭区间都不相交。编程计算去掉的最少闭区间数。

输入：多组测试数据。每组测试数据第 1 行是正整数 n（$n \leqslant 100$），表示闭区间数。接下来的 n 行中，每行有两个整数，分别表示闭区间的两个端点。

输出：输出每组测试数据去掉的最小区间数，每组测试数据输出单独一行。

输入样例：

```
3
10 20
10 15
15 20
```

输出样例：

```
2
```

6-8 d 森林

问题描述：设 T 是一棵带权树，树的每条边带一个正权；S 是 T 的顶点集，T/S 是从树 T 中将 S 中顶点删去后得到的森林。如果 T/S 中所有树的从根到叶的路长都不超过 d，则称 T/S 是一个 d 森林。对于给定的带权树，编程计算把树转换为 d 森林的最小分离集 S。

输入：多组测试数据。每组测试数据第一行有一个正整数 n（$n \leqslant 100000$），表示给定的带权树有 n 个顶点，编号为 $1, 2, \cdots, n$。编号为 1 的顶点是树根。接下来的 n 行中，第 $i+1$ 行描述与 i 个顶点相关联的边的信息。每行的第一个正整数 k 表示与该顶点相关联的边数。其后 $2k$ 个数中，每两个数表示 1 条边。第一个数是与该顶点相关联的另一个顶点的编号，第二个数是边权值。$k=0$ 表示相应的结点是叶结点。文件的最后一行是正整数 d，表示森林中所有树的从根到叶的路长都不超过 d。

输出：输出最小分离集 S 的顶点数。

输入样例：

```
4
2 2 3 3 1
```

```
1 4 2
0
0
4
```

输出样例：

```
1
```

6-9　石堆合并

问题描述：在一个操场的四周摆放着 n 堆石子，现将石子有次序地合并成一堆。规定每次至少选 2 堆、最多选 k 堆石子合并成新的一堆，合并的费用为新的一堆的石子数。试设计一个算法，计算出将 n 堆石子合并成一堆的最大总费用和最小总费用。

输入：多组测试数据。每组测试数据的第 1 行有两个正整数 n（$n\leqslant100000$）和 k，表示有 n 堆石子，每次至少选 2 堆、最多选 k 堆石子合并。第 2 行有 n 个数，分别表示每堆石子的个数。

输出：输出最大总费用和最小总费用，每组测试数据输出单独一行。

输入样例：

```
7 3
45 13 12 16 9 5 22
```

输出样例：

```
593 199
```

6-10　数位的乘积

问题描述：给出一个大于等于 0 的整数 N，找到最小的自然数 Q，使得在 Q 中所有数字的乘积等于 N。

例如，N=10，可以找到 Q=25，因为 2×5=10。

输入：输入的第一行有一个整数代表共有多少组测试资料。每组测试数据一行有 1 个整数 N（$0\leqslant N\leqslant1000000000$）。

输出：每组测试数据输出一行，输出自然数 Q，如果 Q 不存在，则输出-1。

输入样例：

```
5
1
10
123456789
216
26
```

输出样例：

```
1
25
-1
389
-1
```

6-11　程序存储

问题描述：设有 n 个程序{1, 2, …, n}要存放在长度为 L 的磁带上，程序 i 存放在磁带上的长度是 L_i（$1\leqslant i\leqslant n$）。设计一个存储方案，使得能够在磁带上存储尽可能多的程序。

输入：第 1 行输入文件的个数 n 和磁带长度 L，第 2 行输入 n 个整数，表示每个程序的长度。

输出：能存储的最大程序数目。

输入样例：

```
6   50
2 3 13 8 80 20
```

输出样例：

```
5
```

6-12　装箱问题

问题描述：一种产品被包装在相同高度 h 的正方形容器内，但其面积大小分别有 1×1、2×2、3×3、4×4、5×5、6×6 等 6 种尺寸。这些产品总是用高度为 h，面积为 6×6 的箱子打包后寄给客户。因为成本关系，当然希望将客户所订购的产品放在最少的箱子里寄出。请编写程序，找出寄送这些产品最少需要多少个箱子，使工厂节省下多少钱。

输入：每组测试数据一行（就是一份订单），含有 6 个整数，分别代表 1×1 到 6×6 产品的数目。若此 6 个整数均为 0，则代表输入结束。

输出：对每组测试数据，输出寄送这些产品最少需要多少个箱子。

输入样例：

```
0 0 4 0 0 1
7 5 1 0 0 0
0 0 0 0 0 3
79 96 94 30 18 14
53 17 12 98 76 54
83 44 47 42 80 3
15 26 13 29 42 40
41 61 36 90 54 66
0 0 0 0 0 0
```

输出样例：

```
2
1
3
86
231
137
115
219
```

第 7 章　搜索技术

学习要点

- 理解问题的状态空间表示方法
- 理解深度优先搜索和广度优先搜索的基本原理
- 掌握回溯算法的原理
- 掌握分支限界法的原理
- 掌握启发式搜索的原理

【引导问题】 用一个 m 行 n 列的二维数组来表示迷宫。数组中每个元素的取值为 0 或 1，其中值 0 表示通路，值 1 表示阻塞。迷宫的入口在左上方(1, 1)处，出口在右下方 (m, n)处，试找出从迷宫入口到出口的最短路径通路。

这个问题比较适合用搜索技术求解。与分治策略、动态规划和贪心算法相比，搜索技术不需要进行子问题划分，也没有直接的递推公式，它在状态空间图中一步一步地探索问题的解。

状态空间搜索是一种通用的问题求解方法，首先把问题表示转换为一个状态空间图，然后设计特定的图遍历方法在状态空间中搜索问题的解。注意，为了提高搜索的效率，在遍历状态空间时需要添加优化技术，如剪枝策略用于尽可能避免不必要的搜索，启发式信息用来加速朝目标状态逼近的速度。

7.1　问题的状态空间表示

状态空间图

采用搜索技术求解问题时，首先需要把问题的解用合适的数据结构表示，然后在该数据结构中一步一步地探索问题的解。

状态（State）是为描述某类不同事物间的差别而引入的一组最少变量的有序集合，其矢量形式如下：

$$X = [x_1, x_2, \cdots, x_n]$$

其中，每个元素 x_i（$i = 0,1,\cdots,n$）称为**状态分量**。给定每个分量的一组值就得到一个具体的状态值。

操作符（也称为运算符）是指把一个状态转变成另一个状态的操作或者运算。操作符可以是走步、规划、数学运算，等等。

如果把状态定义为图的结点，操作符定义为图的边，一个问题的全部可能状态则可以表示为一个图，称为**状态图**。路径定义为通过操作符序列连接起来的状态图中的一个状态序列。路径耗散函数是定义在路径上的一个数值函数，反映了一条路径的性能或者求解问题的代价。在求解最优化问题时，路径耗散函数往往与优化目标相关联。

综上所述，**状态空间图**可以形式化地定义为一个四元组(S, A, G, F)，其中：

- ❖ S表示问题的初始状态，它是搜索的起点。
- ❖ A是操作符集合。初始状态和操作符隐含地定义了问题的状态图。
- ❖ G表示目标测试，它判断给定的状态是否为目标状态。它可以是表示目标状态的一个状态集合，也可以是一个判定函数。
- ❖ F代表路径耗散函数，它的定义需要具体问题具体分析。

搜索，就是在状态空间图中从初始状态出发，执行特定的操作，试探地寻找目标状态的过程。当然，也可以从目标结点到初始结点反向进行。状态空间图中从初始状态到目标状态的路径则代表**问题的解**。解的优劣由路径耗散函数量度，最优解就是路径耗散函数值最小的路径。搜索技术是一类通用的问题求解策略，很多问题（如0-1背包问题、旅行商问题、路径规划等）都可以归结为在某一状态空间图中寻找目标或路径的问题。

【例7-1】 传教士渡河问题。在河的左岸有三个传教士、一条船和三个野人，传教士们想用这条船将所有的成员都运过河去，但是受到以下条件的限制：

① 传教士和野人都会划船，但船一次最多只能装运两人。

② 在任何岸边，野人数目都不得超过传教士，否则传教士就会遭遇危险：被野人攻击甚至被吃掉。

假定野人会服从任何一种过河安排，试设计出一个确保全部成员安全过河的计划。

下面来分析渡河问题的状态空间图，以及在状态空间图中搜索解的过程。

（1）状态表示

首先确定问题的状态表示，以及每个状态变量的值域。渡河问题包括三类对象：传教士、野人和渡船，因此用一个三元组来描述渡河问题的状态，以左岸的状态来标记，即$S=(m, c, b)$，其中：

- ❖ m为左岸传教士数，有$m=\{0,1,2,3\}$；对应右岸的传教士数为$3-m$。
- ❖ c为左岸的野人数，有$c=\{0,1,2,3\}$；对应右岸野人数为$3-c$。
- ❖ b为左岸渡船数，有$b=\{0,1\}$，右岸的船数为$1-b$。

初始状态只有一个，即$S_0=\{3,3,1\}$，表示全部成员在河的左岸。相应地，目标状态也只有一个，即$S_g=\{0,0,0\}$，表示全部成员从河左岸渡河完毕。

（2）操作符集合

仍然以河的左岸为基点来考虑，把船从左岸划向右岸定义为L_{ij}操作。其中，下标i表示船载的传教士数，下标j表示船载的野人数。同理，从右岸将船划回左岸称为R_{ij}操作，下标的定义同前。则共有10种操作，操作集为$F=\{L_{01},L_{10},L_{11},L_{02},L_{20},R_{01},R_{10},R_{11},R_{02},R_{20}\}$。

因为渡河问题中状态的数目比较少，表7-1枚举了所有的问题状态，全部的可能状态共32个，其中$S_0=\{3, 3, 1\}$为初始状态，$S_{31}=S_g=\{0, 0, 0\}$为目标状态。表7-1的状态并不都是合法的状态，可以根据题目的约束条件，删除非法的状态，从而加速搜索过程。

表 7-1　渡河问题的状态集合（灰色状态表示非法的状态）

状　态	(m, c, b)	状　态	(m, c, b)	状　态	(m, c, b)	状　态	(m, c, b)
S_0	331	S_8	131	S_{16}	330	S_{24}	130
S_1	321	S_9	121	S_{17}	320	S_{25}	120
S_2	311	S_{10}	111	S_{18}	310	S_{26}	110
S_3	301	S_{11}	101	S_{19}	300	S_{27}	100
S_4	231	S_{12}	031	S_{20}	230	S_{28}	030
S_5	221	S_{13}	021	S_{21}	220	S_{29}	020
S_6	211	S_{14}	011	S_{22}	210	S_{30}	010
S_7	201	S_{15}	001	S_{23}	200	S_{31}	000

① 删除左岸野人数目超过传教士的情况，即 S_4、S_8、S_9、S_{20}、S_{24}、S_{25} 等状态不合法。

② 删除右岸野人数目超过传教士的情况，即 S_6、S_7、S_{11}、S_{22}、S_{23}、S_{27} 等情况。

③ 删除 4 种不可能出现的状态：S_{15} 和 S_{16}，船不可能停靠在无人的岸边；S_3，传教士不可能在数量占优势的野人眼皮底下把船安全地划回来；S_{28}，传教士也不可能在数量占优势的野人眼皮底下把船安全地划向对岸。

综上所述，在状态空间中真正符合约束条件的只有 16 个合理状态，因此可以直接依据操作符集合和有效状态集合，画出状态空间图，并在状态空间图中搜索解。图 7-1 展示了传教士和野人问题的状态空间图，任何一条从 S_0 到达 S_{31} 的路径都是该问题的解。

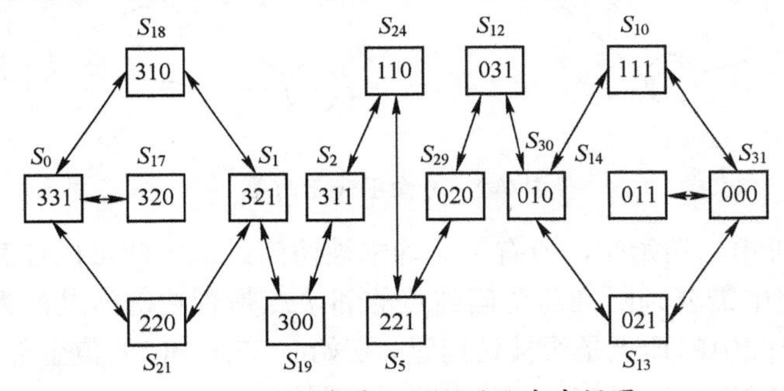

图 7-1　传教士渡河问题的状态空间图

如果求解渡河次数最少的过河安排，则还需要添加耗散函数。此时耗散函数可以定义为路径的长度或者边的数目。路径长度最短的方案即为所求的最优解。

状态空间搜索算法本质上可以分为三类：基于枚举策略的搜索，优化+枚举的搜索，以及启发式搜索。深度优先搜索和广度优先搜索属于枚举策略的范畴。深度优先搜索加上优化手段（或者说剪枝策略）就是回溯算法，广度优先搜索加上优化手段（或者说剪枝策略）就是分支限界算法。启发式搜索是一种基于规则的优化搜索算法。

7.2　深度优先搜索

深度优先搜索（Depth First Search，DFS）是一种通用的图和树的遍历方法。给定图 $G=(V, E)$，深度优先搜索的基本思想为：初始时，所有顶点均未被访问过，任选一个顶点 v 作为源顶点，DFS 先访问源顶点 v，并将其标记为已访问过；然后从 v 出发，选择 v

的下一个未访问的邻接顶点（子结点），记为 w，访问 w 并标记为已访问过，并以 w 为新的扩展结点，继续进行深度优先搜索；如果 w 及其子结点均已搜索完毕，则返回到 v，再选择 v 的另一个未访问的邻接点继续搜索，直到图中所有与 v 有路径相连的顶点均已访问过为止。若此时图 G 中仍然存在未被访问过的顶点，则另选一个尚未访问过的顶点作为新的源顶点重复上述过程，直到图中所有顶点均被访问过为止。通俗地讲，DFS 的搜索策略可以描述为**“能进则进，不进再换，无换则退”**。

给定一个状态空间图 $G=(S, A, G, F)$，深度优先搜索过程与普通图的搜索类似，但是源顶点必须是初始状态对应的结点，另外，在访问子结点 w 时，需要根据 G 进行目标测试，当 w 通过目标测试时，表明得到问题的一个解。如果只要求计算一个解，那么此时算法可终止；如果要求计算全部解或者最优解，则返回到 w 的父结点，继续搜索过程。

【例 7-2】 给定一个有向图 $G=(V, E)$，如图 7-2(a)所示，给出该图深度优先搜索的一个访问序列。

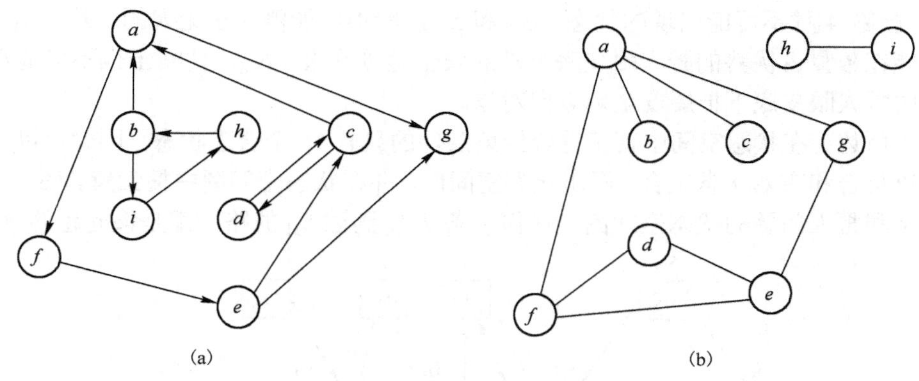

图 7-2　有向图和无向图

根据 DFS 的思想，初始时，所有顶点均未被访问过，因此可以任意选一个顶点作为源顶点。搜索过程中需要判断当前访问结点的邻接点是否被访问过，为此，用一个标识数组 Visited[ ]标记图中的顶点是否被访问过，初始时 Visited[ ]的值全部为 0。如果某顶点已被访问过，则将对应的数组 Visited[ ]中的元素置为 1。

搜索过程为：选择顶点 a 作为源顶点，令 Visited[a]=1（注：为了表述清晰，数组下标用字符表示），输出顶点 a。a 有两个邻接点，分别为 f 和 g，选择其中一个邻接点 f（约定按照顶点编号的字典序选择邻接点）。因为 f 未被访问过，令 Visited[f]=1，输出顶点 f。从顶点 f 出发继续进行深度优先搜索，依次输出顶点 e、c 和 d。在顶点 d 处，其邻接点 c 已访问，因此返回顶点 c。同样，顶点 c 的邻接点 a、d 都被访问，返回 e。然后选择 e 的下一个未被访问顶点 g，令 Visited[g]=1，并输出顶点 g。然后逐步退回到顶点 a。

此时，顶点 b、h 和 i 还未被访问，选择 b 作为源顶点，继续上述过程，依次输出 b、i 和 h。

综上所述，该有向图的一个深度优先搜索序列为 $\{a, f, e, c, d, g, b, i, h\}$。

【例 7-3】 给定一个无向图 $G=(V,E)$，如图 7-2(b)所示，给出该图深度优先搜索的一个访问序列。

搜索过程为：选择顶点 a 作为源顶点，令 Visited[a]=1，输出顶点 a。a 有 4 个邻接点，分别为 b, c, f 和 g，选择其中一个邻接点 b（约定按照顶点编号的字典序选择邻接点）。

因为 b 未被访问过，令 Visited[*b*]=1，输出顶点 *b*。顶点 *b* 没有邻接子结点，因此返回顶点 *a*。选择 *a* 的下一个未访问邻接点 *c*，令 Visited[*c*]=1，输出顶点 *c*。同样，*c* 没有邻接子结点，返回顶点 *a*，并选择 *a* 的下一个未访问邻接点 *f*，令 Visited[*f*] = 1，输出顶点 *f*。从顶点 *f* 出发继续进行深度优先搜索，依次输出顶点 *d*、*e* 和 *g*。然后逐步退回到顶点 *a*。

此时，顶点 *h* 和 *i* 还未被访问，选择 *h* 作为源顶点，继续上述过程，依次输出 *h* 和 *i*。

综上所述，该无向图的一个深度优先搜索序列为 $\{a, b, c, f, d, e, g, h, i\}$。

DFS 算法可以通过栈（后进先出 LIFO）来实现，或者使用递归函数实现。应用 LIFO 的栈，DFS 算法的框架见程序 7-1。

程序 7-1　基于栈的 DFS 算法框架

```
function DFS(problem, stack)                              // stack 初始化为空
    node = Make-Node(Initial-State[problem]);             // 生成初始结点
    stack ← Insert(node, stack);                          // 栈中插入初始结点
    do while(1)
        if stack == Empty
           return failure;                                // 没有搜索到目标状态，返回失败
        node ← Remove-First(stack);                       // 取出栈顶元素
        visit(node);                                      // 访问栈顶元素
        if State[node] == Goal                            // 目标测试
            return Solution(node)                         // 搜索到目标状态，返回解
       sonNodes = Expend(node, problem);                  // 生成 node 的所有未访问子结点
       stack ← Insert-All(sonNodes,stack);                // 子结点加入栈
```

在程序 7-1 中，深度优先搜索的过程通过栈组织和实现。DFS 也可以用递归实现，见程序 7-2。

程序 7-2　基于递归的 DFS 算法框架

```
function DFS(problem, node)
    if State[node] == Goal/Failure                        // 递归出口，表示已经找到目标结点
        return Solution(node);
    else
        visit(node);                                      // 访问当前结点
    // 生成 node 的所有未访问子结点，并依次递归调用，其中 Init 表示 node 的第一个子结点
    // Last 表示最后一个子结点。
    for(iterator sonNode = Init(node); sonNode <= Last(node); sonNode++)
        if notVisited(sonNode)
            DFS(problem, sonNode);
    return;
```

分析程序 7-1、程序 7-2 可以得到，DFS 算法本质上应用枚举策略，它遍历状态空间图中的所有解空间，直到得到问题的答案。当然，与非递归的 DFS 相比，用递归的 DFS 代码更加简洁。

7.3 广度优先搜索

广度优先搜索（Breadth First Search，BFS）类似树的按层次遍历的过程，是另一种通用的图和树的遍历方法。给定图 $G=(V, E)$，广度优先搜索的基本思想为：初始时，所

有顶点均未被访问过，任选一个顶点 v 作为源顶点，BFS 先访问源顶点 v，并将其标记为已访问。然后从 v 出发，依次访问 v 的邻接点（孩子结点）$w_1, w_2, \cdots, w_t$，如果 w_i（i=1, 2, …, t）未访问过，则访问 w_i 并标记为已访问，将其插入到先进先出的队列中。然后，依次从队列头部位置取出结点访问并扩展它的子结点，把未访问的子结点插入队列。以此类推，直到图中所有与源顶点 v 有路径相通的顶点均已访问过为止。如果此时图 G 中仍然存在未被访问的顶点，则另选一个尚未访问过的顶点作为新的源顶点，重复上述过程，直到图中所有顶点均已访问过为止。换句话说，BFS 是以 v 为起始点，由近至远，依次访问与 v 有路径相通的顶点。通俗地讲，BFS 的搜索策略是**“由近及远，按层展开”**。

【例 7-4】 给定一个有向图 $G=(V, E)$，如图 7-3(a)所示，给出该图广度优先搜索的一个访问序列。

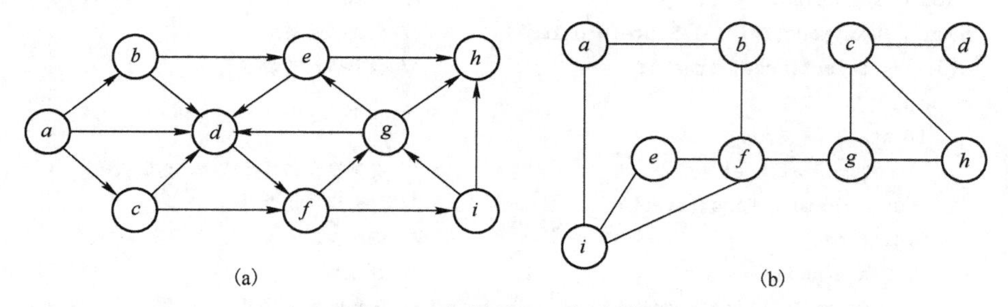

图 7-3　有向图和无向图范例

根据 BFS 的思想，初始时，所有顶点均未被访问过，因此可以任意选一个顶点作为源顶点。搜索过程中需要判断当前访问结点的邻接点是否被访问过，为此用一个标识数组 Visited[ ]标记图中的顶点是否被访问过，初始时 Visited[ ]的值全部为 0。如果某顶点已被访问过，则将对应的数组 Visited[ ]中的元素置为 1。

搜索过程为：选择顶点 a 作为源顶点，令 Visited[a]=1（为了表述清晰，数组下标用字符表示），输出顶点 a。a 有三个邻接点，分别为 b、c 和 d，它们均未被访问，将其依字典序输出，标记 Visited[b, c, d]=1，并插入队列中（约定按字典序插入队列）。从队列中取出结点 b，它的邻接点 E 未被访问，将其输出，令 Visited[e]=1，并将 e 插入队列。然后从队列中取出结点 c，它的邻接点 f 未被访问，将其输出，令 Visited[f] = 1，并将 f 插入队列。（注意：这一步体现了 BFS 和 DFS 的差异。）从队列中取出 d，但是 d 没有未访问过的邻接点。然后取出 e，它的邻接点 h 未访问，将其输出，令 Visited[h]=1，并将 h 插入队列。以此类推，输出 g 和 i。

综上所述，该有向图的一个广度优先搜索序列为$\{a, b, c, d, e, f, h, g, i\}$。

【例 7-5】 给定一个无向图 $G=(V, E)$，如图 7-3(b)所示，给出该图广度优先搜索的一个访问序列。

搜索过程为：选择顶点 a 作为源顶点，令 Visited[a]=1（注：为了表述清晰，数组下标用字符表示），输出顶点 a。a 有两个邻接点 b 和 i，它们均未被访问，将其依字典序输出，标记 Visited[b, i]=1，并插入队列（约定按字典序插入队列）。从队列中取出 b，它的邻接点 f 未被访问，将其输出，标记 Visited[f]=1，并将 f 插入队列。然后从队列中取出 i，它有两个邻接点 e 和 f，但是只有 e 未被访问，因此输出 e，令 Visited[e]=1，并将 e 插入队列。从队列中取出 f，它的邻接点 g 未被访问，将其输出，令 Visited[g]=1，将 g 插入队列。

然后在队列中取出 e，其邻接点都已访问，因此不做处理。以此类推，输出 c、h 和 d。

综上所述，该无向图的一个广度优先搜索序列为 $\{a, b, i, f, e, g, c, h, d\}$。

广度优先搜索算法一般通过先进先出（FIFO）的队列实现，BFS 算法的框架见程序 7-3。

程序 7-3 基于队列的 BFS 算法框架

```
function BFS(problem,queue)                          // queue 初始化为空
    node = Make-Node(Initial-State[problem]);        // 生成初始结点
    queue ← Insert(node, queue);                     // 队列中加入初始结点
    do while(1)
        if queue == Empty
            return failure
        node ← Remove-First(queue)                   // 取出队列的头部结点
            visit(node);                             // 访问当前结点
        if State[node] == Goal                       // 目标测试
            return Solution(node)                    // 搜索到目标状态，返回解
        sonNodes = Expend(node, problem);            // 生成 node 的所有未访问子结点
        queue ← Insert-All(sonNodes, queue)          // 依次插入所有子状态
```

类似 DFS 算法，BFS 算法也是采用枚举策略，在状态空间图中搜索问题的解，但是 BFS 遍历图的策略为层次遍历。

7.4 回溯算法

回溯算法

从本质上，深度优先搜索是一种依照“能进则进，不进再换，无换则退”的策略进行的枚举算法，意味着它可能遍历整个图空间，导致算法效率不高。给定一个问题的状态空间表示，设计搜索算法时需要考虑以下两个事实。

① 并不是所有的状态都是合法的状态。如例 7-1 中，根据状态表示的数学定义，传教士渡河问题总共有 32 种状态，但是其中只有 16 种状态是合法的。减少状态空间图中状态（对应图的结点）的规模，显然能提高搜索算法的效率。

② 状态空间不等于搜索空间。给定问题的完整状态空间可能非常庞大，但是部分子空间可能不包含问题的解，如果搜索算法能避免这些子空间的遍历，则搜索算法的效率能得到提高。

回溯算法是基于状态空间图的一种搜索算法，采用深度优先的策略遍历状态图，但是回溯算法与 DFS 算法的区别是：回溯算法增加了剪枝策略，能尽可能地减少算法的搜索空间。通俗地讲，回溯算法 = 深度优先搜索 + 剪枝策略。

7.4.1 回溯算法的基本原理和框架程序

回溯算法是状态空间搜索算法。给定待求解的问题，回溯算法首先需要定义问题的状态空间图，即以下几方面。

① 问题的状态表示：一般用 k 元组表示，即 $X=[x_1, x_2,\cdots, x_k]$。X 中变量的数目及每个变量的值域是状态表示的关键问题。

② 约束条件：主要包括 X 中每个分量自身的取值约束，以及分量之间的取值约束。注意：约束条件是设计剪枝策略的基础，需要深入分析和挖掘。

③ 操作符集合：从一个状态转换到另一个状态的操作或者动作，它构成状态空间图的边。

④ 问题解和解空间：问题的解可以认为是一类特殊的状态，即目标状态，它也表示成一个 n 元组 $[x_1, x_2,\cdots, x_n]$ 的形式。对于问题的一个实例，所有满足约束条件的解向量就构成该问题实例的解空间。

注意：在回溯算法中，状态空间图并不是显式地构造，也就是说，并没有在内存中生成一个完整的状态空间图。实际上，回溯算法只是根据初始状态、目标状态和操作符集合（它产生后续状态），隐式地构造状态空间图，在内存中始终只保存从初始状态到当前状态的路径。

明确问题的状态空间图后，回溯算法需要设计合适的剪枝策略，尽量避免不必要的搜索。常用的剪枝策略包括两大类：

① 约束函数剪枝，根据约束条件，状态空间图中的部分状态可能是不合法的。因此，在状态空间图中以不合法状态为根的子图/子树是不可能包含可行解的，故其子空间不需要搜索。通俗地讲，约束函数剪枝可以剪除状态空间图中的不可行解。

② 限界函数剪枝，这种策略一般应用于最优化问题。假设搜索算法当前访问的状态为 S，且存在一个判定函数，它能判定以 S 为根的子图/子树不可能包含最优解，因此该子图/子树可以剪除而无须搜索。可见，限界函数剪枝用于剪除状态空间图中的可行但是非最优的解。

剪枝策略是回溯算法区别于深度优先搜索算法的地方，下面换一个角度来分析剪枝策略的合理性。在状态空间图中，问题的解表示成一个 n 元组。基于枚举策略的深度优先搜索算法是先获取一个完整的 n 维向量 $[x_1, x_2,\cdots, x_n]$，再测试该向量是否是问题的解。回溯算法则是在构造长度为 k 的部分向量 $[x_1, x_2,\cdots, x_k]$ $(1\leqslant k\leqslant n)$ 后，利用剪枝策略进行测试，一旦发现部分向量 $[x_1, x_2,\cdots, x_k]$ 不可能导出问题的解，则放弃对剩余向量 $[x_{k+1}, x_{k+2},\cdots, x_n]$ 的各种可能的搜索。显然，回溯法的这种提前测试能提高搜索的效率。

【例 7-6】 对于 n=3 的 0-1 背包问题，其中背包容量 $c=30$，每个物品的重量和价值分别为：w={16,15,15}，p={45,25,25}。试构造其最优的装包方案。

① 问题的状态表示。0-1 背包问题的状态可以用 k 元组 $X=[x_1, x_2,\cdots, x_k]$ $(1\leqslant k\leqslant 3)$ 表示，k 表示已处理过的物品数目，即标号为 1, 2,…, k 的物品已经被处理。$x_i=\{0,1\}$，如果取值为 1，表示第 i 号物品已装入背包，否则该物品已被放弃。注意，$X=[]$ 是初始状态，表示所有物品都还没有处理。

② 约束条件。0-1 背包问题包含两类约束条件：每个变量 x_i 的值只能为 0 或者 1，背包中所有物品的重量之和不能超过背包的容量，即 $\sum_{i=1}^{k} x_i w_i \leqslant C$。

③ 操作符。给定状态 $X=[x_1, x_2,\cdots, x_k]$，可能的操作有两种：一是把第 k+1 个物品

装入背包，有 $x_{k+1}=1$；二是把第 $k+1$ 个物品放弃，即 $x_{k+1}=0$。然后得到新的状态 $X'=[x_1,\cdots,x_k,x_{k+1}]$。

④ 问题解和解空间。显然，满足约束条件的任何三维 0-1 向量 $[x_1, x_2, x_3]$ 都是 0-1 背包问题的一个解。解空间可以用一棵二叉树来表示，图 7-4 展示了 3 个物品的 0-1 背包问题的完全状态空间图。

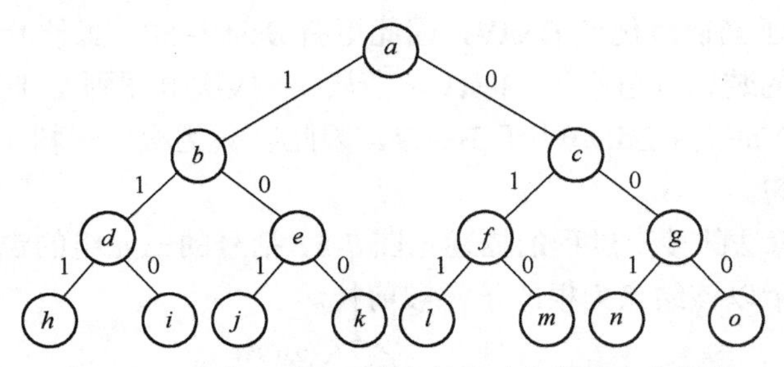

图 7-4　3 个物品的 0-1 背包问题的完全状态空间图

深度优先搜索算法遍历整棵完全二叉树，得到 8 个三维 0-1 解向量，再统计最优的装包方案。回溯算法添加了剪枝策略，尽量避免不必要的搜索。给定状态 $X=[x_1,\cdots,x_k]$ $(1\leqslant k\leqslant 3)$，根据背包容量约束，可得到如下约束函数：

$$C_{\rm s}(X)=\sum_{i=1}^{k}x_i w_i$$

如果 $C_{\rm s}(X)$ 大于 30，此时背包中物品的重量超出了背包的容量，则剪除以 X 为根的子树；否则保留之，并继续搜索。

给定状态 $X=[x_1, x_2,\cdots, x_k]$ $(1\leqslant k\leqslant 3)$，包含状态 X 的解向量 $X_{\rm s}=[X,X']$，其中 $X'=[x_{k+1},\cdots,x_3]$。显然，解向量 $X_{\rm s}$ 的物品价值可表示为

$$\mathrm{Val}(X_{\rm s})=\sum_{i=1}^{3}x_i v_i=\sum_{i=1}^{k}x_i v_i+\sum_{i=k+1}^{3}x_i v_i=\mathrm{Val}(X)+\mathrm{Val}(X')$$

其中，$\mathrm{Val}(X)$ 可以根据当前状态计算得到，但是 $\mathrm{Val}(X')$ 未知，因为 X' 是未知的。令 $\mathrm{Bd}(X')=\sum_{i=k+1}^{3}1\times v_i$，其物理含义为把剩下的 3−$k$ 个物品全部装入背包中。显然，对于剩下的物品集合，这是能装入背包的最大价值，有 $\mathrm{Bd}(X')\geqslant \mathrm{Val}(X')$。不难推导，包含状态 X 的解向量 $X_{\rm s}$ 的物品价值的上限可表示成：

$$\mathrm{Bd}(X_{\rm s})=\mathrm{Val}(X)+\mathrm{Bd}(X')$$

再假设当前已经找到的最优值为 BestV，如果 $\mathrm{Bd}(X_{\rm s})$ 小于等于 BestV，$X_{\rm s}$ 显然不可能包含最优解，因此剪除以 X 为根的子树；否则保留之，并继续搜索。

例 7-6 的回溯算法的搜索过程描述如下：状态空间图的初始状态为 X=[ ]，生成相应结点 a，此时 $C_{\rm S}=0$，$\mathrm{Val}=0$，$\mathrm{Bd}=95$（为了描述简洁，后续状态的属性值 $C_{\rm S}$、Val、Bd 都用一个三元组表示），当前还没有找到任何可行解，因此最优值 BestV=0。

a 作为状态空间图的根结点，然后按照深度优先的策略遍历状态空间图（隐式的）。扩展结点 a，沿着 $x_1=1$ 的分支生成左子结点 b，$b=(16,45,50)$，此时满足约束条件和限界条件。然后，沿着 $x_2=1$ 的分支生成左子结点 d，此时装入的物品重量为 31，大于背包的

容量，因此剪除以 d 为根的子树。下一步则退回结点 b，并生成 b 的右子结点 e，$e=(16, 45, 25)$，e 满足约束条件和限界条件，因此继续搜索其子结点。容易验证 j 不满足约束条件，k 是叶子结点，得到一个可行解(1, 0, 0)，更新 BestV=45。然后依次退回到 e、b、a，并沿着 $x_1=0$ 的分支生成右子结点 c，$c=(0, 0, 50)$，显然 c 满足约束条件和限界条件，因此继续深度优先搜索其子结点。注意，在叶子结点 l 处，得到另一个可行解，且其装入物品价值等于 50，大于当前最优值 BestV，因此更新 BestV=50。虽然叶子结点 m 也对应一个可行解，但是它的装入价值小于 BestV。当从 m 依次退回到 c 时，生成其右子结点 $g=(0, 0, 25)$，此时 $\text{Val}(x)+\text{Bd}(x)$ 小于 BestV，因此以 g 为根的子树不可能包含最优解，剪除以 g 为根的子树。

例 7-6 的回溯算法的搜索过程的描述见图 7-5，括号的三元组的定义为 $(C_S, \text{Val}, \text{Bd})$，阴影填充的结点表示以该结点为根的子树被剪枝。

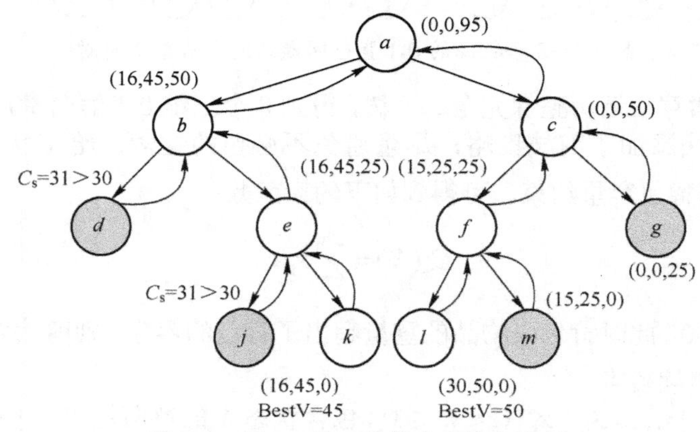

图 7-5　例 7-6 的回溯算法的搜索过程

【例 7-7】 旅行商问题。某商人要到若干城市去推销商品，已知各城市之间的旅行费用，他要选定一条从驻地出发，经过每个城市一遍，最后回到驻地的路线，使总的费用最少。试构造图 7-6(a)对应问题实例的最优旅行方案。

① 问题的状态表示。旅行商问题的状态可以用 k 元组 $X=[x_1, x_2, \cdots, x_k]$ $(1\leqslant k\leqslant 4)$ 表示，k 表示已旅行过的城市，即标号为 $x_1, \cdots, x_k$ $(1\leqslant x_i\leqslant 4)$ 的城市已经被访问。注意，约定第 1 个城市为驻地，即 $X=[1]$ 是初始状态。

② 约束条件。变量 x_i 的取值不能超出城市编号的范围，即 $1\leqslant x_i\leqslant 4$；另外，每个城市最多只能访问一次，因此 X 中的每个分量必须互不相同。

③ 操作符。给定状态 $X=[x_1, x_2, \cdots, x_k]$，可能的操作有 $4-k$ 种，即在剩下的 $4-k$ 个城市中任意选择一个作为下一个旅行的城市。

④ 问题解和解空间。给定$\{1, 2, 3, 4\}$的一个排列，依次连接排列中的城市，再把首尾城市连接起来，则得到符合要求的旅行回路。其解空间可以组织成类似图 7-6(b)的树结构。

旅行商问题中，一个可行解必须是 4 个城市的一个排列，并首尾相连，因此状态 X 中的分量必须互不相同。这个约束条件要求在构造状态空间图时不能重复选择城市。

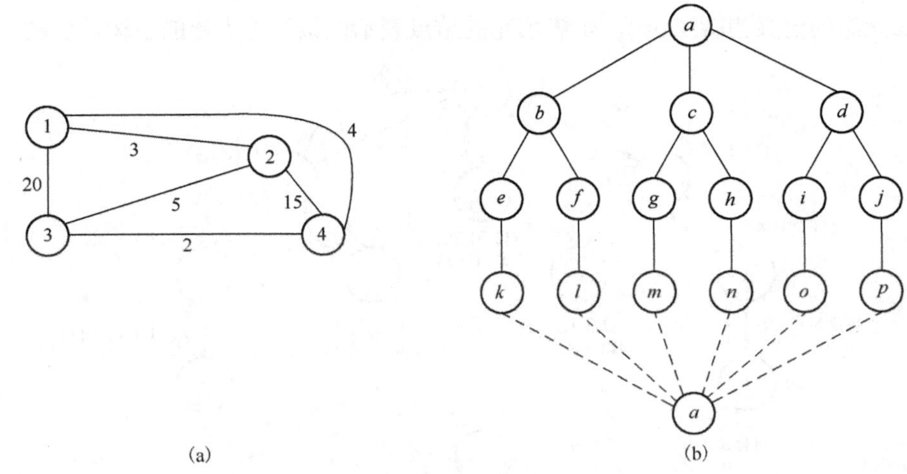

图 7-6 旅行商问题实例

给定状态 $X=[x_1, x_2,\cdots, x_k](1\leqslant k\leqslant 4)$，包含状态 X 的解向量 $X_s=[X,X']$，其中 $X'=[x_{k+1}, ..., x_4]$。显然，解向量 X_s 的旅行费用可表示为

$$\begin{aligned}C(X_s)&=\sum_{i=1}^{3}C(x_i,x_{i+1})+C(x_4,x_1)\\&=\sum_{i=1}^{k-1}C(x_i,x_{i+1})+\sum_{i=k}^{3}C(x_i,x_{i+1})+C(x_4,x_1)\\&=C(X)+C(X')\end{aligned}$$

其中，$C(X)=\sum_{i=1}^{k-1}C(x_i,x_{i+1})$ 是当前已知路径的费用，可以根据当前状态计算得到，但是 $C(X')$ 未知。因为任意两个城市间的旅行费用为正值，可得 $C(X')>0$。不难推导，包含状态 X 的解向量 X_s 的旅行费用的下限可表示为

$$\mathrm{Bd}(X_s)=C(X)$$

再假设当前已经找到的最优值为 BestV，如果 $\mathrm{Bd}(X_s)$ 大于等于 BestV，X_s 显然不可能包含最优解，因此剪除以 X 为根的子树；否则保留之，并继续搜索。

例 7-7 的回溯算法的搜索过程描述如下：状态空间图的初始状态为 X=[1]，生成相应结点 a，此时 X={1}，$C(X)=0$（为了描述简洁，后续状态的属性值 X 和 C 都用一个二元组表示），当前还没有找到任何可行解，因此最优值 BestV$=\infty$。

a 作为状态空间图的根结点，然后按照深度优先的策略遍历状态空间图（隐式的）。扩展结点 a，沿着 $x_2=2$ 的分支生成左子结点 b，b=({1,2}, 3)，此时满足约束条件和限界条件。然后，依次生成结点 e 和 k，k=({1, 2, 3, 4}, 10)，此时只要把结点 k 和 a 相连（表示从城市 4 旅行到城市 1），则得到一个符合要求的旅行回路，其旅行费用为 14，因此更新 BestV=14。再依次从 k 退回到结点 e 和 b。在结点 b，沿着 $x_3=4$ 的分支生成子结点 e，e=({1,2,4},18)。显然，Bd(E)大于 BestV，意味着以 e 为根的子树不可能包含最优解，因此，舍弃相应的子树。然后依次从 e 退回到 b 和 a，并在结点 a 处沿着 $x_2=3$ 分支生成子结点 c，c=({1, 3}, 20)。同样，此时 c 的费用下限大于 BestV，因此舍弃以 c 为根的子树。以此类推，搜索状态空间图中的其他子空间。例 7-7 的回溯算法的搜索过程的描述见图 7-7，

括号的二元组的定义为(*X*, Cost)，阴影填充的结点表示以该结点为根的子树被剪枝。

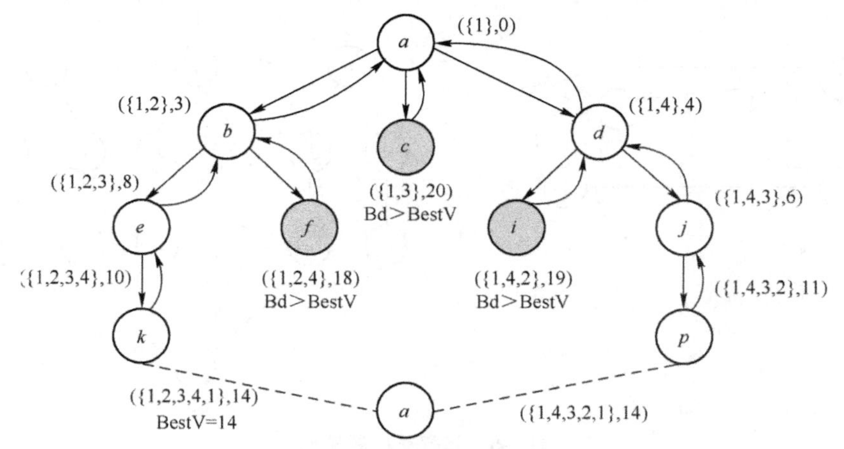

图 7-7　例 7-7 的回溯算法的搜索过程

综上所述，回溯算法设计通常包含以下两个步骤：① 针对所给问题，定义问题的状态空间图；② 以深度优先方式搜索状态图，并在搜索过程中用**剪枝策略**避免无效搜索。

回溯算法本质上是在状态空间图中进行深度优先搜索，在一般情况下回溯算法可以用递归程序来实现。程序 7-4 描述了回溯算法的递归程序框架。

程序 7-4　递归回溯算法的程序框架

```
// x是全局变量，记录从根结点到当前结点的必要信息
void backtrack (int t) {                          // t是递归深度
    if (t > n)                                    // 递归出口，n表示递归的最大深度
        output(x);                                // 输出问题的解
    // 依次扩展当前结点的所有子结点，Init()和 Last()是一种抽象表示，返回开始子结点和末尾子结点的编号
    else {
        for (int i = Init(n, t); i <= Last(n, t); i++) {   // for循环执行完毕，则回溯到父结点
            x[t] = Node(i);                       // 记录当前子结点相关信息
            if (constraint(x) && bound(x) )       // 约束函数与限界函数
                backtrack(t + 1);                 // 递归调用，继续深度优先搜索
        }
    }
}
```

其中，形式参数 t 表示递归深度，即当前扩展结点在解空间树中的深度。n 用来控制递归深度，当 t 大于 n 时，算法已搜索到叶结点。此时，Output(x)输出得到的解向量 x。Init()和 Last()是一种抽象表示，返回当前扩展结点 x(t)的开始子结点和末尾子结点的编号。constraint(x)是约束函数，当它返回 false 时，以 x(t+1)为根的子树不包含可行解，可剪除相应的子树，即不再执行 backtrack(t+1)；否则继续深度优先搜索以 x(t+1)为根的子树。bound(x)是限界函数，当它返回 false 时，以 x(t+1)为根的子树不包含最优解，剪除相应的子树，否则继续搜索。

执行完 for 循环后，表示已搜索当前扩展结点的所有子树，即在 x[1:t−1]给定的条件下，测试完了所有 x[t]的可能值。此时 backtrack(t)执行完毕，返回 t−1 层继续执行，即在 x[1:t−2]给定的条件下，继续测试 x[t−1]的其他可能值。显然，调用 backtrack(1)即可完成整个状

态空间图的搜索过程。

当然，回溯算法也可以用非递归的方式实现，但是其实现对于编码的要求比较高，有兴趣的读者可尝试自行实现后续典型问题的非递归回溯算法。

7.4.2 装载问题的回溯算法

问题描述：有 n 个集装箱要装上两艘载重量分别为 C_1 和 C_2 的轮船，其中集装箱 i 的重量为 w_i，且 $\sum w_i \leqslant C_1 + C_2$。请设计算法确定是否有一个合理的装载方案可将这些集装箱装上这 2 艘轮船。

输入：多组测试数据。每组测试数据包括两行：第一行输入集装箱数目 n（n<1000），以及两艘轮船的载重 C_1 和 C_2；第二行输入 n 个整数，表示每个集装箱的重量。

输出：如果存在合理装载方案，输出第一艘轮船的最大装载重量，否则输出“No”。

输入样例：

```
3 50 50
10 40 40
3 50 50
20 40 40
```

输出样例：

```
50
No
```

1. 问题分析

两艘轮船的装载使得问题变得复杂，先把原问题简化为一艘轮船的装载问题。容易证明下述结论：如果一个给定装载问题实例有解，则采用下面的策略可得到最优装载方案：先将第一艘轮船尽可能装满，将剩余的集装箱装上第二艘轮船。

将第一艘轮船尽可能装满等价于选取全体集装箱的一个子集，使得该子集中集装箱重量之和最接近 C_1。本质上，装载问题等价于以下特殊的 0-1 背包问题：

$$\max \sum_{i=1}^{n} w_i x_i$$

$$\text{st.} \quad \begin{cases} \sum_{i=1}^{n} w_i x_i \leqslant C_1 \\ x_i \in \{0,1\},\ 1 \leqslant i \leqslant n \end{cases}$$

当然装载问题可以用动态规划算法求解，下面讨论用搜索技术来求解该问题。

2. 算法设计与实现

回溯算法求解的第一步为定义问题的状态空间图。装载问题是一个特殊的 0-1 背包问题，其状态空间图可描述如下。

① 问题的状态表示：装载问题的状态可以用 k 元组 $X = [x_1, x_2, \cdots, x_k]$（$1 \leqslant k \leqslant n$）表示，$k$ 表示已处理过的集装箱数目，即标号为 1, 2, ⋯ , k 的集装箱已经被处理。$x_i = \{0,1\}$（$1 \leqslant i \leqslant k$），如果取值为 1，表示第 i 号集装箱装上第一艘轮船，否则该集装箱没有装载。

注意，$X=[]$ 是初始状态，表示所有集装箱都还没有处理。

② 约束条件。每个变量 x_i 的值只能为 0 或者 1；轮船中所有集装箱的重量之和不能超过轮船的容量，即 $\sum_{i=1}^{k} x_i w_i \leqslant C_1$。

③ 操作符。给定状态 $X=[x_1,\cdots, x_k]$，可能的操作有两种：一是第 k+1 个集装箱装上轮船，有 $x_{k+1}=1$；二是第 k+1 个集装箱不装入，即 $x_{k+1}=0$。然后得到新的状态 $X'=[x_1,\cdots, x_k, x_{k+1}]$。

④ 问题解和解空间：显然，满足约束条件的任何 n 维 0-1 向量 $[x_1, x_2,\cdots, x_n]$ 都是装载问题的一个解。解空间可以用一棵二叉树来表示。

基于上述状态空间图，可以用 DFS 算法求解，其实现程序如程序 7-5 所示。

程序 7-5　装载问题的深度优先搜索算法程序

```
#include <math.h>
#include<stdio.h>
#define        MaxBox    1000
int globalWeight[MaxBox], globalNum, globalC1;     // 输入参数
int globalX[MaxBox], globalAns;                    // 保存状态 X 和最优值的全局变量
void loadingDFS(int t) {
    if(t == globalNum) {                           // 边界条件，判定一个 n 维-1 向量是否是可行解
        int sumWeight1 = 0;
        for(int i=0; i < globalNum; i++) {         // 计算装载量
            sumWeight1 += globalX[i]*globalWeight[i];
        }
        if((sumWeight1 <= globalC1) && sumWeight1 > globalAns)
            globalAns = sumWeight1;                // 找到更优的可行解
        return;
    }                                              // end of (if
    globalX[t] = 1;
    loadingDFS(t+1);                               // 扩展左子树
    globalX[t] = 0;
    loadingDFS(t+1);                               // 扩展右子树
}
int main() {
    int C2, totalWt;
    while(EOF != scanf("%d%d%d", &globalNum, &globalC1,&C2)) {          // 读入参数
        totalWt = 0;
        for(int i=0; i < globalNum; i++) {         // 读入集装箱重量
            scanf("%d", globalWeight+i);
            totalWt += globalWeight[i];
        }
        globalAns = 0;                             // 初始化
        loadingDFS(0);
        if(totalWt - globalAns <= C2)
            printf("%d\n",globalAns);
        else
```

```
            printf("No\n");
        }
        return 0;
    }
```

在上述程序中，递归调用 LoadingDFS()函数没有任何限制条件，也就是说，给定状态$[x_1,\cdots,x_{i-1}]$，其左右子树都将搜索。因此，LoadingDFS()将搜索整个 n 层的完全二叉树，执行效率非常低。

为了提高 LoadingDFS()的效率，增加剪枝策略来避免不必要的搜索，从而改进算法在平均情况下的运行效率。剪枝策略主要包括两类：约束函数剪枝和限界函数剪枝。

约束函数剪枝用于剪除那些不可能导出可行解的分支。装载问题中装载集装箱的重量之和不能超出轮船的载重量。

对于任意状态 $X=[x_1,\cdots,x_k](1\leqslant k\leqslant n)$，如果 $\sum_{i=1}^{k} w_i x_i > C_1$，则该状态是一个不合法的状态，以该状态为根的子树不可能包含可行解，故可剪除该分支。因此，在程序中递归搜索左子树前，需要进行约束函数剪枝测试。请思考：为什么递归搜索右子树之前不需要约束测试?

限界函数剪枝用于剪除那些不可能导出最优解的分支。

给定状态 $X=[x_1,\cdots,x_k](1\leqslant k\leqslant n)$，假设 $X_s=[X,X']$ 为包含 X 的解向量，其中 $X'=[x_{k+1},\cdots,x_n]$。解向量 X_s 的装载集装箱重量可表示为

$$W(X_s)=\sum_{i=1}^{n} x_i w_i=\sum_{i=1}^{k} x_i w_i+\sum_{i=k+1}^{n} x_i w_i=W(X)+W(X')$$

其中，$W(X)$ 可以根据当前状态计算得到，但是 $W(X')$ 未知，因为 X'是未知的。

令 $\mathrm{Bd}(X')=\sum_{i=k+1}^{n} w_i$，其物理含义为把剩下的 $n-k$ 个集装箱全部装入轮船中。对于剩下的 $n-k$ 个集装箱集合，$\mathrm{Bd}(X')$ 是能装上轮船的最大重量，即 $\mathrm{Bd}(X')\geqslant W(X')$。因此，包含状态 X 的解向量 X_s 的装载重量的上限可表示成

$$\mathrm{Bd}(X_s)=W(X)+\mathrm{Bd}(X')$$

再假设当前已经找到的最大装载量为 MaxWt，如果 $\mathrm{Bd}(X_s)\leqslant \mathrm{MaxWt}$，$X_s$ 不可能包含最优解，因此剪除以 X 为根的子树；否则保留之，并继续搜索。因此，在程序中递归搜索右子树前，需要进行限界函数剪枝测试。请思考：为什么递归搜索左子树之前不需要限界测试?

综上所述，装载问题的回溯算法见程序 7-6。

程序 7-6　装载问题的回溯算法程序

```
#include <math.h>
#include<stdio.h>
#define        MaxBox    1000
int globalWeight[MaxBox], globalNum,globalC1;       // 输入参数
int globalX[MaxBox];                                // 保存状态 X 的全局变量
int globalWt, globalBd, globalMaxWt;                // 保存中间量的全局变量
void loadingBacktrack(int t) {
```

```
    if(t == globalNum) {                              // 边界条件，得到一个 C1 的更好可行解
        globalMaxWt = globalWt;
        return;
    }                                                 // end of (if
    globalBd -= globalWeight[t];                      // 扩展子结点时减少 globalBd
    if(globalWt + globalWeight[t] <= globalC1) {      // 约束剪枝
        globalX[t] = 1;
        globalWt += globalWeight[t];                  // 增大 globalWt
        loadingBacktrack(t+1);                        // 扩展左子树
        globalWt -= globalWeight[t];                  // 回溯时恢复 globalWt
    }
    if(globalWt + globalBd > globalMaxWt) {           // 限界剪枝
        globalX[t] = 0;
        loadingBacktrack(t+1);                        // 扩展右子树
    }
    globalBd += globalWeight[t];                      // 回溯时恢复 globalBd
}
int main() {
    int C2, totalWt;
    while(EOF != scanf("%d%d%d", &globalNum, &globalC1,&C2)) {     // 读入参数
        totalWt = 0;
        for(int i=0; i < globalNum; i++) {            // 读入集装箱重量
            scanf("%d", globalWeight+i);
            totalWt += globalWeight[i];
        }
        // 初始化全局变量
        globalBd = totalWt;
        globalWt = 0;
        globalMaxWt = 0;
        loadingBacktrack(0);

        if(C2 >= (totalWt - globalMaxWt))             // 剩下集装箱可装入 C2
            printf("%d\n",globalMaxWt);
        else
            printf("No\n");
    }
    return 0;
}
```

与 LoadingDFS()相比，LoadingBacktrack()的平均时间复杂度能得到改善，但是其最坏情况下的时间复杂度仍然一样。

3．子集树

为了归纳子集树的特征，先介绍另外几个典型问题（为了节省篇幅，这里只给出问题描述，具体算法实现请读者完成）。

子集和数问题：假设 $S = \{x_1, x_2, \cdots, x_n\}$ 是一个正整数的集合，C 是一个正整数，判定是否存在 S 的一个子集 S_1，使得 $x \in S_1, \sum x = C$。

最大团问题：给定无向图 $G=(V,E)$，其中 V 是非空集合，称为顶点集；E 是 V 中元素构成的无序二元组的集合，称为边集，无向图中的边均是顶点的无序对，无序对常用圆括号"( )"表示。如果 $U \subset V$，且对任意两个顶点 $u,v \in U$，有 $(u,v) \in E$，则称 U 是 G 的完全子图。G 的完全子图 U 是 G 的团，当且仅当 U 不包含在 G 的更大的完全子图中。G 的最大团是指 G 中所含顶点数最多的团。

比较 0-1 背包问题、装载问题、子集和数问题和最大团问题可以发现，这些问题本质上都是从 n 个元素组成的集合中找出满足某种性质的一个子集。这些问题的解都可以表示为一个 n 维 0-1 向量 $[x_1, x_2, \cdots, x_n]$，$x_i = 1$ 表示第 i 个元素属于目标子集，否则它不属于目标子集。

这些问题的状态空间图都可以描述成一个完全二叉树，故称为子集树。子集树中所有非叶子结点均有两个分支，可以约定左分支为 1，右分支为 0，当然，反之也可以。因此，从根结点到任意结点的路径可描述为一个 0-1 向量，它对应了该结点的状态。根结点表示初始状态，叶子结点则表示结束状态。子集树的深度等于问题的规模。

7.4.3 圆排列问题

问题描述：给定 n 个大小不等的圆 $C_1, C_2, \cdots, C_n$，现要将这 n 个圆排进一个矩形框，且要求各圆与矩形框的底边相切。圆排列问题要求从 n 个圆的所有排列中找出有最小长度的圆排列。

例如，当 n=3，且所给的 3 个圆的半径分别为 1、1、2 时，这 3 个圆的最小长度的圆排列如图 7-8 所示，其最小长度为 $2+4\sqrt{2}$。

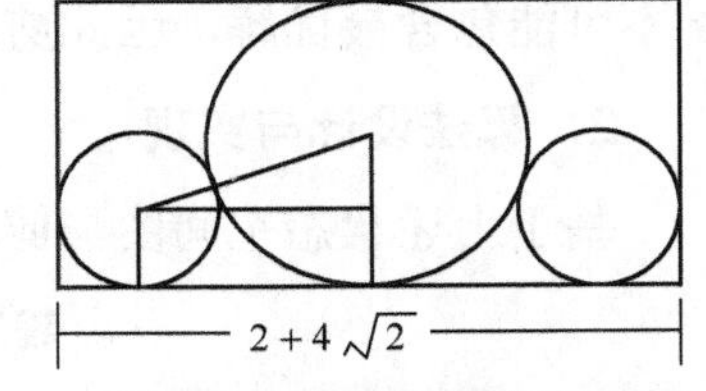

图 7-8　最小长度圆排列

输入：多组测试数据。每组测试数据包括两行：第一行输入圆的个数 n（n<1000）；第二行输入 n 个整数，表示每一个圆的半径。

输出：最小长度圆排列的长度，保留小数点后 4 位有效数字，每组测试数据输出一行。

输入样例：

```
3
1 1 2
```

输出样例：

```
7.6569
```

1．问题分析

圆排列本质上是一个排列问题，如果枚举，其时间复杂度为 $O(n!)$。下面设计回溯算法降低圆排列问题的平均执行时间。

圆排列问题的状态空间图可描述如下。

① 问题的状态表示：圆排列问题的状态可以用 k 元组 $X = [x_1, \cdots, x_k]$ $(1 \leqslant k \leqslant n)$ 表示，k 表示已排列的圆的数目，即标号为 $1, 2, \cdots, k$ 的圆已经排列。任意分量 x_i $(1 \leqslant i \leqslant k)$ 满足 $1 \leqslant x_i \leqslant n$。注意，$X = []$ 是初始状态，表示所有圆都还没有排列。

② 约束条件：圆排列中任意一个圆只能出现一次，故对于给定状态 $X = [x_1, \cdots, x_k]$ 中

的任意两个分量x_i和x_j $(1 \leqslant i, j \leqslant k)$有 $x_i \neq x_j$。

③ 操作符：给定状态$X=[x_1,\cdots, x_k]$，可能的操作有 $n-k$ 种，即在剩下的 $n-k$ 个圆中选择一个排列在第 $k+1$ 位，有$x_{k+1} \in C-\{x_1,\cdots,x_k\}$，其中 C 表示所有圆的集合。然后得到新的状态$X'=[x_1,\cdots, x_k, x_{k+1}]$。

④ 问题解和解空间：显然，满足约束条件的任何 n 维向量$[x_1, x_2,\cdots, x_n]$（或者说 $1-n$ 的一个排列）都是圆排列问题的一个解。

如果按照操作符的定义来生成状态图的子结点，则生成的新状态将满足约束条件。除此之外，圆排列问题没有其他约束函数。

但是，圆排列问题可以设计限界函数。给定状态$X=[x_1,\cdots, x_k](1 \leqslant k \leqslant n)$，包含状态 X 的解向量$X_s=[X,X']$，其中$X'=[x_{k+1},\cdots, x_n]$，显然，解向量X_s的圆排列长度可表示为

$$\mathrm{Width}(X_s)=\mathrm{Width}(X)+\varDelta$$

其中，$\mathrm{Width}(X)$是前 k 个圆排列的长度，可以根据当前状态计算得到，$\varDelta$是指增加后续 $n-k$ 个圆时长度的增量，显然有$\varDelta \geqslant 0$。

不难推导，包含状态 X 的解向量 X_s 的圆排列长度下限可表示为

$$\mathrm{Bd}(X_s)=\mathrm{Width}(X)$$

再假设当前已经找到的最优值为 MinWidth，如果$\mathrm{Bd}(X_s)$大于等于 MinWidth，X_s显然不可能包含最优解，因此剪除以 X 为根的子树；否则保留之，并继续搜索。

2. 算法设计与实现

基于上述状态空间图与剪枝策略，圆排列问题的回溯算法见程序 7-7。

程序 7-7　圆排列问题的回溯算法程序

```
#include <math.h>
#include<stdio.h>
#define        MaxN    1000
double globalRadius[MaxN];          // 圆排列中每个圆的半径，注意保证它始终是一个排列
double globalCenterX[MaxN];         // 圆排列中每个圆的圆心 X 轴坐标，约定第一个圆心坐标为
double globalMin;                   //全局最优值
int globalNum;                      // 圆的数目
double curCenter(int t) {           // 在当前排列下，计算第 t 个圆的圆心坐标
    double temp = 0, valuex;
    for(int j = 0; j < t; j++) {    // 遍历 t 之前的圆，根据相切求圆心坐标
        valuex = globalCenterX[j] + 2.0 * sqrt(globalRadius[t] * globalRadius[j]);
        if(valuex > temp)
            temp = valuex;
    }
    valuex = globalRadius[t]-globalRadius[0];
    if(valuex > temp)               // 此时不与任何圆相切，与左边框相切
        temp = valuex;
    return temp;
}
double permLength() {               // 计算完整圆排列的长度
```

```
    double high = 0;
    for(int i = 0; i < globalNum; i++) {                    // 搜索与右边框相切的圆
        if(globalCenterX[i] + globalRadius[i] > high)
            high = globalCenterX[i] + globalRadius[i];
    }
    double len = high + globalRadius[0];
    return len;
}
void Swap(double &a, double &b) {
    double temp = a;
    a = b;
    b = temp;
}
void CircleBacktrack(int t ) {
    if(t == globalNum) {
        globalMin = permLength();                           // 得到更优的解
    }
    else {
        double centerx,width;
        for(int j = t; j < globalNum; j++) {                // 遍历所有子结点
            Swap(globalRadius[t], globalRadius[j]);        // 把下标 j 处的圆排列在位置 t
            centerx = curCenter(t);                         // 计算当前排列中第 t 个圆的 X 坐标
            width = centerx + globalRadius[t] + globalRadius[0];
            if(width < globalMin) {                         // 限界判定
                globalCenterX[t] = centerx;
                CircleBacktrack(t+1);                       // 递归处理
            }
            Swap(globalRadius[t], globalRadius[j]);        // globalRadius[j]处理完，换回原来位置
        }                                                   // end of for
    }
}
int main() {
    while(EOF != scanf("%d", &globalNum)) {
        for(int i=0; i < globalNum; i++) {
            scanf("%lf", globalRadius+i);
            globalCenterX[i] = 0;                           // 初始化圆排列中圆心 X 轴坐标
        }
        globalMin = 1000000000000.0;                        // 初始化为充分大的值
        CircleBacktrack(0);
        printf("%.4f\n", globalMin);
    }
    return 0;
}
```

注意：在计算圆心坐标和圆排列长度时，不能直接从倒数第二个圆开始，而必须从第一个圆开始依次计算。因为最后一个圆不一定与倒数第二个圆相切。

另外，上述算法还有很多改进的余地。例如，有一半的圆排列与另一半刚好对称，即以某圆开头的圆排列，一定会存在一个以该圆结尾的圆排列。另外，如果所给的 n 个

圆中有 k 个圆半径相同，则这 k 个圆产生的 $k!$ 个完全相同的圆排列只需要计算一次即可。上述算法的这些改进，请读者自己完成。

3. 排列树

先介绍几个典型的问题。

N 皇后问题：在 $N \times N$ 国际象棋盘上摆放 N 个皇后，使其不能互相攻击，即任意两个皇后都不能处于同一行、同一列或同一斜线上，问有多少种摆法。

旅行商问题（Traveling Saleman Problem，TSP）：一名推销员要拜访多个城市时，如何找到在拜访每个城市一次后再回到起点的最短路径。

这些问题本质上是从 n 个元素组成的集合中找出满足某种性质的一个排列。这些问题的解都可以表示为一个 n 维整数向量 $[x_1, x_2, \cdots, x_n]$，x_i 表示第 i 个位置的元素是 x_i。

这些问题的状态空间图可以表示成一棵树，称为排列树。在排列树中，树的根结点表示初始状态（所有位置都还没有放置元素），中间结点表示某种情况下的中间状态（该结点之前的位置上已经确定了元素，而它之后的位置上还没有确定元素），叶子结点表示结束状态（所有位置上的元素全部确定）。所以，在排列树中，靠近根结点的位置，分支比较多；远离根结点的位置，分支比较少。从根结点到叶子结点的路径构成一个排列，对应问题的一个可能解。排列树的深度等于问题的规模。

7.5 分支限界

7.5.1 分支限界法的基本原理

分支限界法也是一种在问题的状态空间图中搜索问题解的算法。它通常以广度优先的方式搜索问题的状态空间图，为了提高搜索的执行效率，分支限界算法还包括剪枝策略，达到缩小搜索空间的目的。分支限界法先将根结点加入活结点表中（用于存放活结点的数据结构），再从活结点表中取出首结点，使其成为当前扩展结点，一次性生成它的所有孩子结点，判断孩子结点是舍弃还是保存。舍弃那些不可能导致可行解或最优解的孩子结点，其余结点则保存在活结点表中。然后从活结点表中取出首结点，作为当前扩展结点，重复上述扩展过程，直到找到问题的解或活结点表为空时为止。在此过程中，每个活结点最多只有一次机会成为扩展结点。

分支限界法的关键在于判断孩子结点是舍弃还是保留。因此，需要设计孩子结点是舍弃还是保留的判定函数，该判定函数与回溯法中的剪枝策略含义和作用非常类似。活结点表一般用先进先出的队列实现。

【例 7-8】 对于 n=3 的 0-1 背包问题，其中背包容量 $c = 30$，每个物品的重量和价值分别为：w={16, 15, 15}，p={45, 25, 25}。试利用分支限界法构造其最优的装包方案。

该问题的状态空间图的定义与回溯法中的保持一致。分支限界法中的判定函数也包括两部分：约束函数判定和限界函数判定。

给定状态 $X = [x_1, \cdots, x_k]\ (1 \leqslant k \leqslant 3)$，约束函数定义为

$$C_{\mathrm{s}}(X) = \sum_{i=1}^{k} x_i w_i$$

如果$C_s(X)>30$，即物品重量超出背包的容量，则抛弃状态结点X，否则保留之。

假设包含状态X的解向量$X_s=[X,X']$，其中$X'=[x_{k+1},\cdots,x_3]$，则包含状态X的解向量X_s的物品价值的上限可表示成：

$$\text{Bd}(X_s)=\text{Val}(X)+\text{Bd}(X')$$

其中$\text{Val}(X)=\sum_{i=1}^{k}x_i v_i$，$\text{Bd}(X')=\sum_{i=k+1}^{3}1\times v_i$。再假设当前已经找到的最优值为BestV，如果$\text{Bd}(X_s)\leqslant \text{BestV}$，$X_s$显然不可能包含最优解，舍弃状态结点$X$；否则保留之。

注意，BestV 初始化为 0，但是每当扩展新的结点，且该结点状态下物品价值大于BestV时，BestV的值就要更新。这是分支限界法不同于回溯法的地方。为什么？其原因来自两方面：首先，如果采用回溯法中的策略，即扩展到叶子结点时更新BestV，则此时分支限界法已扩展到状态空间图的最底层，剪枝操作也已失去意义。另外，任意合法状态$X=[x_1,\cdots,x_k]$，如果把后续的$n-k$个分量全部补0，则得到一个可行解，其物品价值等于Val(X)，显然它可以用来进行限界约束判定。

例7-8的分支限界法的搜索过程描述如下：状态空间图的初始状态为$X=[\,]$，生成相应结点a，此时$C_s=0$，Val=0，Bd=95（为了描述简洁，后续状态的属性值C_s、Val、Bd都用一个三元组表示），当前还没有找到任何可行解，因此最优值BestV=0。把结点a放入队列Que中，Que = {A}。

a作为状态空间图的根结点，然后按照广度优先的策略遍历状态空间图（隐式的）。从Que中取出第一个元素a，生成a的子结点b和c，因为b和c满足约束条件和限界条件，把b和c插入队列，Que = {b, c}。结点b可导出一个可行解，其装入物品价值为45，因此更新BestV=45。下一步从Que中取出第一个元素b，生成b的子结点d和e，其中d不满足约束条件，舍弃之，e满足约束条件和限界条件，加入队列，Que = {c, e}。然后，从Que中取出第一个元素c，生成c的子结点f和g，其中g不满足限界条件，舍弃之，f加入队列，Que = {e, f}。以此类推，直到搜索完整个解空间树。其搜索过程的详细描述见图7-9，其中括号的三元组的定义为(C_s,Val,Bd)，阴影填充的结点表示以该结点为根的子树被剪枝。

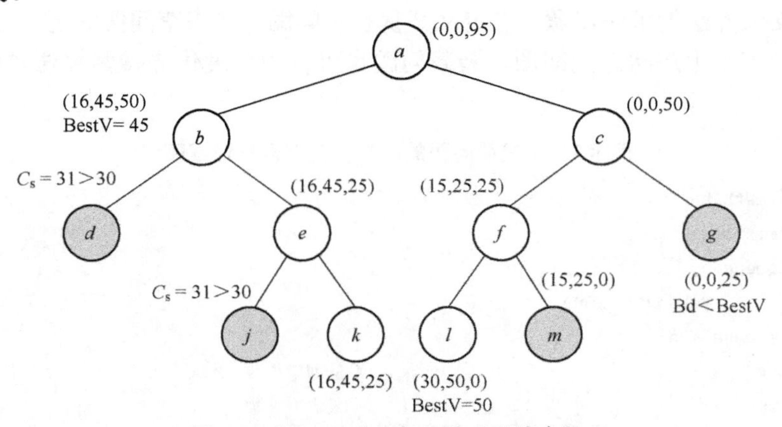

图7-9　例7-8的分支限界法的搜索过程

对于例 7-7 中的旅行商问题，也可以采用分支限界法，其状态空间图的定义及限界函数的设计都与回溯法相同。但是，在旅行商问题中，BestV 的值无法提前更新，也就是说，限界函数只是在排列树的叶子层起作用，无法达到剪枝的预期效果。详细过程读者自己完成。

综上所述，分支限界算法设计通常包含以下两个步骤：① 针对所给问题，定义问题的状态空间图；② 以广度优先方式搜索状态空间图，并在搜索过程中用**剪枝策略**避免无效搜索。

分支限界法本质上是在状态空间图中进行带剪枝的广度优先搜索，一般通过先进先出（FIFO）的队列实现，分支限界法的框架如程序 7-8 所示。

程序 7-8　基于先进先出队列的分支限界法程序框架

```
function BranchBound(problem, queue) {                   // queue 初始化为空
    node = Make-Node(Initial-State[problem]);             // 生成初始状态结点
    queue←Insert(node, queue)                             // 初始结点加入队列
    do while(1) {
        if queue == Empty
            return failure
        node ← Remove-First(queue)                        // 取出队列的头部结点
        visit(node);                                      // 访问当前结点
        if State[node] == Goal                            // 目标测试
            return Solution(node)                         // 搜索到目标状态，返回解
        // 依次扩展当前结点的所有子结点，Next()是一种抽象表示，返回下一个未访问子结点
        while (((sonNode = Next(problem, node)) != NULL) {      // 子结点约束条件与限界条件判定
           if (constraint(sonNode) && bound(sonNode) )
              Insert(queue, sonNode);                     // 在队列中插入子结点
        }
    }
}
```

7.5.2　装载问题的分支限界法

按照分支限界法的求解步骤，先定义其状态空间图，状态空间图的定义与 7.4.2 节中的描述相同。基于上述状态空间图，装载问题也可以用广度优先搜索算法求解，其实现见程序 7-9。

程序 7-9　装载问题的广度优先搜索算法程序

```
#include <math.h>
#include<stdio.h>
#include<queue>
#define        MaxBox    1000
using namespace std;
struct node {                                    // 队列中的结点定义
    int Wt;                                      // 装载的重量
    int idxBox;                                  // 当前被处理的集装箱编号
```

```
};
int globalWeight[MaxBox], globalNum, globalC1;
int loadingBFS() {
    int maxWt = 0;                              // 最优装载量
    queue <node> que;                           // 队列定义
    node headNode, sonNode;
    headNode.Wt = 0;
    headNode.idxBox = -1;                       // 初始状态结点
    que.push(headNode);
    for(; !que.empty(); que.pop()) {
        headNode = que.front();                 // 取出队列首结点
        if(headNode.idxBox == globalNum) {      // 得到叶子结点，或 n 维-1 向量
            if((headNode.Wt <= globalC1)&&(headNode.Wt > maxWt)) {
                maxWt = headNode.Wt;            // 更优的解
            }
        }
        else {                                  // 扩展所有子结点
            sonNode.idxBox = headNode.idxBox + 1;
            sonNode.Wt = headNode.Wt + globalWeight[headNode.idxBox + 1];
            que.push(sonNode);                  // 左子结点
            sonNode.Wt = headNode.Wt;
            que.push(sonNode);                  // 右子结点
        }
    }
    return maxWt;
}
int main() {
    int C2, maxWt, totalWt;
    while(EOF != scanf("%d%d%d", &globalNum, &globalC1, &C2)) {   // 读入参数
        totalWt = 0;
        for(int i=0; i < globalNum; i++){      // 读入集装箱重量
            scanf("%d", globalWeight+i);
            totalWt += globalWeight[i];
        }
        maxWt = loadingBFS();
        if(totalWt-maxWt <= C2)
            printf("%d\n",maxWt);
        else
            printf("No\n");
    }
    return 0;
}
```

显然，上述程序没有判断孩子结点是舍弃还是保留的策略，因此它将搜索整个完全二叉树。分支限界法将对上述程序进行优化，添加剪枝策略，减少不必要的搜索。主要的剪枝条件包括约束条件和限界条件。

约束条件用于剪除那些不可能导出可行解的分支。装载问题有一个约束条件是装载集装箱的重量之和不能超出轮船的载重量。

对于任意状态 $X=[x_1,\cdots,x_k](1\leqslant k\leqslant n)$，如果 $\sum_{i=1}^{k}w_ix_i>C_1$，则该状态是一个不合法的状态，因此舍弃该状态结点；否则把它加入队列中。

限界条件用于剪除那些不可能导出最优解的分支。

给定状态 $X=[x_1,\cdots,x_k](1\leqslant k\leqslant n)$，假设 $X_s=[X,X']$ 为包含 X 的解向量，其中 $X'=[x_{k+1},\cdots,x_n]$，容易推导，解向量 X_s 的装载重量的上限可表示成：

$$\mathrm{Bd}(X_s)=W(X)+\mathrm{Bd}(X')$$

其中，$W(X)=\sum_{i=1}^{k}x_iw_i$，$\mathrm{Bd}(X')=\sum_{i=k+1}^{n}w_i$，两者都可以根据当前状态计算得到。

再假设当前已经找到的最大装载量为 MaxWt，如果 $\mathrm{Bd}(X_s)$ 小于等于 MaxWt，X_s 显然不可能包含最优解，因此删除该状态结点；否则保留之。

注意：MaxWt 初始化为 0，但是每扩展新的结点，且该结点状态下轮船载重量大于 MaxWt 时，MaxWt 的值就要更新。这是分支限界法不同于回溯算法的地方。为什么？给定任意合法状态 $X=[x_1,\cdots,x_k]$，如果把后续的 $n-k$ 个分量全部补 0，则得到一个可行解，其载重量等于 $W(X)$，显然可以用它来进行限界约束判定。

综上所述，装载问题的分支限界算法见程序 7-10。

程序 7-10　装载问题的分支限界算法程序

```
#include <math.h>
#include<stdio.h>
#include<queue>
#define        MaxBox     1000

using namespace std;
struct node {                                                      // 队列中的结点定义
    int Wt;                                                        // 装载的重量
    int Bd;                                                        // 剩余集装箱总重量
    int idxBox;                                                    // 当前被处理的集装箱编号
};
int globalWeight[MaxBox], globalNum, globalTotalWt, globalC1;      // 全局变量
int LoadingBranchBound() {
    int maxWt = 0;                                   // 最优装载量
    queue <node> que;                                // 队列定义
    node headNode,sonNode;
    headNode.Wt = 0;
    headNode.Bd = globalTotalWt;
    headNode.idxBox = -1;                            // 初始状态结点
    que.push(headNode);
    for(; !que.empty(); que.pop()){
        headNode = que.front();                      // 取队列首结点
```

```
        if(headNode.idxBox == globalNum) {          // 得到叶子结点，或 n 维-1 向量
            if((headNode.Wt <= globalC1)&&(headNode.Wt > maxWt)) {
                maxWt = headNode.Wt;
            }
        }
        else {                                      // 扩展所有子结点
            sonNode.idxBox = headNode.idxBox + 1;
            sonNode.Bd = headNode.Bd - globalWeight[headNode.idxBox + 1];
            sonNode.Wt = headNode.Wt + globalWeight[headNode.idxBox + 1];
            if(sonNode.Wt <= globalC1) {            // 约束条件剪枝
                que.push(sonNode);                  // 左子结点
                maxWt = sonNode.Wt;                 // 更新最优值
            }
            sonNode.Wt = headNode.Wt;
            if(sonNode.Wt + sonNode.Bd > maxWt)     // 限界条件剪枝
                que.push(sonNode);                  // 右子结点
        }
    }
    return maxWt;
}
int main() {
    int C2, maxWt;
    while(EOF != scanf("%d%d%d", &globalNum, &globalC1, &C2)) {
        globalTotalWt = 0;
        for(int i=0; i < globalNum; i++) {
            scanf("%d", globalWeight+i);
            globalTotalWt += globalWeight[i];
        }
        maxWt = LoadingBranchBound();
        if(globalTotalWt-maxWt <= C2)
            printf("%d\n", maxWt);
        else
            printf("No\n");
    }
    return 0;
}
```

7.6 启发式搜索

7.6.1 启发式搜索基本原理

本章已经介绍了 4 种搜索技术：深度优先搜索、广度优先搜索、回溯算法和分支限界法。深度优先搜索和广度优先搜索本质上是在给定的状态空间图中的枚举算法，当状态空间比较大或者状态空间不可预测时，它们的执行效率一般不理想。回溯算法在深度

优先搜索的基础上增加了剪枝策略；类似地，分支限界法在广度优先搜索的基础上增加了剪枝策略，因此回溯算法和分支限界法都能在一定程度上减少搜索空间，从而提高算法的执行效率。回溯算法和分支限界法的优化策略是避免不必要搜索，缩减搜索空间。本节介绍的启发式搜索也可以认为是一种带优化的搜索，它的优化策略是选择离目标最近的状态进行扩展，加速搜索速度。

启发式搜索过程有点类似广度优先搜索，不同的是，启发式搜索从活结点表中选择扩展结点时，不是选择最先进入活结点表的结点，而是选择最具有“启发性”的结点。启发式搜索的基本思想描述如下：

① 假设有一个启发式（评估）函数 f，可以帮助选择下一个要扩展的最佳结点。函数 f 是状态描述的一个实数值函数，与待求解的问题相关。

② 从活结点表中选择估值 $f(n)$（n 表示结点）最佳的结点作为扩展结点，并一次生成它的所有子结点，计算评估函数值，并放入活结点表中。注意，如果问题求解的目标是最小值，那么 $f(n)$的值越小，表示结点越佳；如果问题求解的目标是最大值，则 $f(n)$的值越大，表示结点越佳。下面理论部分都假定问题求解的目标为最小值。

③ 当找到目标结点，或者活结点表为空时，算法结束。

在启发式搜索中，对状态的评估十分重要。不同的评估函数可能导致不同的效果。给定结点 n，评估函数 $f(n)$ 一般定义为

$$f(n)=g(n)+h(n)$$

其中，$f(n)$ 为经过结点 n 的从开始结点到目标结点的最佳路径成本的估计；$g(n)$ 是在状态空间中从初始结点到结点 n 的路径成本，一般能根据当前状态和路径计算得到，可以认为是已知的；$h(n)$ 是从结点 n 到目标结点最佳路径成本的估计，它是未知的，体现了搜索的启发信息。

因为 $h(n)$ 包含启发信息，通常称为启发函数。基于上述评估函数的启发式搜索算法在人工智能领域被称为 **A 算法**。特别地，如果 $h(n)$ 满足 $h(n)\leqslant h^*(n)$，其中 $h^*(n)$ 表示结点 n 到目标结点的最佳路径成本，则对应的启发式搜索算法被称为 **A*算法**。

A*算法是应用非常广泛的图搜索算法，研究者对 A*算法进行了深入而广泛的研究，建立了比较坚实的理论基础。为了更好地理解和应用 A*算法，下面介绍 A*算法的三个重要定理，定理的证明参阅参考文献[6]。

【定理 7-1】 如果状态空间图和 $h(n)$具有满足稳定条件，即：

① 图中的每个结点的后继结点是有限的。

② 图中的弧的代价都大于某个正数 ε。

③ 对图中的所有结点 n，满足 $h(n)\leqslant h^*(n)$。也就是说，估计成本 $h(n)$ 不会超过实际成本 $h^*(n)$。

并且，状态空间图中存在一条从开始结点 s 到目标结点 g 的有限代价的路径，那么 A*算法总是在 s 到 g 的最佳路径上停止搜索，也称为 A*算法是**可采纳的**。

定理 7-1 表明 A*算法可以在稳定的状态空间图中找到问题的最优解，这是 A*算法适用性的保证。

【定理 7-2】 在任意状态空间图中，如果 n 是 n' 的后继，而且满足三角不等关系式，

即 $h(n) \leqslant h(n') + c(n,n')$，其中 $c(n,n')$ 表示连接 n 与 n' 的边的权重，则称 h 满足**单调条件**。对于满足单调条件的 A*算法，当算法扩展到结点 n 时，则表明它已经找到了到达结点 n 的一条最优路径。

定理 7-2 表明：如果 h 满足单调条件，那么 A*算法找到的第一个解就是最优解。

【定理 7-3】 如果 A*算法的两个版本 A_2 和 A_1，其差别是：对所有的非目标结点有 $h_1 < h_2$，那么 A_2 比 A_1 更灵通，也就是说，对任意一个状态空间图，如果存在从开始结点 s 到目标结点 g 的一条路径，在搜索终止时，被 A_2 扩展过的结点也被 A_1 扩展过。

定理 7-3 表明：如果 A_2 比 A_1 更灵通，那么 A_2 需要扩展的结点更少，其搜索速度相对来说也更快。这就为 A*算法之间的性能比较提供了依据。

启发式搜索的程序框架见程序 7-11。

程序 7-11　启发式搜索的程序框架

```
HeuristicSearch(){
    Open = [起始结点];
    Closed = [];
    while (Open 表非空) {
        从 Open 中取得一个结点 X，并从 OPEN 表中删除
        if (X是目标结点){
            求得路径 PATH;
            返回路径 PATH;
        }
        for (每个 X 的合法子结点 Y) {
            if (Y 不在 OPEN 表和 CLOSED 表中) {
                求 Y 的估价值
                将 Y 插入 OPEN 表中                         // 还没有排序
            }
            else if (Y 在 OPEN 表中) {
                if (Y 的估价值小于 OPEN 表的估价值)
                    更新 OPEN 表中的估价值;
            }
            else {                                          // Y 在 CLOSED 表中
                if (Y 的估价值小于 CLOSED 表的估价值) {
                    更新 CLOSED 表中的估价值
                    从 CLOSED 表中移出结点，并放入 OPEN 表中
                }
            }
            将 X 结点插入 CLOSED 表中
            按照估价值将 OPEN 表中的结点排序
        }                                                   // end for
    }                                                       // end while
}                                                           // end func
```

HeuristicSearch 算法中需要维护两个数据表：OPEN 表用来存放活结点，而且最佳结点还要求放在 OPEN 表的首位，因此 OPEN 表一般用优先队列实现；CLOSE 表保存已扩展结点，用于求解最优路径，用线性表实现。如果问题不需要求解最优路径，而只需要

最优值时，CLOSE 表可以省略。

【例 7-9】 八数码问题。在一个 3×3 的九宫中有 1～8 这 8 个数及一个空格（位置随机）。设计一个算法，把九宫状态从一个状态调整到另一个状态，如从图 7-10(a)调整到图 7-10(b)。调整的规则是：每次只能将与空格（上、下、或左、右）相邻的一个数字平移到空格中。

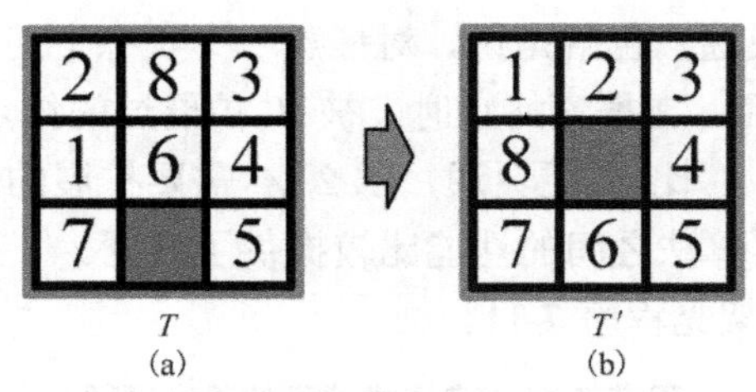

图 7-10　八数码问题

八数码问题是一个直观的状态空间搜索问题。每个九宫的数字和空格布局图则对应一个状态，开始状态和目标状态都已事先指定。启发式搜索算法的第二步为确定评估函数。八数码问题的评估函数定义为

$$f(n)=g(n)+h(n)$$

其中，$g(n)$ 等于从初始状态调整到当前结点 n 的空格移动次数，$h(n)$ 定义为状态 n 中不在正确位置的数码个数，如图 7-10(a)的 h 值为 5。

可以证明，$h(n)$ 小于等于从 n 到目标结点所需要的最少调整次数。因此，基于 $f(n)$ 的启发式搜索算法是可采纳的，具体搜索过程如下。

① 初始状态 A，$f(a)=5$，描述为 A-5。OPEN 表和 CLOSE 表的状态描述为：OPEN = [A-5]，CLOSED = [ ]。

② 取出 A，生成所有子结点 B、C、D，计算其评估值后放入 OPEN 表中，把 A 移入 CLOSED 表；OPEN = [C-4, B-6, D-6]，CLOSED = [A-5]。

③ 取出 C，生成所有子结点 E、F、G，计算其评估值后放入 OPEN 表中，把 C 移入 CLOSED 表；OPEN = [E-5, F-5, G-6, B-6, D-6]，CLOSED = [C-4, A-5]。

④ 取出 E，生成所有子结点 H, I，计算其评估值后放入 OPEN 表中，把 E 移入 CLOSED 表；OPEN = [F-5, G-6, B-6, D-6, H-6, I-7]，CLOSED = [E-5, C-4, A-5]。

⑤ 取出 F，生成所有子结点 J、K，计算其评估值后放入 OPEN 表，把 F 移入 CLOSED 表；OPEN = [J-5, G-6, B-6, D-6, H-6, I-7, K-7]，CLOSED = [F-5, E-5, C-4, A-5]。

⑥ 取出 J，生成子结点 L，计算其评估值后放入 OPEN 表，把 J 移入 CLOSED 表；OPEN = [L-5, G-6, B-6, D-6, H-6, I-7, K-7]，CLOSED = [J-5, F-5, E-5, C-4, A-5]。

⑦ 取出 L，生成所有子结点 M、N，计算其评估值后放入 OPEN 表，把 L 移入 CLOSED 表；OPEN = [M-5, G-6, B-6, D-6, H-6, N-6, I-7, K-7]，CLOSED = [L-5, J-5, F-5, E-5, C-4, A-5]。

⑧ 取出 M，到达目标结点，算法结束。如图 7-11 所示，每个九宫图左上角的数字表示评估函数值，右边的字母表示结点编号。

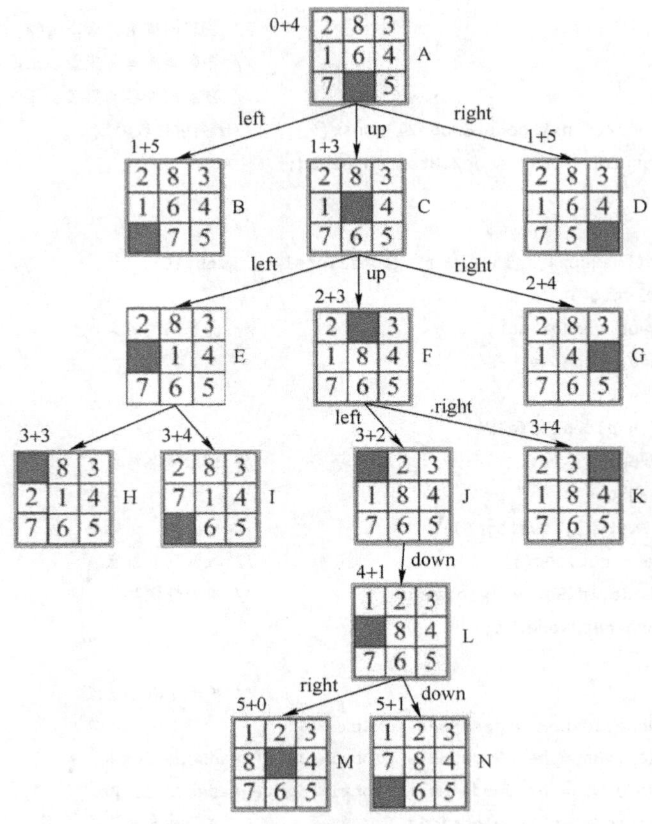

图 7-11　八数码问题的启发式搜索过程

7.6.2　装载问题的启发式搜索

装载问题的状态空间图的定义与 7.4.2 节中的描述相同。给定状态空间图中的结点状态 $X=[x_1,\cdots,x_k](1\leqslant k\leqslant n)$，其评估函数定义为

$$f(X)=g(X)+h(X)$$

其中，$g(X)=\sum_{i=1}^{k}x_i w_i$，表示当前状态已经装载的集装箱重量，$h(X)=\sum_{i=k+1}^{n}w_i$ 表示所有待处理的集装箱（$k+1\sim n$）的重量之和。显然，$h(X)$ 大于等于从结点 X 到目标结点（叶子层结点）的最大装载量。注意，装载问题的优化目标为最大值，因此 $f(X)$ 值越大的结点越佳，应该优先扩展。

综上所述，装载问题的启发式搜索算法见程序 7-12。

程序 7-12　装载问题的启发式搜索算法程序

```
#include <math.h>
#include<stdio.h>
#include<queue>
#define        MaxBox      1000
using namespace std;
struct node {                                     // 队列中的结点定义
```

```
    int Wt;                                         // 装载的重量，表示 g(x)的值
    int Bd;                                         // 剩余集装箱总重量，表示 h(x)的值
    int idxBox;                                     // 当前被处理的集装箱编号
    bool operator <(const node &node2) const{       //优先级比较函数
         return  Wt + Bd < node2.Wt + node2.Bd;
     }
};
int globalWeight[MaxBox], globalNum, globalTotalWt, globalC1;          // 全局变量
int LoadingHeuristic() {
    priority_queue <node> que;                      // 优先队列定义
    node headNode, sonNode;
    headNode.Wt = 0;
    headNode.Bd = globalTotalWt;
    headNode.idxBox = -1;                           // 初始状态结点
    que.push(headNode);
    for(; !que.empty(); que.pop()){
        headNode = que.top();                       // 取队列首结点
        if(headNode.idxBox == globalNum) {          // 得到最优解
            return headNode.Wt;
        }
        else {                                      // 扩展所有子结点
            sonNode.idxBox = headNode.idxBox + 1;
            sonNode.Bd = headNode.Bd - globalWeight[headNode.idxBox + 1];
            sonNode.Wt = headNode.Wt + globalWeight[headNode.idxBox + 1];
            if(sonNode.Wt <= globalC1)              // 左子结点可行
                que.push(sonNode);
            sonNode.Wt = headNode.Wt;
            que.push(sonNode);                      // 右子结点
        }
    }
    return -1;
}
int main() {
    int C2,maxWt;
    while(EOF != scanf("%d%d%d", &globalNum, &globalC1, &C2)) {
        globalTotalWt = 0;
        for(int i=0; i < globalNum; i++) {
            scanf("%d", globalWeight+i);
            globalTotalWt += globalWeight[i];
        }
        maxWt = LoadingHeuristic();
        if(globalTotalWt - maxWt <= C2)
            printf("%d\n", maxWt);
        else
            printf("No\n");
    }
    return 0;
}
```

习 题 7

7-1　传教士（Bishop）

问题描述：某国的疆土恰好是一个矩形，为了管理方便，国王将整个疆土划分成 $n \times m$ 块大小相同的区域。由于国王非常信教，因此他希望他的子民也能信教爱教，所以他想安排一些传教士到全国各地去传教。但这些传教士的传教形式非常怪异，他们只在自己据点周围特定的区域内传教且领地意识极其强烈（即任意一个传教士的据点都不能在其他传教士的传教区域内，否则会发生冲突）。现在我们知道传教士的传教区域为以其据点为中心的两条斜对角线上（如图 7-12 所示）。现在国王需要找出一个合理的安置方案，使得可以在全国范围内安置尽可能多的传教士而又不至任意两个传教士会发生冲突。

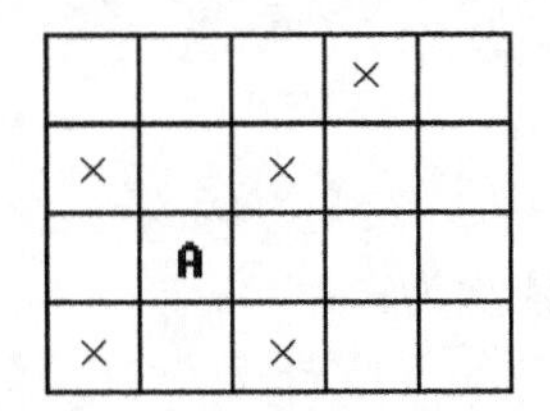

图 7-12　习题 7-1 图

若 A 为某传教士的据点，则其传教范围为所有标有×的格子。为不产生冲突，则第二个传教士的据点只能放在上图的空格子中。

输入：多组测试数据。每组测试数据包含一行，输入两个正整数 n 和 m $(1 \leqslant n,m \leqslant 20)$，代表国土的大小，$n$ 为水平区域数，m 为垂直区域数。

输出：最多可以安置的传教士的数目，每组测试数据输出一行。

输入样例：

```
3 4
```

输出样例：

```
6
```

提示：样例安置方案如下所示，X 表示为某传教士的据点。

```
X X X

O O O
O O O
X X X
```

7-2　0/1 字符串问题

问题描述：输出仅由 0 和 1 组成的长度为 N 的字符串，并且其中不可含有 3 个连续的相同子串。

输入：多组测试数据；每组测试数据输入字符串长度 n($n \leqslant 40$)。

输出：所有满足条件的字符串的个数，每组测试数据输出一行。

输入样例：

```
2
```

输出样例：

```
4
```

7-3　硬币翻转

问题描述：在桌面上有一排硬币，共 N 枚，每枚硬币均为正面朝上。现在要把所有的硬币翻转成反面朝上，规则是每次可翻转任意 N-1 枚硬币（正面向上的被翻转为反面向上，反之亦然）。求一个最短的操作序列（将每次翻转 N-1 枚硬币称为一次操作）。

输入：多组测试数据；每组测试数据输入只有一行，包含一个自然数 N（N 为不大于 100 的偶数）。

输出：输出文件的第一行包含一个整数 S，表示最少需要的操作次数。

输入样例：

```
4
```

输出样例：

```
4
```

提示：其 4 次操作后的状态依次为：

```
0111
1100
0001
1111
```

7-4　最少转弯问题

问题描述：给出一张地图，这张地图被分为 $n \times m$（$n,m \leqslant 100$）个方块，任何一个方块不是平地就是高山。平地可以通过，高山则不能。现在你处在地图的 (x_1, y_1) 这块平地，问：至少需要拐几个弯才能到达目的地 (x_2, y_2)？只能沿着水平和垂直方向的平地上行进，拐弯次数就等于行进方向改变（从水平到垂直或从垂直到水平）的次数。如在图 7-13 中，最少的拐弯次数为 5。

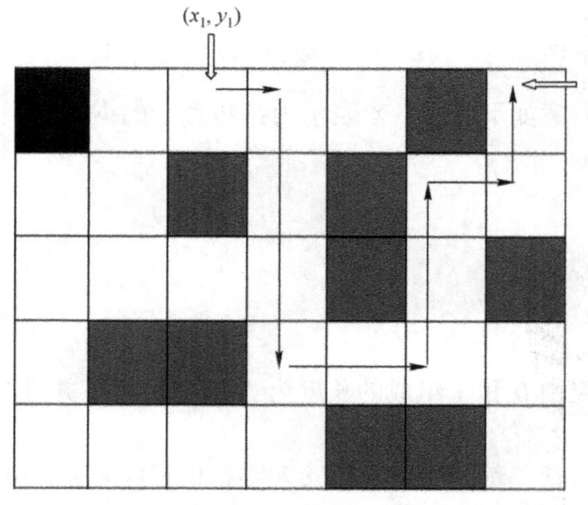

图 7-13　习题 7-4 图

输入：多组测试数据。在每组测试数据中，第一行输入 n 和 m；第 2～n+1 行：整个地图地形描述（0：空地；1：高山）；第 n+2 行：x_1　y_1　x_2　y_2（分别为起点、终点坐标）

输出：最少的拐弯次数 s，每组测试数据输出一行。

输入样例：

```
5 7
1 0 0 0 0 1 0
0 0 1 0 1 0 0
0 0 0 0 1 0 1
0 1 1 0 0 0 0
0 0 0 0 1 1 0
1 3 1 7
```

输出样例：

```
5
```

7-5　部落军队

问题描述：某个原始部落中的居民们为了争夺有限的资源，经常发生冲突。几乎每个居民都有他的仇敌。部落酋长为了组织一支保卫部落的队伍，希望从部落的居民中选出最多的居民入伍，并保证队伍中任何两个人都不是仇敌。给定部落中居民间的仇敌关系，编程计算组成部落卫队的最佳方案。

输入：多组测试数据。每组测试数据第 1 行有两个正整数 n（$n \leqslant 100$）和 m，表示 byteland 部落中有 n 个居民，居民间有 m 个仇敌关系。居民编号为 $1, 2, \cdots, n$。接下来的 m 行中，每行有两个正整数 u 和 v，表示居民 u 与居民 v 是仇敌。

输出：输出每组测试数据中最佳方案中部落卫队的人数，每组测试数据单独一行输出。

输入样例：

```
7 10
1 2

1 4
2 4
2 3
2 5
2 6
3 5
3 6
4 5
5 6
```

输出样例：

```
3
```

7-6　工作分配

问题描述：设有 n 件工作分配给 n 个人，将工作 i 分配给第 j 个人所需的费用为 C_{ij}。试设计一个算法，为每个人都分配一件不同的工作，并使总费用达到最小。

输入：多组测试数据。每组测试数据第一行有 1 个正整数 n（$1 \leqslant n \leqslant 20$）。接下来的 n 行，每行 n 个数，表示工作费用。

输出：输出每组测试数据的最小总费用，每组测试数据单独一行输出。

输入样例：

```
3
10 2 3
2 3 4
3 4 5
```

输出样例：

```
9
```

7-7　运动员配对

问题描述：羽毛球队有男女运动员各 n 人。给定两个 $n \times n$ 矩阵 $\boldsymbol{P}$ 和 $\boldsymbol{Q}$。P_{ij} 是男运动员 i 和女运动员 j 配对组成混合双打的男运动员竞赛优势；Q_{ij} 是女运动员 i 和男运动员 j 配合的女运动员竞赛优势。由于技术配合和心理状态等各种因素影响，P_{ij} 不一定等于 Q_{ij}。男运动员 i 和女运动员 j 配对组成混合双打的男女双方竞赛优势为 $P_{ij} \times Q_{ij}$。计算男女运动员最佳配对法，使各组男女双方竞赛优势的总和达到最大。

输入：多组测试数据。每组测试数据第一行有 1 个正整数 n（$1 \leqslant n \leqslant 20$）。接下来的 $2n$ 行，每行 n 个数。前 n 行是 P，后 n 行是 Q。

输出：输出男女双方竞赛优势的总和的最大值，每组测试数据单独一行输出。

输入样例：

```
3
10 2 3
2 3 4
3 4 5

2 2 2
3 5 3
4 5 1
```

输出样例：

```
52
```

7-8　警卫机器人

问题描述：世界名画陈列馆由 $m \times n$ 个排列成矩形阵列的陈列室组成。为了防止名画被盗，需要在陈列室中设置警卫机器人哨位。每个警卫机器人除了监视它所在的陈列室，还可以监视与它所在的陈列室相邻的上、下、左、右 4 个陈列室。试设计一个安排警卫机器人哨位的算法，使得名画陈列馆中每一个陈列室都在警卫机器人的监视之下，且所用的警卫机器人数最少。

输入：多组测试数据。每组测试数据第一行有两个正整数 m 和 n（$1 \leqslant n, m \leqslant 20$）。

输出：输出最少的机器人数，每组测试数据单独一行输出。

输入样例：

```
4 4
```

输出样例：

```
4
```

7-9　棍子恢复

问题描述：George 拿了一些相同长度的棍子，然后随意地把这些棍子切成一段一段的棍子（每段长度都不会超过 50 个单位长）。现在他想把这些一段一段的棍子拼回原来的样子，但是忘了他原来带多少根棍子来，也忘了原来每根棍子的长度。设计一个程序，算出这些棍子原来可能的最小长度。所有的棍子长度都是整数，并且大于 0。

输入：输入含有多组测试数据。每组测试资料 2 行：第 1 行有一个整数 *n* 代表切后棍子的数目；第 2 行含有 *n* 个整数，分别代表这 *n* 支棍子的长度。*n*=0 则代表输入结束。

输出：对于每 1 列测试数据，输出这些棍子原来可能的最小长度。

输入样例：

```
9
5 2 1 5 2 1 5 2 1
4
1 2 3 4
10
21 14 13 11 9 6 4 3 2 1
38
2 6 6 8 7 4 1 8 4 1 4 4 3 3 2 3 3 4 6 8 8 7 2 4 1 1 5 8 4 7 6 5 1 3 3 3

 1 6
0
```

输出样例：

```
6
5
21
18
```

7-10　网络传输

问题描述：为了避免网络中信息（封包）在网络中无限地传递，每个信息都含有一个生存时间（Time To Live，TTL）的字段。这个字段的内容为这个信息可以再被传输的次数。当一个信息被传输到另一结点（可能是计算机、工作站等）时，计算机会先将 TTL 减 1，如果这结点就是此信息要传输的目的地，就不用理会 TTL。否则此信息必须再被传输出去，但是如果 TTL 为 0，则此信息将不会再被传输。

这个问题中包括一些网络的描述、一信息的起点及其 TTL（如图 7-14 所示），计算有多少个结点是此信息无法到达的，以下面的网络为例说明。

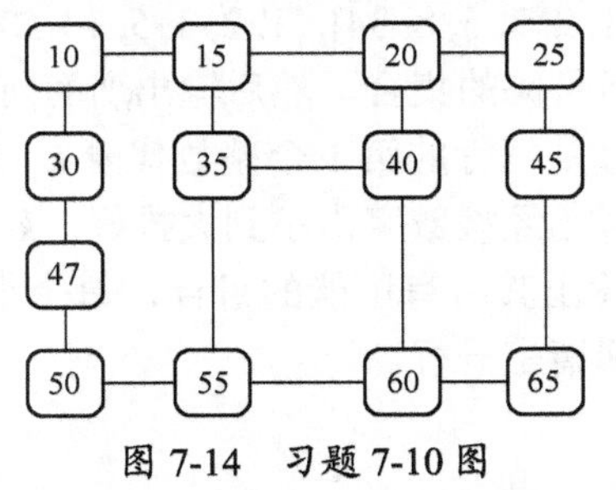

图 7-14　习题 7-10 图

假如有一个信息从节点 35 开始送，且 TTL 为 2，那它可以到达节点 15、10、55、50、40、20、60。而此信息无法到达节点 30、47、25、45、65，因为在到达结点 10,20,50,60 时 TTL 已经被设为 0 了。如果一开始的 TTL 给为 3，则除了节点 45，其他节点都可以到达了。

输入：输入含有多个网络，每个网络的第一行有一个整数 N 代表在此网络中有多少个链接。接下来有 N 对正整数，每对正整数代表有网络线直接相连的两个节点的编号。任意两个节点间最多只有 1 条网络线直接相连，且所有节点的数目不会超过 30 个。

接下来为对此网络所提出的问题，每个问题包含两个整数，分别代表信息开始送出的结点编号及其 TTL。对此网络的问题以一对 0 作为结束。$N=0$ 代表整个输入结束。

输出：对每个问题输出一列，包含这是第几个问题（从 1 开始）、有几个点无法到达、起始的结点编号、起始的 TTL 等。

输入样例：

```
6
10 15   15 20   20 25   10 30   30 47   47 50   25 45   45 65   15 35   35 55   20 40   50 55
35 40   55 60   40 60   60 65   35  2   35  3    0  0

14
1 2   2 7   1 3   3 4   3 5   5 10   5 11  4 6   7 6   7 8   7 9   8 9   8 6   6 11 1 1   1 2
3 2   3 3   0 0

0
```

输出样例：

```
Case 1: 5 nodes not reachable from node 35 with TTL = 2.
Case 2: 1 nodes not reachable from node 35 with TTL = 3.
Case 3: 8 nodes not reachable from node 1 with TTL = 1.
Case 4: 5 nodes not reachable from node 1 with TTL = 2.
Case 5: 3 nodes not reachable from node 3 with TTL = 2.
Case 6: 1 nodes not reachable from node 3 with TTL = 3.
```

7-11　幸运数字

问题描述：我们在买彩票的时候一般会挑自己喜欢的数字吧！（虽然理论上不会增加中奖概率，但是还是会选择自己的幸运号码）我们的问题是：假设共有 49 个号码，必须在 k（$k>6$）个幸运号码中挑 6 个号码作为一张彩券的数字组合。例如，你的幸运号码的集合是{1, 2, 3, 5, 8, 13, 21, 34}，也就是说，$k=8$，那么有 $C_8^6=28$ 种可能的彩票组合：[1, 2, 3, 5, 8, 13], [1, 2, 3, 5, 8, 21], [1, 2, 3, 5, 8, 34], [1, 2, 3, 5, 13, 21], …, [3, 5, 8, 13, 21, 34]。

你的任务是读入 k 和幸运号码的集合，然后输出所有可能的组合。

输入：每组测试数据一行，每行的第 1 个整数代表 k（$6<k<13$）。接下来的 k 个整数代表幸运号码的集合，此集合已经按数字由小到大排好。$k=0$ 代表输入结束。

输出：对每个测试样例输出其所有可能的组合，每个组合一行。输出组合的顺序需由小到大排列。测试数据之间请空一行。

输入样例：

```
7 1 2 3 4 5 6 7
```

```
0
```

输出样例：

```
1 2 3 4 5 6
1 2 3 4 5 7
1 2 3 4 6 7
1 2 3 5 6 7
1 2 4 5 6 7
1 3 4 5 6 7
2 3 4 5 6
```

7-12　数独游戏

问题描述：很多报纸上提供一种叫作“数独”的游戏，如一个 9×9 的方阵，有些格子填有 1～9 的数字，有些格子则是空白。你的任务是完成这个方阵，使得每一行（横的）、每一列（直的）以及每个小九宫格中的数字都刚好是 1～9。图 7-15 就是一个例子：左图为开始时的方阵状态，右图为完成后方阵的样子。

	6		1		4		5	
		8	3		5	6		
2								1
8			4		7			6
		6				3		
7			9		1			4
5								2
		7	2		6	9		
	4		5		8		7	

9	6	3	1	7	4	2	5	8
1	7	8	3	2	5	6	4	9
2	5	4	6	8	9	7	3	1
8	2	1	4	3	7	5	9	6
4	9	6	8	5	2	3	1	7
7	3	5	9	6	1	8	2	4
5	8	9	7	1	3	4	6	2
3	1	7	2	4	6	9	8	5
6	4	2	5	9	8	1	7	3

图 7-15　习题 7-12 图

输入：输入含有多组测试数据。每组测试资料的第一列，有一个数字 n（$1 \leqslant n \leqslant 3$）。接下来有一个 $n^2 \times n^2$ 方阵，有些格子填有 $1 \sim n^2$ 的数字，有些格子则是 0（代表空白）。完成这个方阵，使得每一行（横的）、每一列（直的）以及每个 $n \times n$ 小方阵中的数字都刚好是 $1 \sim n^2$。

输出：对每组测试数据，输出该数独的解。如果存在不止一组解，请输出字典顺序最小的那个（就是越上方、越左方、比较小的那组）。如果没有解，请输出“NO SOLUTION”。各组测试数据间请输出一空白列。

输入样例：

```
3
0 6 0 1 0 4 0 5 0
0 0 8 3 0 5 6 0 0
2 0 0 0 0 0 0 0 1
8 0 0 4 0 7 0 0 6
0 0 6 0 0 0 3 0 0
7 0 0 9 0 1 0 0 4
5 0 0 0 0 0 0 0 2
```

```
0 0 7 2 0 6 9 0 0
0 4 0 5 0 8 0 7 0
```

输出样例：

```
9 6 3 1 7 4 2 5 8
1 7 8 3 2 5 6 4 9
2 5 4 6 8 9 7 3 1
8 2 1 4 3 7 5 9 6
4 9 6 8 5 2 3 1 7
7 3 5 9 6 1 8 2 4
5 8 9 7 1 3 4 6 2
3 1 7 2 4 6 9 8 5
6 4 2 5 9 8 1 7 3
```

附录A 复杂度分析的数学基础

在算法复杂度分析过程，经常需要用到数列求和以及递推方程求解，下面概述这两方面的主要知识点。

1．数列求和方法

（1）公式法

对于等差数列和等比数列，我们可以直接套用求和公式。还有一些常见的数列，我们可以直接应用下列求和公式。

① $1+2+3+\cdots+n=\dfrac{n(n+1)}{2}$

② $1+3+5+\cdots+(2n-1)=n^2$

③ $2+4+6+\cdots+2n=n(n+1)$

④ $1^2+2^2+3^2+\cdots+n^2=\dfrac{1}{6}n(n+1)(2n+1)$

⑤ $1^3+2^3+3^3+\cdots+n^3=\dfrac{1}{4}n^2(n+1)^2$

⑥ $a_1+a_2+\cdots+a_n=n(a_1+a_n)/2$

⑦ $1+a+a^2+\cdots+a^{n-1}=\begin{cases} n, & (a=1) \\ \dfrac{1-a^n}{1-a}, & (a\neq 1) \end{cases}$

例 A-1 求$-1^2+2^2-3^2+4^2-5^2+6^2-\cdots-99^2+100^2$的和。

解：

$$\begin{aligned}
&-1^2+2^2-3^2+4^2-5^2+6^2-\cdots-99^2+100^2 \\
&=(2^2-1^2)+(4^2-3^2)+(6^2-5^2)+\cdots+(100^2-99^2) \\
&=(2-1)(2+1)+(4-3)(4+3)+(6-5)(6+5)+\cdots+(100-99)(100+99) \\
&=3+7+11+\cdots+199
\end{aligned}$$

由等差数列的求和公式可得

$$S_{50}=\frac{50(3+199)}{2}=5050$$

（2）分组结合法

若数列$\{c_n\}$的通项公式为$c_n=a_n+b_n$，其中$\{a_n\}$、$\{b_n\}$中一个是等差数列，另一个是等比数列，求和时一般利用分组结合法。

例 A-2 求数列$1\frac{1}{2},2\frac{1}{4},3\frac{1}{8},4\frac{1}{16},\cdots$的前$n$项的和。

解：因为 $a_n = n + \frac{1}{2^n}$，所以

$$\begin{aligned}S_n &= \left(1+\frac{1}{2}\right)+\left(2+\frac{1}{4}\right)+\left(3+\frac{1}{8}\right)+\cdots+\left(n+\frac{1}{2^n}\right)\\ &=(1+2+3+\cdots+n)+\left(\frac{1}{2}+\frac{1}{4}+\frac{1}{8}+\cdots+\frac{1}{2^n}\right)\\ &=\frac{n(n+1)}{2}+\frac{\frac{1}{2}\left(1-\frac{1}{2^n}\right)}{1-\frac{1}{2}}\\ &=\frac{n^2+n}{2}-\frac{1}{2^n}+1\end{aligned}$$

（3）拆项相消法

若一个数列的每一项都可以化为两项之差，并且前一项的减数恰与后一项的被减数相同，求和时中间项互相抵消，这种数列求和的方法就是拆项相消法。

例 A-3 $S_n = \frac{1}{1\times2\times3}+\frac{1}{2\times3\times4}+\frac{1}{3\times4\times5}+\cdots+\frac{1}{n(n+1)(n+2)}$，求 S_n。

解：因为 $a_n = \frac{1}{n(n+1)(n+2)} = \frac{1}{2}\left[\frac{1}{n(n+1)}-\frac{1}{(n+1)(n+2)}\right]$，所以

$$\begin{aligned}S_n &= \frac{1}{2}\left[\frac{1}{1\times2}-\frac{1}{2\times3}+\frac{1}{2\times3}-\frac{1}{3\times4}+\cdots+\frac{1}{n(n+1)}-\frac{1}{(n+1)(n+2)}\right]\\ &=\frac{1}{2}\left[\frac{1}{2}-\frac{1}{(n+1)(n+2)}\right]\\ &=\frac{n(n+3)}{4(n+1)(n+2)}\end{aligned}$$

常见的拆项公式有：

① $\frac{1}{n(n+1)}=\frac{1}{n}-\frac{1}{n+1}$

② $\frac{1}{(2n-1)(2n+1)}=\frac{1}{2}\left(\frac{1}{2n-1}-\frac{1}{2n+1}\right)$

③ $\frac{1}{n(n+1)(n+2)}=\frac{1}{2}\left[\frac{1}{n(n+1)}-\frac{1}{(n+1)(n+2)}\right]$

④ $\frac{1}{\sqrt{a}+\sqrt{b}}=\frac{1}{a-b}(\sqrt{a}-\sqrt{b})$

⑤ $a_n = S_n - S_{n-1} \quad (n\geqslant 2)$

（4）错位相减法

若数列 $\{c_n\}$ 的通项公式 $c_n = a_n \cdot b_n$，其中 $\{a_n\}$、$\{b_n\}$ 中一个是等差数列，一个是等比数列，求和时一般可在已知和式的两边都乘以组成这个数列的等比数列的公比，再将所得新和式与原和式相减，转化为同倍数的等比数列求和。这种方法叫错位相减法。

例 A-4 求数列$\frac{1}{2},\frac{3}{4},\frac{5}{8},\cdots,\frac{2n-1}{2^n},\cdots$的前$n$项的和。

解：

$$S_n=\frac{1}{2}+\frac{3}{4}+\frac{5}{8}+\cdots+\frac{2n-1}{2^n}$$

$$\frac{1}{2}S_n=\frac{1}{4}+\frac{3}{8}+\frac{5}{16}+\cdots+\frac{2n-1}{2^{n+1}}$$

两式相减，得

$$\begin{aligned}\frac{1}{2}S_n&=\frac{1}{2}+\frac{2}{4}+\frac{2}{8}+\cdots+\frac{2}{2^n}-\frac{2n-1}{2^{n+1}}\\&=\frac{1}{2}+2\left(\frac{1}{4}+\frac{1}{8}+\cdots+\frac{1}{2^n}\right)-\frac{2n-1}{2^{n+1}}\end{aligned}$$

所以

$$\begin{aligned}S_n&=1+4\left(\frac{1}{4}+\frac{1}{8}+\cdots+\frac{1}{2^n}\right)-\frac{2n-1}{2^n}\\&=1+4\frac{\frac{1}{4}\left[1-\left(\frac{1}{2}\right)^{n-1}\right]}{1-\frac{1}{2}}-\frac{2n-1}{2^n}\\&=1+2-\frac{2}{2^{n-1}}-\frac{2n-1}{2^n}\\&=3-\frac{2n+3}{2^n}\end{aligned}$$

2．递推方程求解

递归算法的时间复杂度分析往往都转化为求相应的一个递归方程的解的渐近阶。求递归方程的解的渐近阶是对递归算法进行分析的关键步骤。递归方程的形式多种多样，求其解的渐近阶的方法也多种多样。这里介绍比较实用的 4 种方法。

① **代入法**。先推测递归方程的显式解，然后用数学归纳法证明这一推测的正确性。那么，显式解的渐近阶即为所求。

② **迭代法**。通过反复迭代，将递归方程的右端变换成一个级数，然后求级数的和，再估计和的渐近阶；或者，不求级数的和而直接估计级数的渐近阶，从而达到对递归方程解的渐近阶的估计。

③ **Master 公式法**。针对形如$T(n)=aT(n/b)+f(n)$的递归方程，给出 3 种情况下方程解的渐近阶的 3 个相应估计公式供套用。

④ **差分方程法**。有些递归方程可以看成一个差分方程，因而可以用解差分方程的方法来解递归方程。然后对得到的解作渐近阶的估计。

下面逐一介绍上述 4 种方法，并分别举例加以说明。递归方程本来都带有初始条件，为了简明起见，我们在下面的讨论中略去这些初始条件。

（1）代入法

用这种办法既可估计上界也可估计下界。如前面所指出，方法的关键步骤在于预先对解答做出推测，然后用数学归纳法证明推测的正确性。

例 A-5 要估计 $T(n)$的上界，$T(n)$满足递归方程：

$$T(n)=2T\left(\left\lfloor \frac{n}{2} \right\rfloor\right)+n \tag{A-1}$$

其中，$\lfloor \cdot \rfloor$是地板（floors）函数的记号，$\lfloor n \rfloor$表示不大于 n 的最大整数。

解：我们推测 $T(n)=O(n\log n)$，即推测存在正的常数 C 和自然数 n_0，使得当 $n \geqslant n_0$ 时有

$$T(n) \leqslant Cn\log n \tag{A-2}$$

事实上，取 n_0=4 和 $C=\max\limits_{n_0<n<2n_0}(T(n)/(n\log n))+1$，那么，当 $n_0 \leqslant n \leqslant 2n_0$ 时，不等式(A-2)成立。

今归纳假设当 $2^{k-1}n_0 \leqslant n \leqslant 2^k n_0$（$k$>1）时，不等式(A-2)成立，则当 $2^k n_0 \leqslant n \leqslant 2^{k+1} n_0$ 时，有

$$\begin{aligned}
T(n) &= 2T(\lfloor n/2 \rfloor)+n \\
&\leqslant 2C\lfloor n/2 \rfloor \cdot \log(\lfloor n/2 \rfloor)+n \\
&< 2C\cdot\frac{n}{2}\cdot\log\frac{n}{2}+n \\
&= Cn\log n - Cn + n \\
&= Cn\log n-(c-1)n \\
&\leqslant Cn\log n
\end{aligned}$$

即不等式(A-2)仍然成立，于是对所有 $n \geqslant n_0$，不等式成立。

因而得出结论：递归方程(A-1)的解的渐近阶为 $O(n\log n)$。

这种方法的局限性在于，它只适合容易推测出答案的递归方程或善于进行推测的高手。推测递归方程的正确解没有一般的方法，得靠经验的积累和洞察力。我们在这里提三点建议：

① 如果一个递归方程类似见过的已知其解的方程，那么推测它有类似的解是合理的。作为例子，考虑递归方程

$$T(n)=2T\left(\left\lfloor \frac{n}{2}+17 \right\rfloor\right)+n \tag{A-3}$$

右边项的变元中加了一个数 17，使得方程看起来难于推测。但是它在形式上与方程(A-1)类似。实际上，当 n 充分大时，$T\left(\left\lfloor \frac{n}{2}+17 \right\rfloor\right)$与$T\left(\left\lfloor \frac{n}{2} \right\rfloor\right)$相差无几。因此可以推测方程(A-3)与方程(A-1)有类似的上界 $T(n)=O(n\log n)$。进一步，数学归纳将证明此推测是正确的。

② 从较宽松的界开始推测，逐步逼近精确界。比如对于递归方程(A-1)，要估计其解的渐近下界。由于明显地有 $T(n)\geqslant n$，我们可以从推测 $T(n)=\Omega(n)$开始，发现太松后，把推测的阶往上提，就可以得到 $T(n)=\Omega(n\log n)$的精确估计。

③ 作变元的替换有时会使一个未知其解的递归方程变成类似曾见过的已知其解的方程，从而使得只要将变换后的方程的正确解的变元作逆变换，便可得到所需要的解。

（2）迭代法

迭代法估计递归方程解的渐近阶不要求推测解的渐近表达式，但要求较多的代数运

算。方法的思想是迭代地展开递归方程的右端，使之成为一个非递归的和式，然后通过对和式的估计来达到对方程左端即方程的解的估计。

例 A-6 求解以下递归方程的渐进阶：

$$T(n)=3T(\lfloor n/4\rfloor)+n \tag{A-4}$$

解：连续迭代二次可将方程(A-4)右端项展开为

$$\begin{aligned}T(n)&=3T(\lfloor n/4\rfloor)+n\\&=n+3(\lfloor n/4\rfloor+3T(\lfloor\lfloor n/4\rfloor/4\rfloor))\\&=n+3(\lfloor n/4\rfloor+3T(\lfloor\lfloor n/4\rfloor/4\rfloor+3T(\lfloor\lfloor\lfloor n/4\rfloor/4\rfloor/4\rfloor)))\end{aligned}$$

由于对地板函数有恒等式$\lfloor\lfloor n/a\rfloor b\rfloor=\lfloor n/ab\rfloor$，上式可化简为

$$T(n)=n+3(\lfloor n/4\rfloor+3(\lfloor n/4^2\rfloor+3(\lfloor n/4^3\rfloor)))$$

这仍然是一个递归方程，右端项还应该继续展开。容易看出，迭代 i 次后，将有

$$T(n)=n+3(\lfloor n/4\rfloor+3(\lfloor n/4^2\rfloor+3T(\lfloor n/4^3\rfloor+\cdots+3(\lfloor n/4^i\rfloor+3T(\lfloor n/4^{i+1}\rfloor))\cdots)) \tag{A-5}$$

而且当$\lfloor n/4^{i+1}\rfloor=0$时，方程(A-5)不再是递归方程。这时

$$T(n)=n+3(\lfloor n/4\rfloor+3(\lfloor n/4^2\rfloor+3(\lfloor n/4^3\rfloor+\cdots+3(\lfloor n/4^i\rfloor+3T(0))\cdots))) \tag{A-6}$$

又因为$\lfloor a\rfloor\leqslant a$，由方程(A-6)可得

$$\begin{aligned}T(n)&\leqslant n+3(n/4+3(n/4^2+3(n/4^3+\cdots+3(n/4^i+3T(0))\cdots)))\\&=n+\frac{3}{4}n+\frac{3^2}{4^2}n+\frac{3^3}{4^3}n+\cdots+\frac{3^i}{4^i}n+3^{i+1}\cdot T(0) \qquad\text{(A-7)}\\&<4n+3^{i+1}\cdot T(0)\end{aligned}$$

因为$\lfloor n/4^{i+1}\rfloor=0$，易得$i\leqslant\log_4^n$，从而

$$3^{i+1}\leqslant 3^{\log_4^n+1}=3n^{\log_4^n}$$

代入方程(A-7)得

$$T(n)<4n+3n^{\log_4 3}\cdot T(0)$$

即方程(A-4)的解为 $T(n)=O(n)$。

从这个例子可见迭代法导致复杂的代数运算。但认真观察，要点在于确定达到初始条件的迭代次数和抓住每次迭代产生出来的“自由项”（与 T 无关的项）遵循的规律。顺便指出，迭代法的前几步迭代的结果常常能启发我们给出递归方程解的渐近阶的正确推测。这时若换用代入法，将可免去上述繁杂的代数运算。

为了使迭代法的步骤直观简明、图表化，我们引入递归树。靠着递归树，人们可以很快地得到递归方程解的渐近阶，它对描述分治算法的递归方程特别有效。我们以递归方程

$$T(n)=2T(n/2)+n^2 \tag{A-8}$$

为例加以说明。

图 A-1 展示出方程(A-8)在迭代过程中递归树的演变。为了方便，假设 n 恰好是 2

的幂。递归树是一棵二叉树，因为方程(A-8)右端的递归项 $2T(n/2)$可看成 $T(n/2)+T(n/2)$。图 A-1(a)表示 $T(n)$集中在递归树的根处，图 A-1(b)表示 $T(n)$已按方程(A-8)展开。也就是将组成它的自由项 n^2 留在原处，而将两个递归项 $T(n/2)$分别摊给它的 2 个儿子结点。图 A-1(c)表示迭代被执行一次，图 A-1(d)展示出迭代的最终结果。

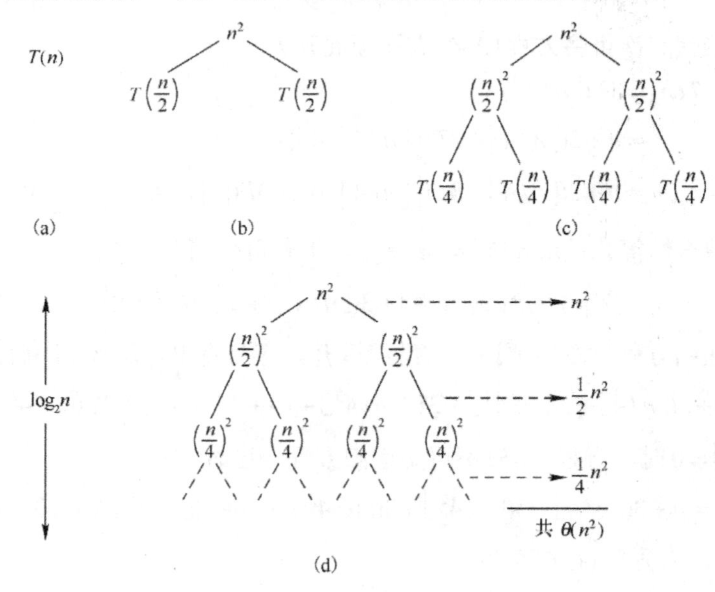

图 A-1　与方程(A-8)相应的递归树

图 A-1 中的每棵递归树的所有结点的值之和都等于 $T(n)$，特别地，已不含递归项的递归树(d)中所有结点的值之和亦然。我们的目的是估计 $T(n)$。我们看到有一个表格化的办法：先按横向求出每层结点的值之和，并记录在各相应层右端顶格处，再从根到叶逐层地将顶格处的结果加起来便是我们要求的结果。因此，我们得到方程(A-8)解的渐近阶为 $\theta(n^2)$。

（3）Master 公式法

这种方法为估计形如

$$T(n)=aT(n/b)+f(n) \tag{A-9}$$

的递归方程解的渐近阶提供 3 个可套用的公式。方程(A-9)中的 $a\geqslant 1$ 和 $b\geqslant 1$ 是常数，$f(n)$是一个确定的正函数。

方程(A-9)是分治法的时间复杂性所满足的递归关系，即一个规模为 n 的问题被分成规模均为 n/b 的 a 个子问题，递归地求解这 a 个子问题，然后通过对这 a 个子问题的解的综合，得到原问题的解。如果用 $T(n)$表示规模为 n 的原问题的复杂性，用 $f(n)$表示把原问题分成 a 个子问题和将 a 个子问题的解综合为原问题的解所需要的时间，我们便有方程(A-9)，它可以根据如下 Master 定理求解。

【Master 定理】 设 $a\geqslant 1$ 和 $b\geqslant 1$ 是常数，$f(n)$是定义在非负整数上的一个确定的非负函数，$T(n)$也是定义在非负整数上的一个非负函数，且满足递归方程(A-9)。那么，在 $f(n)$的三类情况下，我们有 $T(n)$的渐近估计式。

① 若对于某常数 $\varepsilon>0$，有 $f(n)=O(n^{\log_b a-\varepsilon})$，则

$$T(n)=\theta(n^{\log_b a})$$

② 若 $f(n)=\theta(n^{\log_b a})$，则

$$T(n)=\theta(n^{\log_b a}\cdot\log n)$$

③ 若对其常数 $\varepsilon>0$，有 $f(n)=\Omega(n^{\log_b a+\varepsilon})$，且对于某常数 $c>1$ 和所有充分大的正整数 n 有 $af(n/b)\leqslant cf(n)$，则 $T(n)=\theta(f(n))$。

这里省略定理的证明。

Master 定理涉及的三类情况，都是拿 $f(n)$与 $n^{\log_b a}$ 作比较。定理直观地告诉我们，递归方程解的渐近阶由这两个函数中的较大者决定。在第一类情况下，函数 $n^{\log_b a}$ 较大，则 $T(n)=\theta(n^{\log_b a})$；在第三类情况下，函数 $f(n)$较大，则 $T(n)=\theta(f(n))$；在第二类情况下，两个函数一样大，则 $T(n)=\theta(n^{\log_b a}\log n)$，即以 n 的对数作为因子乘上 $f(n)$与 $T(n)$的同阶。

此外，定理中的一些细节不能忽视。在第一类情况下，$f(n)$不仅必须比 $n^{\log_b a}$ 小，而且必须是多项式地比 $n^{\log_b a}$ 小，即 $f(n)$必须渐近地小于 $n^{\log_b a}$ 与 $n^{-\varepsilon}$ 的积，ε 是一个正的常数；在第三类情况下，$f(n)$不仅必须比 $n^{\log_b a}$ 大，而且必须是多项式地比 $n^{\log_b a}$ 大，还要满足附加的“正规性”条件：$af(n/b)\leqslant cf(n)$。这个附加的“正规性”条件的直观含义是 a 个子问题的再分解和再综合所需要的时间最多与原问题的分解和综合所需要的时间同阶。我们在一般情况下将碰到的以多项式为界的函数基本上都满足这个正规性条件。

还有一点很重要，即要认识到上述三类情况并没有覆盖所有可能的 $f(n)$。在第一类情况和第二类情况之间有一个间隙：$f(n)$小于但不是多项式地小于 $n^{\log_b a}$；类似地，在第二类情况和第三类情况之间也有一个间隙：$f(n)$大于但不是多项式地大于 $n^{\log_b a}$。如果函数 $f(n)$落在这两个间隙之一中，或者虽有 $f(n)=\Omega(n^{\log_b a+\varepsilon})$但正规性条件不满足，那么本定理无能为力。

下面是几个应用例子。

例 A-7 求 $T(n)=9T(n/3)+n$ 的渐进阶。

对照方程(A-9)，我们有 $a=9$，$b=3$，$f(n)=n$，$n^{\log_b a}=n^{\log_3 9}=n^2$，取 $\varepsilon\in(0,1]$，便有 $f(n)=O(n^{\log_b a-\varepsilon})$，可套用第一类情况的公式，得 $T(n)=\theta(n^2)$。

例 A-8 求 $T(n)=T(2n/3)+1$ 的渐进阶。

对照方程(A-9)，我们有 $a=1$，$b=3/2$，$f(n)=1$，$n^{\log_b a}=n^{\log_{3/2}1}=n^0=1=f(n)$，可套用第二类情况的公式，得 $T(n)=\theta(\log n)$。

例 A-9 求 $T(n)=3T(n/4)+n\log n$ 的渐进阶。

对照方程(A-9)，有 $a=3$，$b=4$，$f(n)=n\log n$，$n^{\log_b a}=n^{\log_4 3}=O(n^{0.793})$，只要取 $\varepsilon\approx0.2$，便有 $f(n)=\Omega(n^{\log_b a+\varepsilon})$。进一步，检查正规性条件：

$$af(n/b)=3f(n/4)=3(n/4)\log(n/4)=\frac{3}{4}n(\log n-\log 4)\leqslant\frac{3}{4}n\log n$$

只要取 $c=3/4$，便有 $af(n/b)\leqslant cf(n)$，即正规性条件也满足。可套用第三类情况的公式，得 $T(n)=\theta(f(n))=\theta(n\log n)$。

最后举一个 Master 定理对之无能为力的例子。

例 A-10 求 $T(n)=2T(n/2)+n\log n$ 的渐进阶。

对照方程(A-9)，我们有 $a=2$，$b=2$，$f(n)=n\log n$，$n^{\log_b a}=n$，虽然 $f(n)$渐近地大于

$n^{\log_b a}$，但 $f(n)$并不是多项式地大于 $n^{\log_b a}$，因为对于任意的正常数 ε，

$$f(n)/n^{\log_b a+\varepsilon}=n\log n/n^{1+\varepsilon}=n^{-\varepsilon}\log n\to 0$$

即 $f(n)$在第二类情况与第三类情况的间隙里，本方法对它无能为力。

（4）差分方程法

这里只考虑形如

$$T(n)=c_1T(n-1)+c_2T(n-2)+\cdots+c_kT(n-k)+f(n)，n\geqslant k \tag{A-10}$$

的递归方程。其中 c_i（i=1,2,⋯,k）为实常数，且 $c_k\neq0$。它可改写为一个线性常系数 k 阶非齐次的差分方程：

$$T(n)-c_1T(n-1)-c_2T(n-2)-\cdots-c_kT(n-k)=f(n)，n\geqslant k \tag{A-11}$$

方程(A-11)与线性常系数 k 阶非齐次常微分方程的结构十分相似，因而解法类同。限于篇幅，这里直接给出方程(A-11)的解法，略去其正确性的证明。

第一步，求方程(A-11)所对应的齐次方程：

$$T(n)-c_1T(n-1)-c_2T(n-2)-\cdots-c_kT(n-k)=0 \tag{A-12}$$

的基本解系。写出方程(A-12)的特征方程：

$$C(t)=t^k-c_1t^{k-1}-c_2t^{k-2}-\cdots-c_k=0 \tag{A-13}$$

若 $t=r$ 是方程(A-13)的 m 重实根，则得方程(A-12)的 m 个基础解 r^n, nr^n, n^2r^n, ⋯, $n^{m-1}r^n$；若 $\rho e^{i\theta}$ 和 $\rho e^{-i\theta}$ 是方程(A-13)的一对 r 重的共轭复根，则得方程(A-12)的 $2r$ 个基础解 $\rho^n\cos n\theta$, $\rho^n\sin n\theta$, $n\rho^n\cos n\theta$, $n\rho^n\sin n\theta$, ⋯, $n^{r-1}\rho^n\cos n\theta$, $n^{r-1}\rho^n\cos n\theta$。如此，求出方程(A-13)的所有根，就可以得到方程(A-12)的 k 个基础解。而且，这 k 个基础解构成了方程(A-12)的基础解系。即方程(A-12)的任意一个解都可以表示成这 k 个基础解的线性组合。

第二步，求方程(A-11)的一个特解。理论上，方程(A-11)的特解可以用 Lagrange 常数变易法得到。但其中要用到方程(A-12)的通解的显式表达，十分麻烦。因此在实际中，常常采用试探法，也就是根据 $f(n)$的特点推测特解的形式，留下若干可调的常数，将推测解代入方程(A-11)后确定。由于方程(A-11)的特殊性，可以利用叠加原理，将 $f(n)$线性分解为若干个单项之和并求出各单项相应的特解，然后叠加便得到 $f(n)$相应的特解。这使得试探法更为有效。为了方便，这里对三种特殊形式的 $f(n)$，给出方程(A-11)的相应特解并列在表 A-1 中，可供直接套用。其中，p_i(i=1,2,⋯,s)是待定常数。

表 A-1　方程(A-11)的常用特解形式

$f(n)$的形式	条　件	方程(A-11)的特解形式
a^n	$C(a)\neq0$	p_0a^n
	a 是 $C(t)$的 m 重根	$p_0\cdot n^m\cdot a^n$
n^s	$C(1)\neq0$	$p_0+p_1\cdot n+p_2\cdot n^2+\cdots+p_5\cdot n^5$
	1 是 $C(t)$的 m 重根	$n^m\cdot(p_0+p_1\cdot n+p_2\cdot n^2+\cdots+p_5\cdot n^5)$
n^sa^n	$C(a)\neq0$	$(p_0+p_1\cdot n+p_2\cdot n^2+\cdots+p_5\cdot n^5)\cdot a^n$
	a 是 $C(t)$的 m 重根	$n^m\cdot(p_0+p_1\cdot n+p_2\cdot n^2+\cdots+p_5\cdot n^5)\cdot a^n$

第三步，写出方程(A-11)即方程(A-10)的通解：

$$T(n)=\sum_{i=0}^{k-1}a_iT_i(n)+g(n) \tag{A-14}$$

其中$\{T_i(n)\}$（i=0,1,2,⋯,n）是方程(A-12)的基础解系，$g(n)$是方程(A-11)的一个特解。然后由方程(A-10)的初始条件

$$T(i)=T_i \quad i=1,2,\cdots,k-1$$

来确定方程(A-14)中的待定的组合常数$\{a_i\}$，即依靠线性方程组

$$\sum_{i=0}^{k-1}a_iT_i(j)+g(j)=T_j\text{，}\quad j=0,1,2,\cdots,k-1$$

解出$\{a_i\}$，并代回方程(A-14)。

第四步，估计方程(A-14)的渐近阶，即为所要求。

下面用两个例子加以说明。

例 A-11 求递归下述方程的渐进阶：

$$F(n)=\begin{cases}2, & n=0\\3, & n=1\\8+F(n-1)+F(n-2), & n>1\end{cases}$$

解：递归方程的相应特征方程为 $C(t)=t^2-t-1=0$。解之得两个单根$r_0=(1-\sqrt{5})/2$和$r_0=(1+\sqrt{5})/2$。相应的方程(A-12)的基础解系为$\{r_0^n, r_1^n\}$。相应的方程(A-11)的一个特解为$F^*(n)=-8$，因而相应的方程(A-11)的通解为

$$F(n)=a_0r_0^n+a_1r_1^n-8$$

令其满足初始条件，得二阶线性方程组：

$$\begin{cases}a_0+a_1-8=2\\a_0r_0+a_1r_1-8=3\end{cases}$$

解之得$a_0=5-6\sqrt{5}/5$，$a_1=5+6\sqrt{5}/5$，从而

$$F(n)=(5-6\sqrt{5}/5)\left(\frac{1-\sqrt{5}}{2}\right)^n+(5+6\sqrt{5}/5)\left(\frac{1+\sqrt{5}}{2}\right)^n-8$$

于是

$$F(n)=\theta\left(\left(\frac{1+\sqrt{5}}{2}\right)^n\right)$$

例 A-12 求递归下述方程 $T(n)=4T(n-1)-4T(n-2)+2^nn$ 的渐进阶，初始条件为：$T(0)=0$，$T(1)=4/3$。

解：递归方程对应的特征方程为

$$C(t)=t^2-4t+4=0$$

有一个两重根 r =2。故相应的方程(A-12)的基础解系为$\{2^n, 2^nn\}$。由于$f(n)=2^nn$，利

用表 A-1，相应的方程(A-11)的一个特解为

$$T^*(n)=n^2(p_0+p_1n)2^n$$

代入待求递归方程，定出 $p_0=1/2$，$p_1=1/6$。因此，相应的方程(A-11)的通解为

$$T(n)=a_02^n+a_1n2^n+n^2(1/2+n/6)2^n$$

令其满足初始条件，得 $a_0=a_1=0$，从而

$$T(n)=n^2(1/2+n/6)2^n$$

于是

$$T(n)=\theta(n^32^n)$$

附录B 常用C语言和STL函数

1. 内存控制函数

（1）calloc 函数

原型：extern void ***calloc**(int num_elems, int elem_size)

功能：为具有 num_elems 个长度为 elem_size 元素的数组分配内存。

说明：如果分配成功则返回指向被分配内存的指针，否则返回空指针 NULL。当内存不再使用时，应使用 free()函数将内存块释放。

（2）free 函数

原型：extern void free(void *p)

功能：释放指针 p 所指向的内存空间。

说明：p 所指向的内存空间必须是用 calloc,malloc,realloc 所分配的内存。如果 p 为 NULL 或指向不存在的内存块则不做任何操作。

（3）memset 函数

原型：extern void *memset(void *buffer, int c, int count)

功能：把 buffer 所指内存区域的前 count 个字节设置成字符 c，它比较适合把一个连续的内存块快速初始化为 0。

说明：返回指向 buffer 的指针。注意，memset 是按字节赋值，如果 buffer 内存区域的数据类型不是 char 型时，除了初始化为 0 之外，其他初始化可能导致错误赋值。

（4）memcpy 函数

原型：extern void *memcpy(void *dest, void *src, unsigned int count)

功能：由 src 所指内存区域复制 count 个字节到 dest 所指内存区域。

说明：src 和 dest 所指内存区域不能重叠，函数返回指向 dest 的指针。执行速度快，比较适合连续内存块赋值。

2. 搜索和排序函数

（1）bsearch 函数

原型：void* bsearch (const void* key, const void* base,

                    size_t num, size_t size,

                    int (*compar)(const void*,const void*))

功能：bsearch 包含在<stdlib.h>头文件中，此函数可以根据给定的条件实现二分查找，如果找到元素则返回指向该元素的指针，否则返回 NULL；对于有多个元素匹配成功的情况，bsearch()未定义返回哪一个。使用 bsearch 函数也要自己定义比较子函数。

说明：key 指向要查找的元素；base 指向进行查找的数组；num 指数组中元素的个数；size 指数组中每个元素的大小，一般用 sizeof()表示；compar 比较两个元素的函数，定义比较规则。注意，查找数组必须是经过预先排序的，而排序的规则要和比较子函数 compar

的规则相同。

（2）qsort 函数

原型：void qsort (void * base, size_t num, size_t size, int (* comparator) (const void *, const void *))

功能：qsort 包含在<stdlib.h>头文件中，此函数根据给定的比较条件进行快速排序，通过指针移动实现排序。排序之后的结果仍然放在原数组中。使用 qsort 函数必须自己写一个比较函数。

说明：base 代表数组起始地址；num 代表数组元素个数；size 代表每一个元素的大小；comparator 代表函数指针，指向比较函数。

3．全排列函数

STL 包含两个遍历全排列的函数：next_permutation 和 prev_permutation，这两个函数定义在头文件 algorithm.h 中。前者求出下一个全排列，而后者求出上一个全排列。比如序列{a, b, c}，按照字典序列每一个元素都比后面的小，固定 a 之后，a 比 bc 都小，c 比 b 大，它的“下一个”序列即为{a, c, b}，而{a, c, b}的“上一个”序列即为{a, b, c}，同理可以推出所有的 6 个序列为：{a, b, c}、{a, c, b}、{b, a, c}、{b, c, a}、{c, a, b}、{c, b, a}，其中{a, b, c}没有上一个元素，{c, b, a}没有下一个元素。

（1）next_permutation 函数

原型：
```
template<class BidirectionalIterator>
    bool next_permutation(
        BidirectionalIterator _First,
        BidirectionalIterator _Last);
template<class BidirectionalIterator, class BinaryPredicate>
    bool next_permutation(
        BidirectionalIterator _First,
        BidirectionalIterator _Last,
        BinaryPredicate _Comp );
```

功能：生成当前序列（[_First, _Last)区间中的元素顺序排列）的下一个全排列，并且结果就保存在[_First, _Last)区间中。

说明：_First 和_Last 是保存序列元素的开始指针和结束指针（后一个），_Comp 是二元比较函数，默认比较顺序为小于。

（2）prev_permutation 函数

原型：
```
template<class BidirectionalIterator>
    bool prev _permutation(
        BidirectionalIterator _First,
        BidirectionalIterator _Last );
template<class BidirectionalIterator, class BinaryPredicate>
    bool prev _permutation(
        BidirectionalIterator _First,
        BidirectionalIterator _Last,
```

BinaryPredicate _Comp);

功能：生成当前序列（[_First, _Last)区间中的元素顺序排列）的上一个全排列，并且结果就保存在[_First, _Last)区间中。

说明：_First 和 _Last 是保存序列元素的开始指针和结束指针（后一个），_Comp 是二元比较函数，默认比较顺序为小于。

4．vector 成员函数列表

vector 的主要函数说明见下表，更详细的资料参阅：http://www.cplusplus.com/reference/vector/vector/

成员函数	功能说明
迭代器相关函数	
begin	返回向量的顺序迭代器（iterator）的首部
end	返回向量的顺序迭代器（iterator）的尾部
rbegin	返回向量的逆序迭代器（reverse_iterator）的首部
rend	返回向量的逆序迭代器（reverse_iterator）的尾部
cbegin	返回向量的顺序迭代器（const_iterator）首部的常量值
cend	返回向量的顺序迭代器（const_iterator）尾部的常量值
crbegin	返回向量的逆序迭代器（const_reverse_iterator）首部的常量值
crend	返回向量的逆序迭代器（const_reverse_iterator）尾部的常量值
容量相关函数	
size	返回向量的大小，用实际元素的数目表示，它不大于向量的容量
capacity	返回向量的容量，用元素的数目来表示
max_size	返回向量最多能分配的容量，具体大小与操作系统有关，而且也并不一定能成功申请到最大容量的空间
reserve	申请扩大向量的容量，如果申请的新容量比原有值大，那么扩大向量的容量；否则 reserve 不执行任何操作
resize	改变向量的大小，需要在向量中删除或者添加元素，使得向量大小等于函数的输入值
empty	如果向量大小为 0，则返回 true；否则返回 false
元素读取函数	
operator[ ]	重载的[ ]运算符，读取指定位置的元素
at	读取指定位置的元素，与[ ]运算符功能相同
front	返回向量的第一个元素的引用（reference）
back	返回向量的最后一个元素的引用（reference）
data	返回向量的数据区的首指针
元素改变函数	
push_back	在向量末尾添加一个元素
pop_back	从向量末尾删除一个元素
insert	在指定位置插入一个或者多个元素
erase	删除指定位置或者区间的元素，如果删除位置不在末尾，则 erase 操作需要移动删除位置之后的元素

续表

成员函数	功能说明
clear	清除向量中的所有元素
swap	交换向量中两个指定位置的元素

5．set 成员函数列表

set 的主要函数说明见下表，更详细的资料参阅：http://www.cplusplus.com/reference/set/set/

成员函数	功能说明
迭代器相关函数	
begin	返回集合的顺序迭代器（iterator）的首部
end	返回集合的顺序迭代器（iterator）的尾部
rbegin	返回集合的逆序迭代器（reverse_iterator）的首部
rend	返回集合的逆序迭代器（reverse_iterator）的尾部
cbegin	返回集合的顺序迭代器（const_iterator）首部的常量值
cend	返回集合的顺序迭代器（const_iterator）尾部的常量值
crbegin	返回集合的逆序迭代器（const_reverse_iterator）首部的常量值
crend	返回集合的逆序迭代器（const_reverse_iterator）尾部的常量值
容量相关函数	
size	返回集合的大小，用实际元素的数目表示
max_size	返回集合最多能分配的容量，具体大小与操作系统有关，而且也并不一定能成功申请到最大容量的空间
empty	如果集合大小为 0，则返回 true；否则返回 false
元素读取函数	
find	查找指定值在集合中的位置，返回迭代器的值；如果该值不在集合中，则返回 set::end
元素改变函数	
insert	在指定位置插入一个或者多个元素，也可以插入一个指定值
erase	删除指定位置或者区间的元素，也可以删除指定值
clear	清除集合中的所有元素

6．map 成员函数列表

map 的主要函数说明见下表，更详细的资料参阅：http://www.cplusplus.com/reference/map/map/

成员函数	功能说明
迭代器相关函数	
begin	返回映射表的顺序迭代器（iterator）的首部
end	返回映射表的顺序迭代器（iterator）的尾部
rbegin	返回映射表的逆序迭代器（reverse_iterator）的首部
rend	返回映射表的逆序迭代器（reverse_iterator）的尾部

续表

成员函数	功能说明
cbegin	返回映射表的顺序迭代器（const_iterator）首部的常量值
cend	返回映射表的顺序迭代器（const_iterator）尾部的常量值
crbegin	返回映射表的逆序迭代器（const_reverse_iterator）首部的常量值
crend	返回映射表的逆序迭代器（const_reverse_iterator）尾部的常量值
容量相关函数	
size	返回映射表的大小，用实际元素的数目表示
max_size	返回映射表最多能分配的容量，具体大小与操作系统有关，而且也并不一定能成功申请到最大容量的空间
empty	如果向量大小为 0，则返回 true；否则返回 false
元素读取函数	
operator[ ]	重载的[ ]运算符，根据关键码获取值
at	读取关键码对应的元素值
find	根据关键码查找其对象的位置（iterator）
元素改变函数	
insert	在指定位置插入一个或者多个元素
erase	删除指定位置或者区间的对象，也可以删除指定关键码对应的对象
clear	清除向量中的所有元素

7. stack 成员函数列表

stack 的主要函数说明见下表，更详细的资料参阅：http://www.cplusplus.com/reference/stack/stack/

成员函数	功能说明
size	返回栈的大小，用实际元素的数目表示
empty	如果栈大小为 0，则返回 true；否则返回 false
top	返回栈顶元素
pop	删除栈顶元素
push	在栈顶添加元素

8. queue 成员函数列表

queue 的主要函数说明见下表，更详细的资料参阅：http://www.cplusplus.com/reference/queue/queue/

成员函数	功能说明
size	返回队列的大小，用实际元素的数目表示
empty	如果队列大小为 0，则返回 true；否则返回 false
front	返回队列的头部元素
back	返回队列的末尾元素
pop	删除队列头部元素

续表

成员函数	功能说明
push	在队列末尾添加元素

9．priority_queue 成员函数列表

priority_queue 的主要函数说明见下表，更详细的资料参阅：http://www.cplusplus.com/reference/queue/priority_queue/

成员函数	功能说明
size	返回优先队列的大小，用实际元素的数目表示
empty	如果优先队列大小为 0，则返回 true，否则返回 false
top	返回优先队列头部元素
pop	删除优先队列头部元素
push	在优先队列中添加新元素

附录C 程序设计竞赛和 OnlineJudge 介绍

1. 程序设计竞赛

在算法设计与实践的教学中，传统教学方法中的“课后习题”和“项目设计”等模式都难以达到理想的效果。近年来，学术机构和知名 IT 企业组织的程序设计竞赛吸引了广大学生的关注和参与，这类程序设计竞赛对于培养学生的算法思维、实践能力发挥着非常积极的作用。在这类比赛中最有影响力的是 ACM 国际大学生程序设计竞赛（ACM International Collegiate Programming Contest，ACM-ICPC）、TopCoder 和 Codeforces 等。

（1）ACM-ICPC

ACM-ICPC 国际大学生程序设计竞赛是世界上公认的规模最大、水平最高的国际大学生程序设计竞赛，其目的旨在使大学生运用计算机来充分展示自己分析问题和解决问题的能力。该项竞赛从 1970 年举办至今，一直受到国际各知名大学的重视，并受到全世界各著名计算机公司的高度关注，在过去十几年中，Microsoft、APPLE、SUN、Google 和 IBM 等世界著名 IT 企业分别担任了竞赛的赞助商。可以说，ACM-ICPC 国际大学生程序设计竞赛已成为世界各国大学生中最具影响力的国际级计算机类的赛事，是广大爱好计算机编程的大学生展示才华的舞台，是著名大学计算机教育成果的直接体现，是 IT 企业与世界顶尖计算机人才对话的最好机会。2012 年，全球共 88 个国家 1838 所大学的 7109 支队伍参与了 ACM-ICPC 的系列赛事，全球知名的 IT 企业，包括 IBM、Google、Sun 都曾积极赞助该项比赛。ACM-ICPC 国际大学生程序设计竞赛具有以下特点：

- 限时解决若干题目。ACM-ICPC 国际大学生程序设计竞赛要求参赛队在 5 小时内求解 8～10 道题目。竞赛题目以“任务-输入-输出-样例”的标准形式给出。参赛队员现场完成模型构建、算法设计、程序设计与调试的过程，最终提交源代码。
- 客观的黑箱评测。裁判事先准备好（但不公布）多组符合题目输入输出要求的测试数据，在评测选手代码时，把输入数据提供给选手提交的程序，测试输出答案是否正确。由于问题的任务和输入输出格式被无歧义地精确定义好，因此能客观地确定任何一份输出是否正确。
- 严格的效率考核。同一个问题有不同的算法，但不是每个算法都具有同样的效率。每道题目有时间限制和空间限制，如果在规定的时间内程序没有运行结束，或者使用了超过规定范围之内的内存，提交的程序将不能通过测试（即使答案是正确的）。

（2）TopCoder

TopCoder（http://www.topcoder.com）是一家专门组织计算机程序设计竞赛的公司，

TopCoder 在线举行算法竞赛（Single Round Match，SRM）、组件设计竞赛和组件开发竞赛。算法竞赛在世界上与 ACM、Codeforces 并称为三大赛。

该网站每个月都有两到三次网上在线比赛，根据比赛的结果对参赛者进行新的排名。参赛者可根据自己的爱好选用 Java, C++或 C#进行编程。参赛者须在大概 1 小时 15 分钟的时间内完成三道不同难度的题目，每道题完成的时间决定该题在编程部分所得的分数。比赛可分为三个阶段：

- Coding Phase 即编码阶段，有三道不同难度不同分值的问题（通常为 250、500、1000），打开特定题目后开始计时，提交后计时终止。每道题的分数仅仅是最大分值，根据时间的推移倒扣分数。
- Challenge Phase 是让参赛者浏览分配在同一房间的其他参赛者的源代码，然后设法找出其中错误，并提出一个测试参数使其不能通过测试。如果某参赛者的程序不能通过别人的测试，则该参赛者在此题目的得分将为 0。
- System Test Phase 即系统测评阶段，与 ACM 类似，组织者提供数据测试所有选手的程序。如果某参赛者的程序不能通过系统测试，则该参赛者在此题目的得分将为 0。

（3）Codeforces

Codeforces（http://www.codeforces.com/）是近年新兴的算法在线竞赛网站，经常举办例赛，题目较有挑战性。赛后会提供详细的题目讲评，也可以自由观看其他人的解答程序代码，是个自主学习的好地方！

2. Online Judge

Online Judge 系统（简称 OJ 系统）最初使用于国际大学生程序设计竞赛和 OI 信息学奥林匹克竞赛中的自动判题和排名。OJ 系统是一个在线的判题系统。用户可以通过 Internet 在线提交特定问题的求解程序源代码（包括 C、C++和 Java 语言），系统对提交源代码进行编译和执行，并通过预先设定的测试数据来检验求解程序的正确性。除了求解程序的准确性评测外，求解算法的复杂性（包括空间复杂性和时间复杂性）也是 OJ 系统评测的重要指标，也就是说求解程序所消耗的内存空间和执行时间不能超过指定的上限值。OJ 系统综合这些评测指标，最后返回求解程序的评测结果：通过（Accepted）、答案错误（Wrong Answer）、超时（Time Limit Exceed）、超内存（Memory Limit Exceed）、运行时错误（Runtime Error）或是无法编译（Compile Error），并返回程序使用的内存、运行时间等信息。

OJ 系统评测客观，访问便利，同时具有较大的娱乐性，能寓教于乐、寓学于乐。OJ 系统逐渐成为广大算法和编程爱好者学习和实践的重要平台，同时，它也吸引着越来越多教育界人士的重视。下面简要介绍几个影响力比较大 OJ 系统。

（1）UVa Online Judge（http://uva.onlinejudge.org）

西班牙 Valladolid 大学的 Online Judge，是最古老也是全世界最知名的 Online Judge，题库目前约有 3000+题。题目类型非常广泛，绝大部分的题目难度偏易，适合初学者磨练程序设计功力。也有许多工具网站、相关书籍。

（2）Timus Online Judge（http://acm.timus.ru）

俄罗斯 Ural 大学的 Online Judge，是俄罗斯最大的 Online Judge。有专业的审题团队，题目质量比较好，难度也比较大，适合水平比较高的爱好者进行强化训练。

（3）北京大学 Online Judge（http://poj.org）

北京大学的 Online Judge 是中国最大的 Online Judge，题目类型偏向算法竞赛，可以找到比赛常见题型。

（4）浙江大学 Online Judge（http://acm.zju.edu.cn）

浙江大学 Online Judge 题目整理得比较规范，举办的月赛质量比较高，影响也比较大。

（5）杭州电子科技大学 Online Judge（http://acm.hdu.edu.cn）

杭州电子科技大学的 Online Judge 是后起之秀，它有较专业的维护团队，功能比较丰富，吸引着非常多的国内编程爱好者。

附录D　教 学 资 源

请读者扫描二维码获取相关教学资源。

1．教学视频（部分）

2．习题参考答案

3．源代码

参考文献

[1] 严蔚敏，吴伟民. 数据结构（C 语言版）. 北京：清华大学出版社，2011.
[2] Stanley B, Lippman, Josee Lajoie. C++ Primer. 李师贤等译. 北京：人民邮电出版社，2006.
[3] Cormen T H. 算法导论. 潘金贵等译. 北京：机械工业出版社，2006.
[4] http://www.cplusplus.com/reference/
[5] 金百东, 刘德山. C++ STL 基础及应用. 北京：清华大学出版社, 2010.
[6] Stuart Russell,Peter Norvig. 人工智能——一种现代方法(第 2 版). 姜哲, 金奕江, 张敏等译. 北京：人民邮电出版社, 2004.
[7] Jeannette M, Wing. Computational Thinking. Communications of the ACM, 2006, 49(3).
[8] 王晓东. 计算机算法设计与分析（第 3 版）. 北京：电子工业出版社，2011.
[9] 屈婉玲, 刘田, 张立昂等. 算法设计与分析. 北京：清华大学出版社，2011.
[10] 王秋芬, 吕聪颖, 周春光. 算法设计与分析. 北京：清华大学出版社，2011.
[11] 赵端阳, 左武衡. 算法设计与分析——以大学生程序设计竞赛为例. 北京：清华大学出版社，2011.

反侵权盗版声明

举报电话：（010）88254396；（010）88258888
传　　真：（010）88254397
E-mail：dbqq@phei.com.cn
通信地址：北京市海淀区万寿路 173 信箱
　　　　　电子工业出版社总编办公室
邮　　编：100036